面向新工科普通高等教育系列教材

CC2530 单片机原理及应用

王海珍　　廉佐政　　主编

朱文龙　　滕艳平　　魏连锁　　参编

机械工业出版社

本书以案例化、数字化为目标，助力高校的教学改革，提升教育教学质量。

本书共 6 章，包括概述，开发环境，CC2530 基础开发，CC2530 串口、DMA 控制器和定时器，CC2530 无线射频模块，智能家居系统设计；涵盖了 CC2530 单片机的相关概念、通用 I/O、通用 I/O 中断、外设 I/O、振荡器和时钟、电源管理、ADC、传感信息采集、串口、DMA 控制器、定时器、RF、ZigBee 组网与设计等原理及其应用。

本书每章重点、难点知识配有视频，以指导读者进行深入学习。本书既可作为高等院校"单片机原理及应用"课程的教材，也可作为 CC2530 单片机开发人员的技术参考书。

本书配有电子课件、习题答案，需要的教师可登录 www.cmpedu.com 免费注册，审核通过后下载，或联系编辑索取（微信：15910938545，电话：010-88379739）。

图书在版编目（CIP）数据

CC2530 单片机原理及应用 / 王海珍，廉佐政主编 . —北京：机械工业出版社，2021.6（2023.8 重印）
面向新工科普通高等教育系列教材
ISBN 978-7-111-68262-2

Ⅰ．①C… Ⅱ．①王… ②廉… Ⅲ．①单片微型计算机-高等学校-教材 Ⅳ．①TP368.1

中国版本图书馆 CIP 数据核字（2021）第 093152 号

机械工业出版社（北京市百万庄大街 22 号　邮政编码 100037）
策划编辑：胡　静　　责任编辑：胡　静
责任校对：张艳霞　　责任印制：单爱军

北京虎彩文化传播有限公司印刷

2023 年 8 月第 1 版 · 第 4 次印刷
184mm×260mm · 14.25 印张 · 349 千字
标准书号：ISBN 978-7-111-68262-2
定价：59.00 元

电话服务

客服电话：010-88361066
　　　　　010-88379833
　　　　　010-68326294
封底无防伪标均为盗版

网络服务

机 工 官 网：www.cmpbook.com
机 工 官 博：weibo.com/cmp1952
金 书 网：www.golden-book.com
机工教育服务网：www.cmpedu.com

前　　言

"新工科"建设推进了高等教育教学模式和教学方式的改革，而数字化教材作为推行改革、开启智慧教育、提升教学质量的关键环节与核心要素，在教育教学领域成为当前的研究热点。目前，CC2530 单片机的教材多以项目教学为主，结合案例的数字化教材较少，本书结合知识点视频，进行混合教学模式改革，主要特点如下。

（1）结构紧凑，逻辑清晰

按知识由易到难的原则，划分了章节、知识点、案例、实验，让读者带着问题循序渐进地学习 CC2530 单片机相关知识及应用。

（2）案例驱动

设计了仿真案例，基于硬件电路，分析案例要实现的功能、设计软件程序、给出调试方法、通过调试、运行结果，形象、直观地理解 CC2530 单片机的各种应用。

（3）配套资源丰富，教材数字化

随书配套资源丰富，包括教学大纲、课件、教案、实验、习题、微视频等内容，可以扫码看微视频，能够有效满足线上、线下混合教学的需求。

（4）适用面广

适用但不依赖 CC2530 开发板，适合物联网、网络相关专业的学生，也适合想深入学习CC2530 单片机的开发人员。

（5）内容全面

内容涵盖了 CC2530 的所有应用，以案例功能引出知识点，目标明确、易于学习。

（6）实用性强

教材从实用性出发，设计了智能家居信息采集系统案例，将该案例分解成子案例，依据子案例涉及的知识，将其分布到各个章节中，并给出案例的软硬件设计、程序设计、实验的实现过程等。

（7）体现 OBE 教学理念

以 OBE 教学理念为指导，依托网络课程平台，采用线上、线下混合教学模式，实施过程考核和监控，注重教学反馈。

本书由齐齐哈尔大学王海珍、廉佐政主编，朱文龙、滕艳平、魏连锁参编，其中第 1 章由滕艳平撰写，第 2 章由魏连锁撰写，第 3 章由廉佐政撰写，第 4 章和第 6 章由王海珍撰写，第 5 章由朱文龙撰写。

本书由齐齐哈尔大学教材建设基金资助出版。在本书编写过程中，参考了许多教材和文献，在此表示衷心的感谢。由于时间仓促，水平有限，难免有疏漏之处，恳请广大读者批评指正。

编　者

目 录

第1章 概　　述

本章通过分析米家智能家庭套装实现的功能、采用的技术，引出本章学习的知识，包括单片机的发展历史、分类、基本原理、单片机在物联网中的应用现状、物联网的起源与发展、物联网网络架构、无线传感器网络与物联网的关系、无线传感器网络与 ZigBee 的关系、ZigBee 的特点及应用、ZigBee 协议栈，分析 CC2530 单片机在物联网中的应用，通过这些知识的学习，帮助读者深入理解和学习 CC2530 单片机原理及应用。本章知识拓扑如图 1-1 所示。

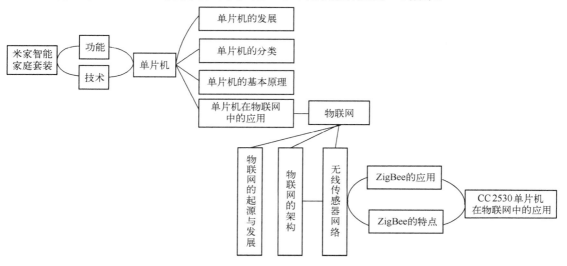

图 1-1　本章知识拓扑图

1.1　导读

2017 年 4 月 24 日，小米商城上线了一款米家智能家庭套装，如图 1-2 所示，包括 5 件产品：多功能网关、门窗传感器、人体传感器、无线开关和智能插座（ZigBee 版）。

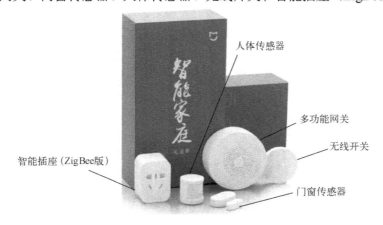

图 1-2　米家智能家庭套装

1．功能分析

多功能网关为中心设备，门窗传感器可以配合智能电灯、空气净化器等设备，完成进门自动开灯、关窗后自动开启空气净化器等功能；人体传感器可以和多功能网关配合，检测人和宠物出门情况，夜晚下床自动开灯等。无线开关和小米智能插座配合，可以实现一键关闭家中所有插电设备。因此，这套设备通过设备间联动，开启了全新的智能生活。

2．技术分析

这套智能家庭设备控制方面采用 ARM 微处理器，通信方面采用 ZigBee，即网关可以连到 Internet，网关和智能设备之间采用 ZigBee 传输信息，ZigBee 具有省电、快速、成本低、组网规模大等优势。因此，这套设备是小米将嵌入式技术在智能家居领域应用的一个尝试，代表了智能设备应用到更多生活场景中的趋势。但是，在产品细节方面还有待完善，如报警功能提醒效果，连接大量设备的性能等问题。

上面提到的 ZigBee 是什么？它和 CC2530 单片机、物联网又有什么关系？希望读者通过本章的学习，能够找到这些问题的答案。

1.2　单片机简介

单片机是一种集成电路芯片，是采用超大规模集成电路技术把具有数据处理能力的中央处理器（CPU）、随机存储器（RAM）、只读存储器（ROM）、多种 I/O 接口和中断系统、定时器/计数器等功能集成到一块硅片上构成的一个小而完善的微型计算机系统。单片机应用广泛，各种智能 IC 卡、汽车上的安全保障系统、录像机、摄像机、程控玩具、全自动洗衣机、电子宠物等，都离不开单片机。下面从单片机的发展历史、分类、基本原理及在物联网中的应用等方面进行介绍。

1.2.1　单片机的发展历史

1970 年微型计算机研制成功，随后出现了单片机，并不断更新换代，到目前为止，单片机的发展历史大致可以分为以下 4 个阶段。

第一阶段：1976—1978 年，是单片机发展的初级阶段，以 Intel 公司的 MCS-48（见图 1-3）为代表，该系列单片机内集成了 8 位 CPU、I/O 接口、8 位定时器/计数器，简单的中断功能，没有串口，寻址范围小于 4KB。

图 1-3　MCS-48 单片机

第二阶段：1978—1982 年，是单片机的完善阶段，以 Intel 公司的 MCS-51（见 1-4）、

Motorola 公司的 6801 和 Zilog 公司的 Z8 为代表。单片机片内集成的 RAM、ROM 容量加大，且普遍集成了 16 位定时器/计数器、串口、多级中断处理系统，寻址范围可达 64KB，有的单片机还集成了 A/D 转换接口。

图 1-4 MCS-51 单片机

第三阶段：1982—1992 年，是 8 位单片机巩固发展及 16 位单片机的发展阶段，一方面很多电气厂商以 MCS-51 的 8051 为内核，将测控系统中使用的电路技术、接口技术、多通道 A/D 转换部件、可靠性技术都应用到单片机中，推出了满足各种嵌入式应用的多种类型的单片机；另一方面，Intel 公司推出的 MCS-96 系列单片机，集成了一些模/数转换器、程序运行监视器、脉宽调制器等功能，可以很方便地应用到测控领域。

第四阶段：1990 年至今，是单片机全面发展阶段，随着单片机在各个领域的深入应用，出现了高速、大寻址范围、强运算能力的通用型和小型廉价的专用型单片机。

总之，随着技术的进步及人们需求的提高，单片机将向着大容量、高性能、低功耗、外围电路内装化等方面发展。

1.2.2 单片机分类

自从单片机诞生以来，出现了种类繁多的单片机，一般按单片机数据总线的位数进行分类，主要分为 4 位、8 位、16 位和 32 位单片机。

1. 4 位单片机

4 位单片机结构简单，价格便宜，适合用于控制单一的小型电子类产品，如 PC 机使用的输入装置、电池充电器、遥控器和电子玩具等。

2. 8 位单片机

8 位单片机是目前品种最为丰富、应用最多的单片机，它主要分为 MCS-51 系列和非 MCS-51 系列。MCS-51 系列单片机是 Intel 公司于 1980 年推出的一种 8 位单片机，该系列单片机具有典型的结构、面向控制的丰富指令系统、众多的逻辑位操作功能，应用最为广泛。1996 年 Intel 公司又推出了增强型 8051 内核的单片机，与原来推出的 MCS-51 系列单片机相比，指令执行速度更快。CC2530 单片机就采用了增强型 8051 内核。

3. 16 位单片机

16 位单片机操作速度及数据吞吐能力在性能上比 8 位机有较大提高。目前，应用较多的有 TI 的 MSP430 系列、凌阳 SPCE061A 系列、Motorola 的 68HC16 系列、Intel 的 MCS-96/196 系列等。

4. 32 位单片机

与 MCS-51 单片机相比，32 位单片机运行速度和功能大幅提高，随着技术的发展及价格的下降，今后将会与 8 位单片机并驾齐驱。32 位单片机主要由 ARM 公司研制，严格来说，

ARM 不是单片机，而是一种 32 位处理器内核，现实中使用的 ARM 芯片有多种型号，常见的 ARM 芯片主要有飞利浦的 LPC2000 系列、三星的 S3C/S3F/S3P 系列等。

1.2.3　基本原理

单片机如何完成具体的应用任务？下面通过分析增强型 8051 单片机内部结构和相关概念来介绍单片机的基本原理。

1. 增强型 8051 单片机内部结构

如图 1-5 所示，增强型 8051 单片机内部结构包括很多部件，可以分成 5 类，即运算器、控制器、存储器、输入/输出设备和寄存器。图中的 ALU 属于运算器；定时和控制电路、OSC（振荡器）、中断、串行口、定时器属于控制器；RAM、ROM 或 EPROM 或 FLASH 属于存储器、端口 0～端口 3 属于输入/输出设备；其他的部件属于寄存器。所有部件在控制器的控制下，相互配合，使单片机能够自动完成相关的任务。

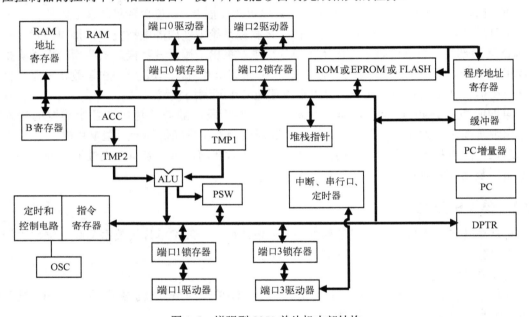

图 1-5　增强型 8051 单片机内部结构

2. 相关概念

（1）指令

指令是单片机的设计者规定的命令，以完成相应的操作。一条指令对应一串二进制代码，它与汇编助记符指令一一对应，如 MCS-51 有 111 条指令。

（2）指令系统

单片机所有指令的集合称为指令系统，不同种类的单片机，其指令系统也不同。

3. 基本原理

单片机完成任务的过程也就是执行程序的过程，即一条一条执行指令的过程。所以，为使单片机能自动完成某一特定任务，必须把要解决的问题编成一系列指令，这一系列指令的集合就是程序，程序通过编译预先存放在存储器中。存储器由存储单元组成，每一个存储单元都有地址，依据地址，就可以找到指定的存储单元，其中存储的指令就可以被取出，然后被执行。程序中的指令一般按顺序一条一条地存放在存储单元中，单片机在执行程序时把这些指令一条一条取出并分析、执行。所以，必须有一个部件能追踪指令所在的地址，这一部件就是程序计数器 PC。在开始执行程序时，给 PC 赋值为程序中第一条指令所在的地址，取出要执行的指令后，PC 中的内容就会自动增加，增加量由本条指令所占的字节数决定，可能是 1、2 或 3，从而使 PC 指向下一条指令的起始地址，保证指令顺序执行。简而言之，单片机执行程序的过程就是，按 PC 指定的地址，将存储器中的程序指令不断地取出、分析、执行的循环过程。

总之，单片机体积小、成本低、指令数量少、编程简单、控制功能强，在各个领域得到了广泛的应用。

1.2.4　单片机在物联网中的应用现状

随着计算机技术和互联网技术的高速发展，物联网已经渗透到人们的日常生活中，它主要利用传感器设备，实现互联网和物体之间的连接，从而获得物体的相关信息，并进行通信，实现对物体的识别、跟踪和监管。

因此，嵌入式技术是物联网应用的关键技术之一，是综合了计算机软硬件、传感器技术、集成电路技术、电子应用技术为一体的复杂技术。经过几十年的演变，使用嵌入式技术的智能终端产品随处可见，小到身边的 MP4，大到卫星系统。如果把物联网用人体做一个简单比喻，传感器相当于人的眼睛、鼻子、皮肤等感觉器官，互联网就是神经系统用来传递信息，嵌入式技术则是人的大脑，在接收到信息后要进行分类处理，可见嵌入式技术在物联网中的位置与作用。单片机是低端的嵌入式技术，它以低廉的成本适应了物联网大规模组网的需求。所以，伴随物联网产业应用范围不断扩大，物联网系统的应用越来越离不开性价比优良的单片机，从而使单片机的应用范围也越来越广阔。

1.3　物联网概述

为了将单片机更好地应用到物联网系统中，需要掌握物联网的基础知识，主要包括物联网的起源与发展、物联网网络架构、无线传感器网络相关概念及 ZigBee。

1.3.1　物联网的起源与发展

物联网是在 1999 年由美国麻省理工学院提出的，但没有明确统一的定义。当时在国内，物联网被称为传感网。同年，在美国召开的移动计算和网络国际会议提出，"传感网是下一个世纪人类面临的又一个发展机遇"。2003 年，美国《技术评论》杂志也提出传感网络技术将是未来改变人们生活的十大技术之首。2005 年 11 月 17 日，在突尼斯举行的信息社会世界峰会（World Summit on the Information Society，WSIS）上，国际电信联盟（International Telecommunication Union，ITU）发布了《ITU 互联网报告 2005：物联网》，正式提出了"物联网"的概念。报告指出，无所不在的"物联网"通信时代即将来临，世界上所有的物体从轮胎到牙刷、从房屋到纸巾都可以通过因特网主动进行交换。射频识别技术（RFID）、传感器技术、纳米技术、智能嵌入技术将得到更加广泛的应用。

根据 ITU 的描述，在物联网时代，通过在各种各样的日常用品上嵌入一种短距离的移动收发器，人类在信息与通信世界里将获得一个新的沟通维度，从任何时间任何地点的人与人之间的沟通连接扩展到人与物和物与物之间的沟通连接。物联网概念的兴起，很大程度上得益于 2005 年 ITU 以物联网为标题的年度互联网报告。然而，这个概念仍不够清晰，在我国物联网白皮书中把物联网的概念归纳为：物联网是通信网和互联网的拓展应用和网络延伸，它利用感知技术与智能装置对物理世界进行感知识别，通过网络传输互联，进行计算、处理和知识挖掘，实现人与物、物与物的信息交互和无缝链接，达到对物理世界实时控制、精确管理和科学决策的目的。

2009 年 1 月 28 日，奥巴马就任美国总统后，与美国工商业领袖举行了一次"圆桌会议"，作为仅有的两名代表之一，IBM 首席执行官彭明盛首次提出"智慧地球"这一概念，建议政府投资新一代的智慧型基础设施。同年 2 月 24 日，IBM 大中华区首席执行官钱大群在 2009 IBM 论坛上公布了名为"智慧的地球"的最新策略。随即得到美国各界的高度关注，甚至有分析认为 IBM 公司的这一构想极有可能上升至美国的国家战略，并在世界范围内引起轰动。IBM 认为，IT 产业下一阶段的任务是把新一代 IT 技术充分运用在各行各业之中，即把感应器嵌入和装备到电网、铁路、桥梁、隧道、公路、建筑、供水系统、大坝、油气管道等各种物体中，且被普遍连接，形成物联网。

在我国，物联网肩负建设数字中国的重要历史使命，政府的大力支持，有效推动了物联网的快速发展。2009 年 8 月 7 日，国务院总理温家宝多次强调要着力突破传感网、物联网关键技术，及早部署后 IP 时代相关技术研发，使信息网络产业成为推动产业升级、迈向信息社会的"发动机"。物联网技术作为新一代信息技术的重要组成部分已被列为国家重点培育的中国战略性新兴产业。

2018 年 12 月，中央经济工作会议上明确提出，要发挥投资关键作用，加大制造业技术改造和设备更新，加快 5G 商用步伐，加强人工智能、工业互联网、物联网等新型基础设施的建设。2019 年 8 月，前瞻产业研究院发布了《2019 年物联网行业市场研究报告》，对物联网行业发展环境、现状、产业链、前景及趋势进行了深度分析。报告显示，2019—2022 年复合增长率为 9%左右。物联网有着广阔的发展前景。

1.3.2 物联网网络架构

工业和信息化部电信研究院于 2011 年发表的物联网白皮书提出，物联网网络架构由感知层、网络层和应用层组成，如图 1-6 所示。

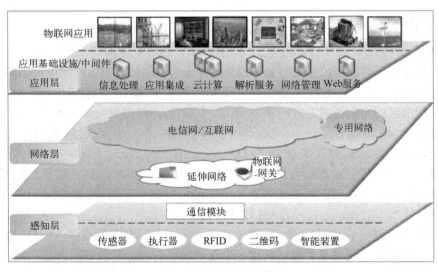

图 1-6 物联网网络架构

1．感知层

感知层实现对物理世界的智能感知识别、信息采集处理和自动控制，并通过通信模块将物理实体连接到网络层和应用层，包括传感器、执行器、RFID、二维码和智能装置等。

传感器是一种检测装置，能够感受到环境的状态等被测量的信息，并能将感受到的信息，按一定规律变换成电信号或其他所需的信息形式输出，以满足信息的传输、处理、存储、显示、记录和控制等要求。

执行器根据指令改变物体的状态，电动机、开关、阀门等都属于执行器。

二维码是用某种特定的几何图形按一定规律在平面分布的、黑白相间的、记录数据符号信息的图形。

智能装置是一种带有处理器，具有采集、处理、收发数据或命令，执行控制指令的装置。

2．网络层

网络层的目标是万物互联，主要实现信息的传递、路由和控制，包括延伸网、接入网和核心网，网络层可依托电信网和互联网，也可以依托行业专用通信网络，依据不同设备的联网需求接入不同的网络。

3．应用层

应用层包括应用基础设施、中间件和各种物联网的应用。应用基础设施、中间件为物联网应用提供信息处理、计算等通用基础服务设施、能力及资源调用接口，以此为基础实现物联网在众多领域的各种应用。

综上所述，感知层是物联网架构中重要的一层，它可以利用传感器等多种设备组成一个网络（为了便于部署，通常使用无线技术，一般称为无线传感器网络）将采集的信息传输到上层处理。因此，无线传感器网络在物联网架构中占有重要的作用，就要像人体的神经末梢系统一样不可缺少。

1.3.3　无线传感器网络

1．概念

无线传感器网络是由大量传感器节点通过无线通信技术构成的自组织网络，它集成了传感器、微机电系统和网络三大技术，目的是感知、采集、处理和传输网络覆盖范围内感知对象的信息，并转发给用户，是以数据为中心的网络。

无线传感器网络具有多种类型的传感器，可探测包括地震、电磁、温度、湿度、噪声、光强度、压力、土壤成分、移动物体的大小、速度和方向等周边环境中多种多样的现象。可以应用到军事、航空、防爆、救灾、环境、医疗、保健、家居、工业、商业等各个领域。

2．发展历史

无线传感器网络的发展经历了 3 个阶段：简单传感器网络、智能传感器网络和无线传感器网络。

早在 20 世纪 70 年代，就出现了将传统传感器采用点对点传输、连接感知控制器而构成传感器网络雏形，人们把它归之为第一代传感器网络。随着相关科学技术的不断发展和进步，传感器网络同时还具有了获取多种信息信号的综合处理能力，并通过与传感控制器的相连，组成了有信息综合和处理能力的传感器网络，这是第二代传感器网络。而从 20 世纪末开始，现场总线技术开始应用于传感器网络，人们用其组建智能化传感器网络，大量多功能传感器被运用，并使用无线技术连接，无线传感器网络逐渐形成。

无线传感器网络是新一代的传感器网络，具有非常广泛的应用前景，其发展和应用将会给人类生活和生产的各个领域带来深远影响。发达国家如美国，非常重视无线传感器网络的发展，IEEE 正在努力推进无线传感器网络的应用和发展，波士顿大学（Boston University）创办了传感器网络协会（Sensor Network Consortium），期望能促进传感器联网技术开发。除了波士顿大学，该协会还包括 BP、霍尼韦尔（Honeywell）、Inetco Systems、Invensys、L3Communications、Millennial Net、Radianse、Sensicast Systems、Textron Systems。美国的《技术评论》杂志在论述未来十大新兴技术时，将无线传感器网络列为第一项未来新兴技术，《商业周刊》杂志预测的未来四大新技术中，无线传感器网络也列入其中。可以预见，无线传感器网络的广泛应用是一种必然趋势，它的出现将会给人类社会带来极大的变革。

1.3.4　无线传感器网络与 ZigBee

无线传感器网络中各个传感器节点要实现通信，就要遵循无线协议标准，目前有多种无线协议标准，其中应用比较成熟和广泛的是 ZigBee。ZigBee 一词来源于蜜蜂的八字舞，由于蜜蜂在采集花粉时采用跳八字舞的方式来通知蜂群花朵所在的位置，即蜜蜂（Bee）依靠此种动作方式（Zig）构建蜂群的通信网络。

ZigBee 是 ZigBee 联盟制定的一种无线通信标准，该标准定义了短距离、低速率数据传输的无线通信所需要的一系列协议标准。该协议标准自下而上包括 4 层：物理层、媒体访问控制层（即 MAC 层）、网络层和应用层。其中物理层和 MAC 层是 IEEE 802.15.4 工作组制定的，而 ZigBee 联盟只定义了网络层和应用层。ZigBee 使用了 3 个 ISM（Industrial Scientific Medical，工业科学医疗）无线频段。

1．通用

2.4GHz 为世界公用频段，在此频段附近定义了 16 个信道，信道间隔为 5MHz，具有 250kbit/s 的传输速率。

2．美国

915MHz 为北美频段，在此频段附近定义了 10 个信道，信道间隔为 2MHz，具有 40kbit/s 的传输速率。

3．欧洲

868MHz 为欧洲频段，在此频段附近定义了 1 个信道，具有 20kbit/s 的传输速率。

1.4　ZigBee 特点及应用

ZigBee 是一种广泛使用的无线协议标准，本节学习 ZigBee 的特点、应用场合，并分析 ZigBee 在智能家居、路灯监控、医疗监测、农业大棚智能控制等方面的应用情况，以此引导读者初步了解 ZigBee 的应用原理。

1.4.1　ZigBee 特点

ZigBee 具有低功耗、低成本、短时延、网络容量大、安全、可靠等特点。

1．低功耗

由于 ZigBee 的传输速率低，发射功率仅为 1mW，且采用了休眠模式（功耗低），因此 ZigBee 设备非常省电。据估算，ZigBee 设备仅靠两节 5 号电池就可以维持长达 6 个月到 2 年的使用时间，这是其他无线设备望尘莫及的。

2．成本低

ZigBee 模块的初始成本在 6 美元左右，估计很快就能降到 1.5～2.5 美元，且 ZigBee 协议是免专利费的。ZigBee 能被广泛应用，低成本也是一个关键的因素。

3．短时延

通信时延和从休眠状态激活的时延都非常短，典型的搜索设备时延 30ms，休眠激活的时延是 15ms，活动设备信道接入的时延为 15ms。因此 ZigBee 技术适用于对时延要求苛刻的无线控制（如工业控制场合等）应用。

4．网络容量大

一个星形结构的 ZigBee 网络最多可以容纳 254 个从设备和一个主设备，一个区域内可以同时存在最多 100 个 ZigBee 网络。一个网状 ZigBee 网络理论上最多可以容纳 65536 个节点，且 ZigBee 网络组成灵活。

5．可靠

采取了碰撞避免策略，同时为需要固定带宽的通信业务预留了专用时隙，避开了发送数据的竞争和冲突。MAC 层采用了完全确认的数据传输模式，每个发送的数据包都必须等待接收方的确认信息，如果传输过程中出现问题可以进行重发。

6．安全

ZigBee 提供了基于循环冗余校验（CRC）的数据包完整性检查功能，支持鉴权和认证，采用了 AES-128 的加密算法，各个应用可以灵活确定其安全属性。

因此，目前在物联网的应用中，如果网络规模大且传输速率要求不高，底层无线传感器网络大多采用 ZigBee 进行通信。

1.4.2　ZigBee 应用

在以下场合比较适合应用 ZigBee。

1）需要数据采集或监控的网点多。

2）要求传输的数据量不大，而要求设备成本低。

3）要求数据传输可靠性高，安全性高。

4）设备体积很小，不便放置较大的充电电池或电源模块。

5）电池供电。

6）地形复杂，监测点多，需要较大的网络覆盖。

7）要检测控制的是现有移动网络的覆盖盲区。

8）使用现存移动网络进行低数据量传输的遥测遥控系统。

9）使用 GPS（Global Positioning System，全球定位系统）效果差，或成本太高的局部区域移动目标的定位应用。

从以上几个方面考虑，目前 ZigBee 被广泛应用于智能家居、楼宇自动化、工业现场控制、环境控制、农业、医疗、交通等各个领域，下面对智能家居、路灯监控、医疗监测、农业大棚智能控制的 ZigBee 应用情况进行介绍。

1．智能家居

ZigBee 的智能家居应用如图 1-7 所示，将 ZigBee 模块嵌入到智能家居环境监测系统的各传感器设备中，实现近距离无线组网与数据传输。通过用户 PC 或手机、网关、光线感应器、温湿度传感器、二氧化碳传感器、甲醛传感器、灰尘传感器等设备组成完整系统，实现智能门禁、智能家电、智能安防、智能浇灌等，可以提供一个完整、实时的环境检测报告与治理，给人们带来更健康、更愉悦的生活。

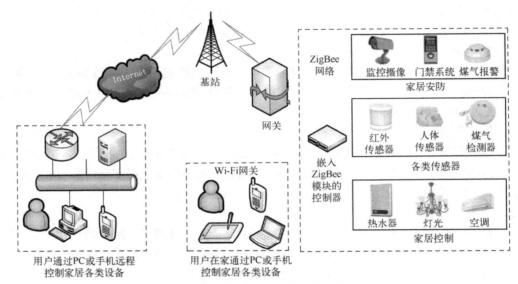

图 1-7　基于 ZigBee 的智能家居

2. 路灯监控

ZigBee 路灯远程监控如图 1-8 所示，将 ZigBee 模块嵌入在路灯监控终端内的控制器中，获取的数据直接通过 2.4G 频率的 ZigBee 网络发送到 ZigBee 网关。ZigBee 网关再通过网络把数据传送到远程管理中心进行存储、统计、分析，帮助管理决策，不仅对路灯控制进行了优化，而且实现了节电节能，因此，得到了广泛的应用，从而推动了智慧城市的建设。

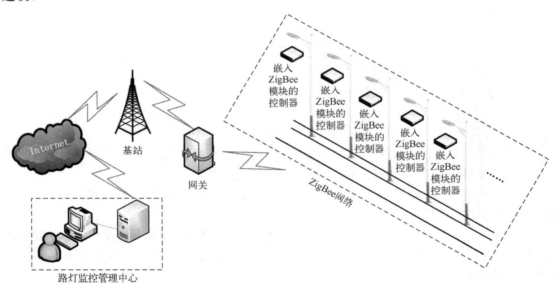

图 1-8　基于 ZigBee 的路灯远程监控

3. 医疗监测

生命体征监测设备是由加速度计、陀螺仪、磁性传感器、皮电、温度、血压等各种传感器组成的。如图 1-9 所示，实时监测采集心率、呼吸、血压、心电、核心体温、身体姿势、位移等多种身体特征参数。生命体征监测设备内置 ZigBee 模块，病人数据可实时记录，最终通过无线传输到终端或工作站，从而实现远程监控。救护车在去往医院的途中，可以通过无线通信技术提供实时的病人信息，同时还可以实现远程诊断与初级的看护，从而大幅缩减救援的响应时间，为病人的进一步抢救赢得宝贵的时间。

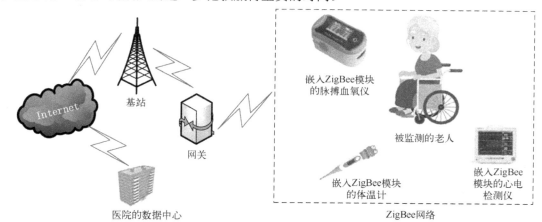

图 1-9 基于 ZigBee 的医疗监测应用

4. 农业大棚智能控制

ZigBee 农业大棚智能控制如图 1-10 所示，通过在农业大棚内布置已嵌入 ZigBee 模块的温度、湿度、光照等传感器，对棚内的温湿度、光照等进行监测和自动化控制。ZigBee 具有强大的组网能力，可以实现大面积的区域监控，极大地降低了智能温室大棚的建设和运行成本。将监控系统与基于作物生长周期的墒情专家系统有机集成，实现作物生长的精细和动态监控，达到智慧状态，提高资源利用率和生产力水平。

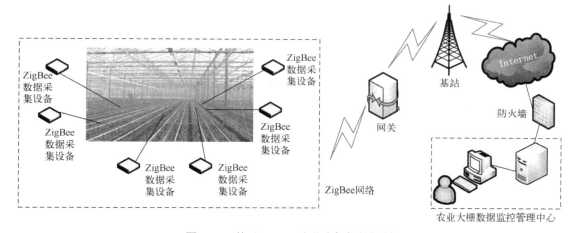

图 1-10 基于 ZigBee 农业大棚智能控制

1.5 ZigBee 协议栈

应用 ZigBee 进行通信，需要按 ZigBee 协议编写代码，这些代码称为 ZigBee 协议栈，目前，ZigBee 协议栈主要有两种。

1. 半开源的协议栈

德州仪器开发的 Z-Stack 协议栈是一个半开源的、免费的 ZigBee 协议栈。它支持

ZigBee 和 ZigBeePRO，并向后兼容 ZigBee2006 和 ZigBee2004。Z-Stack 内嵌了 OSAL 操作系统，标准的 C 语言代码，使用 IAR 开发平台，易于学习，是一款适合工业级应用的 ZigBee 协议栈。

2．非开源的协议栈

常见的非开源的 ZigBee 协议栈的解决方案包括 Freescale 解决方案和 Microchip 解决方案。

1）Freescale 最简单的 ZigBee 解决方案就是 SMAC 协议，是面向简单的点对点应用，不涉及网络概念。Freescale 完整的 ZigBee 协议栈为 BeeStack 协议栈，也是最复杂的协议栈，看不到具体的代码，只提供一些封装好的函数直接调用。

2）Microchip 提供的 ZigBee 协议为 ZigBee@PRO 和 Zigee@RF4CE，均是完整的 ZigBee 协议栈，但收费偏高。

1.6　CC2530 单片机在物联网中的应用

目前，与 Z-Stack 协议栈配合使用的 ZigBee 芯片主要有 CC2430/CC2431 与 CC2530/CC2531、C2538，每种芯片都有各自的特点，下面分别介绍。

2004 年 12 月，Chipcon 公司推出全球第一个 IEEE 802.15.4 ZigBee 片上系统解决方案 CC2430 无线单片机，该芯片内部集成了一款增强型的 8051 内核及当时业内性能卓越的射频收发器 CC2420。2005 年 12 月，Chipcon 公司推出内嵌定位引擎的 ZigBee IEEE 802.15.4 解决方案 CC2431。2006 年 2 月，TI 公司收购 Chipcon 公司，又相继推出一系列的 ZigBee 芯片，比较有代表性的片上系统如 CC2530。

CC2530/CC2531 是 CC2430/CC2431 的升级版本，根据闪存的不同，CC2530 有 4 种不同的版本，分别是 CC2530F32、CC2530F64、CC2530F128 和 CC2530F256，这 4 种版本分别具有 32/64/128/256KB 的闪存空间。

CC2538 是德州仪器生产的一款针对高性能 ZigBee 应用的片上系统。该芯片包含基于 ARM Cortex-M3 的强大 MCU 系统，具有高达 32KB 的片上 RAM、512KB 的片上闪存和可靠的 IEEE 802.15.4 射频功能。

由于 CC2530 向后兼容 CC2430，它们价格差别不大，而 CC2538 价格较贵，而且与其他厂家的单片机相比，CC2530 是一个兼容 IEEE 802.15.4 协议的片上系统，提供 101dB 的链路质量，具有优秀的接收器灵敏度和健壮的抗干扰性，4 种供电模式，多种尺寸闪存及丰富外设，即包括 2 个同步异步串口、12 位模/数转换器和 21 个通用 I/O，支持一般的低功耗无线通信，功耗低，简化了布线，而且还可以配备 Z-Stack 协议栈来简化开发。所以，设计无线传感器节点大多采用 CC2530，多个节点组成无线传感器网络，从而构成了物联网的神经末梢系统。CC2530 在物联网中得到了广泛的应用，掌握了 CC2530 单片机的原理，才能更好地应用物联网。

1.7　本章小结

本章从米家智能家庭套装的功能和技术分析引出 CC2530 单片机相关的基础知识，具体如下。

1）介绍了单片机 4 个阶段的发展历史、分类、基本原理，分析了单片机在物联网中应用的原因。

2）物联网的起源、概念及在国内外的发展情况。

3）物联网 3 层网络架构及功能。

4）无线传感器网络的概念、3 个发展阶段。

5）ZigBee 的 4 层协议标准及它与 IEEE 802.15.4 协议的关系。

6）ZigBee 使用的 3 个无线频段、对应的信道个数、传输速率。

7）ZigBee 的 6 个特点，并重点介绍了 ZigBee 在智能家居、路灯监控、医疗检测、农业大棚智能控制方面的应用。

8）ZigBee 半开源协议栈、非开源协议栈。

9）对比了 ZigBee 芯片 CC2430/CC2431、CC2530/CC2531、C2538 的特点，分析了 CC2530 在物联网中的应用，指出学习 CC2530 单片机的必要性。

1.8　习题

1. 选择题

（1）以下选项，（　　）不是 ZigBee 的优点。

    A. 近距离　　　　B. 高功耗　　　　　C. 低复杂度　　　D. 低数据速率

（2）作为 ZigBee 的物理层和 MAC 层的标准协议是（　　）。

    A. IEEE 802.15.4　B. IEEE 802.11b　　C. IEEE 802.11a　D. IEEE 802.12

（3）一个星形结构的 ZigBee 网络最多可以容纳（　　）个设备（节点）。

    A. 252　　　　　B. 253　　　　　　C. 254　　　　　D. 255

（4）一个网状 ZigBee 网络最多可以容纳（　　）个节点。

    A. 7.5 万　　　　B. 6 万　　　　　　C. 6.5 万个　　　D. 5 万

（5）ZigBee 是一种新兴的短距离、低速率的无线网络技术，主要用于（　　）无线连接。

    A. 近距离　　　　B. 远距离　　　　　C. 低速率　　　　D. 高速率

（6）ZigBee 使用了 3 个频段，其中 2.4GHz 定义了（　　）个信道。

    A. 1　　　　　　B. 10　　　　　　C. 16　　　　　D. 20

（7）在 IEEE 802.15.4 标准协议中，规定了 2.4GHz 物理层的数据传输速率为（　　）。

    A. 250kbit/s　　　B. 300kbit/s　　　　C. 350kbit/s　　　D. 400kbit/s

（8）下列选项中，（　　）是 ZigBee 不支持的网络拓扑结构。

    A. 星形　　　　　B. 环形　　　　　　C. 树形　　　　　D. 网状

（9）根据 IEEE 802.15.4 标准协议，ZigBee 的工作频段包括（　　）。

    A. 868MHz、918MHz、2.3GHz

    B. 848MHz、915MHz、2.4GHz

    C. 868MHz、915MHz、2.4GHz

    D. 868MHz、960MHz、2.4GHz

（10）下列选项中，（　　）是 ZigBee 的应用场合。

    A. 个人健康监护　　　　　　　　　B. 玩具和游戏

    C. 家庭自动化　　　　　　　　　　D. 上述全部

2．填空题

（1）无线传感器网络的发展经历了 3 个阶段，分别是_____、_____、_____。

（2）ZigBee 联盟制定的 ZigBee 标准包括 4 层，由下到上分别是_____、_____、_____、_____。

（3）德州仪器的 Z-Stack 协议栈是一款_____、_____ZigBee 协议栈。

3．简答题

（1）简述物联网的定义。

（2）简述单片机的分类。

第2章 开发环境

第 1 章的图 1-7 展示了智能家居应用 ZigBee 的情况，在 ZigBee 网络中，各类传感器采集的家居信息可以传送到嵌入 ZigBee 的控制器中，该控制器依据接收的信息发送命令控制灯、空调等家电设备。本书实现图 1-7 中 ZigBee 网络的简化功能，即通过 CC2530 控制温度传感器、光敏传感器采集家居室内的温度、光线强度，并进行无线传输。要实现这些功能需要搭建开发环境。CC2530 单片机的开发一般采用交叉编译，即在某个主机平台上（如计算机）用交叉编译器编译出可在其他平台上（如单片机）运行的代码。所以，开发环境包括运行在 PC 上的交叉编译器等相关软件开发环境和基于 CC2530 硬件的硬件开发环境，本章介绍硬件开发环境搭建、软件开发环境搭建和开发环境使用方法。本章知识拓扑图如图 2-1 所示。

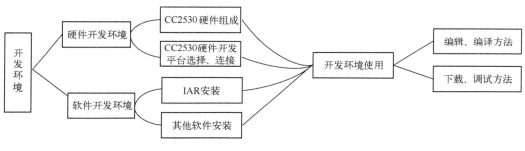

图 2-1　本章知识拓扑图

2.1　硬件开发环境搭建

硬件开发环境指 CC2530 硬件开发平台，由于计算机上的程序代码要通过仿真器下载到此硬件平台上，因此，硬件开发环境搭建过程中涉及的内容包括：对 CC2530 硬件组成的理解、CC2530 硬件开发平台的选择，及它与计算机的硬件连接，下面分别介绍。

2.1.1　CC2530 硬件组成

CC2530 支持 ZigBee，CC2530 硬件应该可以组成 ZigBee 网络，而一个 ZigBee 网络一般由一个协调器节点、多个路由器和多个终端节点组成。因此，CC2530 硬件包括协调器、路由器和终端节点，它们的主要功能如下。

- 协调器：主要负责网络的建立、信道的选择及网络中节点地址的分配，是整个 ZigBee 网络的控制中心。
- 路由器：主要负责找寻、建立及修复封包数据的路由路径，并负责转发封包数据，通时也可以配置网络中节点地址。
- 终端节点：智能选择已经建立形成的网络，可传送数据给协调器和路由器，但不能转发数据。

上述 3 种设备根据功能完整性可分为全功能（Full Function Device，FFD）和简化功能（Reduced Function Device，RFD）设备。一个全功能设备可与多个 RFD 设备或多个其他 FFD 设备通信，而一个简化功能设备只能与一个 FFD 通信。协调器、路由器必须为 FFD，终端设备既可以是 FFD，也可以是 RFD。

2.1.2　CC2530 硬件开发平台的选择

由于 CC2530 单片机面向应用，读者不仅要掌握基本原理，还要通过实践操作来熟悉它的应用，所以要想深入学习 CC2530 单片机，需要购买 CC2530 硬件开发平台，即 CC2530 开发套件，主要包括 CC2530 开发板、仿真器。CC2530 开发板提供了设计好的 CC2530 单片机和相关接口，简化了硬件的设计；仿真器可以在线下载调试程序，观察程序是否达到预期目标，如果达到预期目标，程序就可以脱离计算机，在开发板上独立运行完成相关的应用任务。

目前市场上 CC2530 开发套件种类繁多，如网蜂、飞比、七星虫、无线龙等，它们实现的功能都差不多，价格也不贵，一般选择具有 CC2530 及其常用的接口，能进行 ZigBee、Wi-Fi 组网的 CC2530 开发套件即可，也可以根据具体应用要求进行选择。

2.1.3　硬件的连接

CC2530 单片机的开发一般采用交叉编译，不仅需要计算机，还需要 CC2530 硬件开发平台，不同硬件开发平台的硬件连接方法都类似，本节以网蜂的 CC2530 硬件开发平台为例来介绍硬件的连接。该硬件开发平台包括若干节点，一个仿真器、一个电源适配器。每个节点都由核心板和底板组成，依据完成的功能不同，核心板和底板也分成不同的类型。

图 2-2　CC2530 核心板

如图 2-2、图 2-3 所示为 CC2530 核心板和增强型功能底板，核心板不能独立使用，需要插入底板的插座上才能使用。

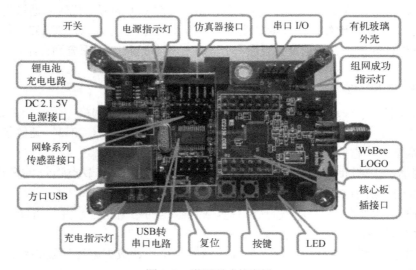

图 2-3　增强型功能底板

SmartRF 仿真器如图 2-4 所示。进行硬件连接时，首先按图 2-3，找到增强型功能底板上的核心模板插接口，将图 2-2 的 CC2530 核心板连接到该处，并使用 USB 延长线，一端连接到增强型底板的方口 USB 上，另一端连接到计算机的 USB 接口。然后，按照图 2-4，找到仿真器的 DEBUGGER 接口，将其连接到增强型底板的仿真器接口，再将仿真器的 USB 接口接到计算机的 USB 接口上；最后，找到电源适配器，一端连接到增强型功能底板的 DC2.1 5V 电源接口，另一端插入电源插座，打开底板上的电源开关，再按 2.2 节的方法搭建软件开发环境，就可以进行开发了。

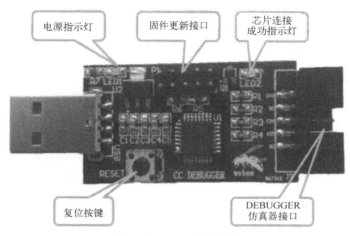

图 2-4　SmartRF 仿真器

2.2　软件开发环境搭建

软件开发环境搭建涉及的内容包括：IAR 的安装、其他软件的安装。其他软件包括驱动程序和抓取数据包的软件，下面分别介绍这些软件的安装。

2.2.1　IAR 安装

1．IAR 简介

IAR 全称 IAR Embedded Workbench，是瑞典 IAR Systems 公司为微处理器开发的一个集成开发环境，又简称 IAR 或 EW。IAR 针对不同的处理器提供不同的版本，如针对内核为 8051 的微处理器提供 IAR for 51 版本，针对内核为 ARM 或 AVR 的微处理器提供 IAR for ARM 和 IAR for AVR 版本。

2．IAR 优点

1）完全标准的 C 兼容。

2）良好的版本控制和扩展工具。

3）便捷的模拟和中断处理。

4）工程中支持相对路径。

5）内建对应芯片的程序速度和大小优化器。

3．安装要求

由于 CC2530 采用是增强型 8051 内核，所以需要使用的 IAR 版本是 IAR For 51。该版本软件开发环境的安装要求，其硬件、软件的配置如表 2-1 所示。

表 2-1　硬件、软件的配置

软硬件名称	配置要求
CPU	最低 600MHz 处理器，建议 1GHz 以上
硬盘空间	可用空间 1.4GB
操作系统	Windows 2000、Windows 2003、Windows XP、Windows Vista、Windows 8/10

4．IAR 的安装

1）将安装包 ourdev_660571QXH7CV.zip 解压。

2）在解压目录下，双击 autorun.exe（注意：如果是 Windows 7 及以上操作系统需要右击，在弹出的快捷菜单中选择"以管理员身份运行"命令），弹出如图 2-5 所示界面，选择"Install IAR Embedded Workbench"选项。

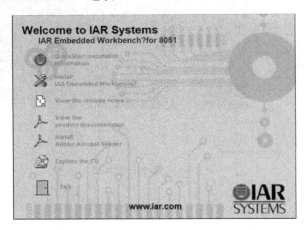

图 2-5　IAR 安装界面

3）弹出"License Agreement"对话框，如图 2-6 所示，接受安装许可信息，并单击"Next"按钮。

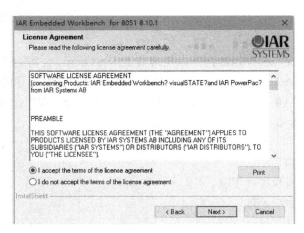

图 2-6　"License Agreement"对话框

4）弹出"Enter User Information"对话框，如图 2-7 所示，在"Name"文本框中输入用户名，在"Company"文本框中输入公司名，将相应的 License number 复制到"License#"

文本框内，单击"Next"按钮，弹出如图 2-8 所示的对话框。将 License Key 复制到"License Key"文本框中，再单击"Next"按钮，并在后面弹出的对话框中单击"Next"按钮。

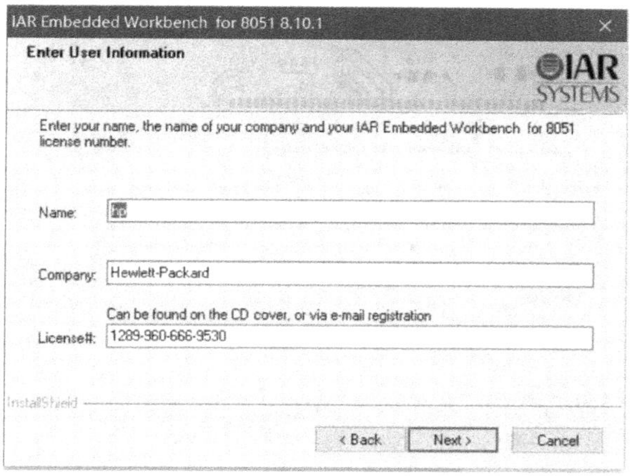

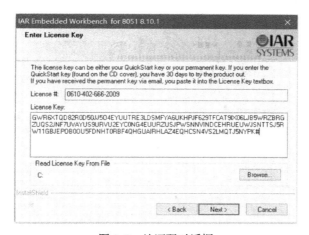

图 2-7 用户信息对话框

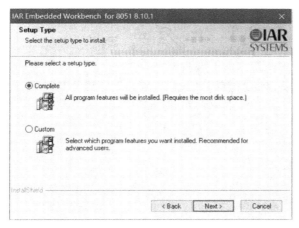

图 2-8 认证码对话框

5）弹出"Setup Type"对话框，如图 2-9 所示，选择"Complete"选项，单击"Next"按钮。

图 2-9 安装方式选择

6）弹出"Choose Destination Location"对话框，如图 2-10 所示，单击"Change"按钮选择安装的路径，然后单击"Next"按钮。

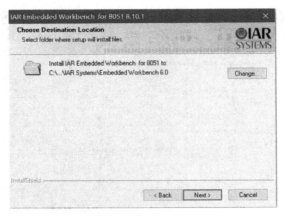

图 2-10　安装路径选择

7）弹出"Select Program Folder"对话框，如图 2-11 所示，设置安装的目录名后，单击"Next"按钮。

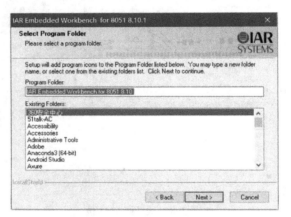

图 2-11　安装的目录名设置

8）弹出"Ready to Install the Program"对话框，如图 2-12 所示，单击"Install"按钮，开始安装，如图 2-13 所示。

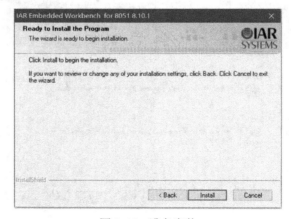

图 2-12　准备安装

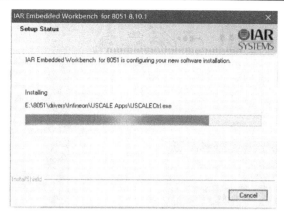

图 2-13　安装进度

9）IAR 正常安装完成，出现如图 2-14 所示的界面，单击"Finish"按钮，安装完成。

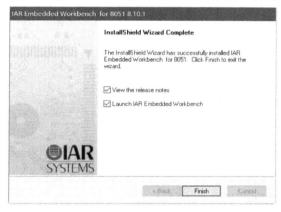

图 2-14　安装完成

2.2.2　其他软件安装

其他软件包括驱动程序和抓取数据包的软件，下面介绍它们的功能及安装方法。

1. 驱动程序的功能及安装

硬件连接后还需要安装必要的驱动程序，驱动程序主要包括仿真器驱动程序和 USB 转串口驱动程序，前者主要用来连接计算机与 SmartRF 仿真器，可将计算机上 IAR 编译的程序下载到核心模块；电池板的串口和计算机的 USB 串口不能直接通信，因此需要安装 USB 转串口驱动。硬件连接完成后，打开电池板的电源开关，然后按下面的方法进行驱动程序的安装。

（1）仿真器驱动的安装

1）当任务栏上出现如图 2-15 所示的消息框时，右击桌面上的"计算机"图标，在弹出的快捷菜单中选择"设备管理器"命令，如图 2-16 所示。

2）弹出如图 2-17 所示的"设备管理器"窗口，右击"SmartRF04EB"选项，在弹出的快捷菜单中选择"更新驱动程序软件"命令，如图 2-18 所示。

3）在打开的"更新驱动程序软件"窗口中，选择"浏览计算机以查找驱动程序软件"选项，如图 2-19a 所示，然后打开驱动程序所在的目录，如图 2-19b 所示，选择后单击"确定"按钮。

图 2-15　未安装设备驱动程序提示消息

图 2-16　选择设备管理器

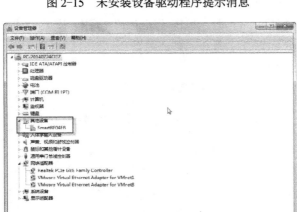

图 2-17　设备管理界面

图 2-18　选择更新驱动程序软件

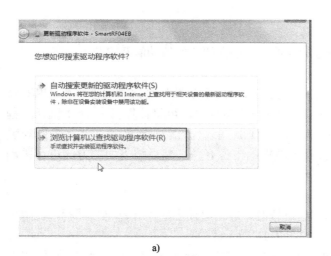

a)

b)

图 2-19　选择驱动程序所在的目录

a)"更新驱动程序软件"窗口　b)"浏览文件夹"对话框

4）弹出安装提示对话框，如图 2-20 所示，选择"始终安装此驱动程序软件"选项，开始安装。

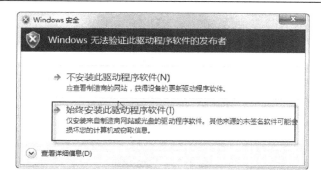

图 2-20　安装提示

5）安装成功后，单击"关闭"按钮即可，如图 2-21 所示。

图 2-21　安装成功

（2）USB 转串口驱动的安装

增强型底板集成了 PL2303 芯片，可完成 USB 转串口功能，双击 PL2303_driver.exe 安装程序，按提示安装即可。

2．抓取数据包软件的功能及安装

在开发 CC2530 时，若要对数据包的帧结构进行分析，就需要安装抓取数据包的工具，由于 CC2530 是 TI 公司推出的，所以一般使用 TI 公司研发的 Packet Sniffer 软件抓取数据包。Packet Sniffer 软件安装包可以到 TI 官网下载，下载后按提示安装即可，需要注意的是在安装类型对话框中，选择"完全安装"选项。

2.3　开发环境使用

2.3 开发环境使用

软硬件开发环境搭建完成后，需要使用 IAR 编辑、编译程序，然后下载调试程序。

2.3.1　编辑、编译程序

1）在开始菜单中，选择"IAR Embedded Workbench"命令，启动 IAR，如图 2-22 所示，进入 IAR 引导界面，如图 2-23 所示。

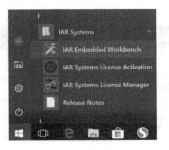

图 2-22　启动 IAR

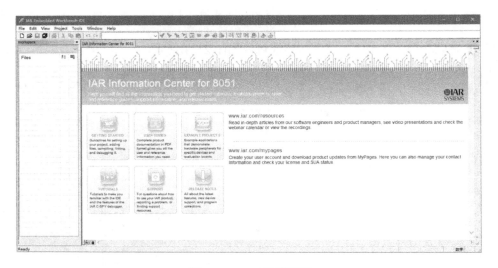

图 2-23　IAR 引导界面

2）选择"Project"→"Create New Project"命令，弹出"Create New Project"对话框，选择"Project templates"列表中的"Empty project"选项，单击"OK"按钮，如图 2-24 所示。

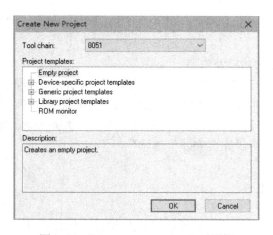

图 2-24　"Create New Project"对话框

3）弹出"另存为"对话框，如图 2-25 所示，设置工程保存的目录，并在"文件名"文本框输入工程的名字（注意是字母数字的组合，且不要加扩展名），单击"保存"按钮。

4）出现如图 2-26 所示的界面，表示成功建立工程。

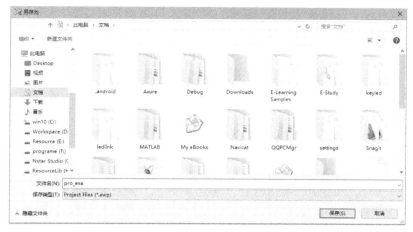

图 2-25 保存工程

图 2-26 成功建立工程

5）选择"File"→"New"→"File"命令，新建一个 C 语言文件，如图 2-27 所示。在 Untiled3 页标签上右击，在弹出的快捷菜单中，选择"Save Untiled3"命令，弹出"另存为"对话框，在"文件名"文本框输入文件的名字（注意文件名是字母数字的组合，且加扩展名为.c），单击"保存"按钮，如图 2-28 所示。

图 2-27 成功建立一个 C 语言文件

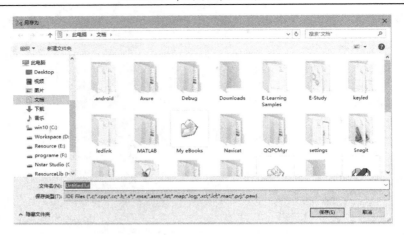

图 2-28 保存文件

6）选择"File"→"Save Workspace"命令，弹出"Save Workspace As"对话框，在"文件名"文本框中输入文件名（注意是文件名字母数字的组合，且不加扩展名），将存放工程的工作区保存起来，单击"保存"按钮，如图 2-29 所示。

图 2-29 保存工作区

7）在工作区面板上右击"pro_exa-D"选项，在弹出的快捷菜单中，选择"Add"→"Add Files"命令，将文件添加到工程中，如图 2-30 所示，即可在空白的窗口中输入程序了。

图 2-30 将文件添加到工程中

8）程序输入完毕，即可进行编译。如果连接了 CC2530 硬件，在编译前需要按第 9）步和第 10）步的方法设置编译器，否则可以直接跳到第 11）步。

9）工作区面板上，右击"pro_exa-D"选项，在弹出的快捷菜单中，选择"Options"命令，弹出如图 2-31 所示的对话框，选择"Category"列表中的"General Options"选项，在右侧的界面中选择"Target"选项卡，单击"Device"文本框右侧的按钮，在下拉菜单中选择"CC2530"选项。

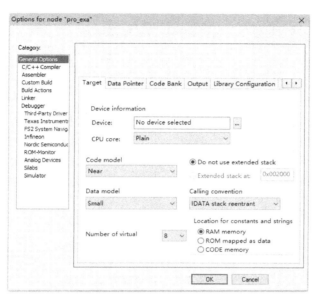

图 2-31　"General Options"选项卡

10）再选择"Category"列表中的"Debugger"选项，在右侧的界面中选择"Setup"选项卡，单击"Driver"下拉按钮，在下拉列表中选择"Texas Instruments"选项，然后单击"OK"按钮，如图 2-32 所示。

图 2-32　设置 Debugger

11）选择"Project"→"Rebuild All"命令，出现如图 2-33 所示的界面，在左下角显示：

```
Total number of errors: 0
Total number of warnings: 0
```

表示程序没有错误，编译成功。

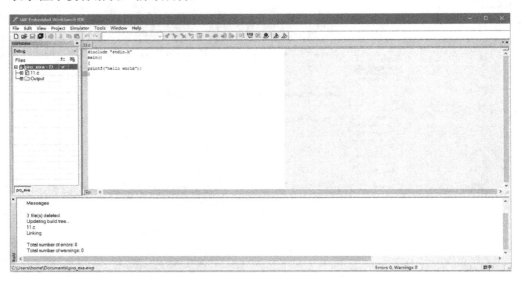

图 2-33　编译成功

2.3.2　下载调试程序

程序编译成功后，还需要调试，单击工具栏上的"Download and Debug"按钮，将程序下载到 CC2530 硬件中进行调试，如图 2-34 所示，程序区中绿色箭头指示的语句表示将要执行的语句。

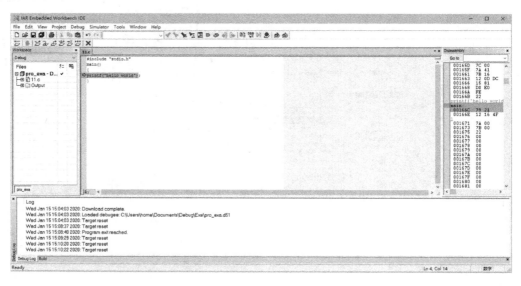

图 2-34　下载调试

可使用调试工具栏上的按钮调试程序，调试过程中涉及的按钮名称和功能如下。

● "Reset" 按钮 ，返回程序开始重新调试。

● "Break" 按钮 ，终止程序执行。

● "Step Over" 按钮 ，单步执行程序时，在遇到子函数时不会进入子函数内单步调试，而是将子函数整个执行完再停止，即把子函数整个作为一步执行。

● "Step Into" 按钮 ，进入函数内部调试程序。

● "Step Out" 按钮 ，跳出函数调试程序。

● "Next Statement" 按钮 ，单步执行程序。

● "Run to Cursor" 按钮 ，运行到光标处。

● "Go" 按钮 ，连续运行程序。

在调试过程中，如果发现程序有逻辑错误，需要选择 "Debug" → "Stop debugging" 命令，对程序进行修改，修改完成后，保存、编译，再单击工具栏上的 "Download and Debug" 按钮，重新调试程序，如此反复，直到程序达到预期的目标为止。

2.4 本章小结

本章介绍了 CC2530 单片机的软硬件开发环境及其使用方法，涉及的主要内容如下。

1）CC2530 单片机的开发过程。

2）CC2530 硬件组成，及各组成部分的功能。

3）CC2530 硬件开发平台组成，及各部分的功能。

4）选择适合的 CC2530 硬件开发平台，进行硬件连接，搭建 CC2530 硬件开发环境。

5）软件开发环境搭建，重点是 IAR for 51 的安装和仿真器驱动的安装。

6）硬件连接好后，开启电源，运行 IAR，就可以设计、编译、下载调试程序，需要注意的问题如下。

① 所有的文件都要以字母数字串命名，且不宜过长。

② 工程中添加的文件要有扩展名，C 语言程序的扩展名为.c，汇编语言程序的扩展名为.s，头文件的扩展名为.h。

③ 如果是基于 CC2530 硬件开发平台设计程序，在编译前要按照 2.3.1 节的步骤 9）和 10）进行设置。

④ 下载调试程序为了观察运行效果一般不使用 "Go" 按钮，且调试程序是一个不断重复的过程，直到程序达到预期目标为止。在调试过程中注意 "Debug" → "Stop debugging" 命令的作用。

2.5 习题

1. 选择题

（1）下列选项中，（　　）必须是 FFD。

　　A．终端设备　　　　　　B．协调器　　　　　C．路由器　　　　　D．终端节点

（2）在 CC2530 开发中，当需要分析数据的帧结构时应使用的辅助工具是（　　）。

　　A．Packet Sniffer　　　B．IAR　　　　　C．keil 51　　　　　D．keil mdk

2. 填空题

（1）CC2530 单片机的开发一般采用_____。

（2）CC2530 硬件包括_____、_____、_____。

（3）CC2530 开发套件主要包括_____、_____。

（4）设计、编译 CC2530 单片机程序的开发环境是_____。

（5）_____是 TI 研发的一种抓取数据包的工具。

3. 简答题

（1）简述协调器的作用。

（2）简述仿真器的作用。

第3章 CC2530基础开发

通用 I/O 及中断是 CC2530 最典型的功能，而信息采集是实现智能家居控制的基础。本章设计了 4 个案例：CC2530 控制 LED 闪烁、按键中断控制 LED 状态、光照信息采集、温度信息采集，逐步学习 CC2530 在智能家居控制中的应用。在学习这些案例前，需要掌握 CC2530 的结构框架和最小系统设计的相关知识，希望通过本章的学习，读者能够掌握 CC2530 基础开发的方法。本章知识拓扑图如图 3-1 所示。

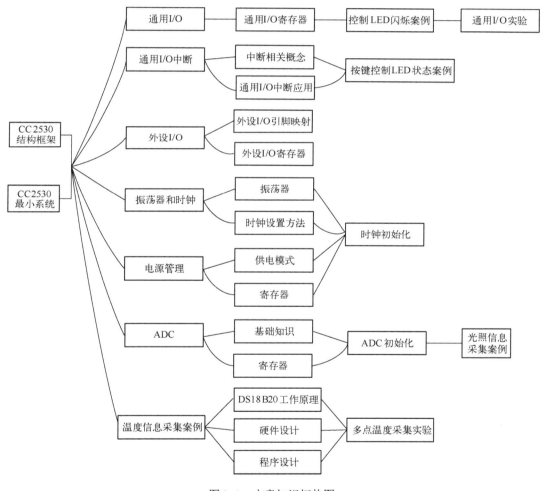

图 3-1　本章知识拓扑图

3.1　CC2530 结构框架

微处理器的结构框架决定其实现的功能，是实现系统开发的基础。本节学习 CC2530 的结构框架，包括内部结构组成及其功能、存储及映射，为项目开发奠定基础。

3.1.1 CC2530 内部结构

CC2530 内部结构如图 3-2 所示，主要包括 4 部分：CPU 和内存相关模块、外设、时钟和电源管理相关模块、无线电相关模块，下面分别介绍。

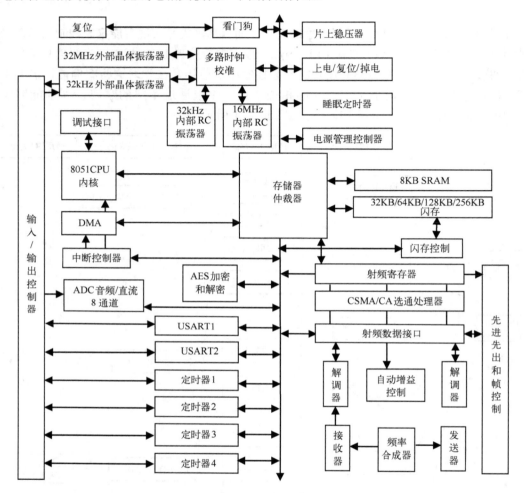

图 3-2　CC2530 内部结构图

1. CPU 和内存相关模块

（1）CPU

CC2530 的 CPU 采用增强型 8051 内核，兼容业界标准的 8051 微控制器并使用标准的 8051 指令集，增强型 8051 指令的执行速度要比标准的 8051 执行速度快，主要原因如下。

1）标准的 8051 每个指令周期为 12 个时钟周期，增强型 8051 的每个指令周期为一个时钟周期。

2）增强型 8051 消除了总线状态的浪费。

（2）中断控制器

通过控制中断来处理随机发生的事件。

（3）存储器仲裁器

位于核心位置，把 CPU、DMA 控制器、存储器、外设连接起来。

（4）8KB SRAM

8KB 的 SRAM，超低功耗，当数字部分掉电时，能够保留自己的内容。

（5）32KB/64KB/128KB/256KB 闪存

闪存是可编程的非易失程序存储器，用来保存程序代码、常量，掉电后其保存的内容不丢失。依据型号不同，CC2530 的闪存有 4 种容量：32KB、64KB、128KB 和 256KB。

2．外设

CC2530 集成了丰富的外设，具体如下。

（1）调试接口

通过调试接口，执行闪存的擦除、控制使能相应的振荡器、停止和开始执行用户程序、执行 8051 内核提供的指令、设置代码断点、指令的单步调试，从而执行内部电路的调试和外部闪存的编程。

（2）输入/输出控制器

控制所有的输入/输出引脚，如设置引脚的功能或方向等。

（3）定时器

包括定时器 1、定时器 2、定时器 3、定时器 4 和睡眠定时器。

（4）ADC

12 位的 ADC，实现模拟量到数字量的转换。

（5）AES 协处理器

允许用户使用带有 128 位密钥的 AES 算法加密和解密数据，实现安全的数据传输。

（6）USART0 和 USART1

串口 0、串口 1，可以实现同步或异步串行通信。

3．时钟和电源管理模块

（1）时钟模块

时钟模块包含振荡器，产生时钟信号，为系统提供时间参考。

（2）电源管理模块

设置电源的供电模式，有效利用系统的电能。

4．无线电模块

提供了一个兼容 IEEE 802.15.4 协议的无线收发器，实现无线通信。

3.1.2　存储器及映射

CC2530 包含多种类型的存储器，下面介绍 CPU 访问这些存储器的方法。

1．物理存储器和存储空间

1）物理存储器是指实际存在的具体存储介质，如 CC2530 内部的 SRAM、闪存等。

2）存储空间是一个虚拟的空间，是指对存储器编码的范围。所谓编码就是对每一个物理存储单元（通常是一个字节）分配一个编号，叫作"编址"。

2．CC2530 的物理存储器

CC2530 的物理存储器包括 SRAM、闪存、信息页面、SFR 寄存器。

（1）SRAM

静态 RAM，未上电时，RAM 的内容是未定义的。主要功能是在供电模式下保存信息内容，只要电源供电，信息内容就不会消失。

（2）闪存

主要功能是保存程序代码和常量数据，其页面大小为 2KB，擦除时间为 20ms，闪存芯片批量擦除时间为 20ms，闪存写数据的时间为 20μs，数据常温下保存时间为 100 年，可编程、擦除次数为 20000 次。

（3）信息页面

2KB 的只读区域，存储设备信息。主要存储来自 CC2530 芯片唯一的 IEEE 地址，它以最低位优先的形式存储在 XDATA 的地址为 0x780C。

（4）SFR 寄存器

特殊功能寄存器，控制 8051 CPU 内核或外设的一些功能，大多数 8051 CPU 内核的 SFR 和标准的 8051 SFR 相同，但有一部分特殊的寄存器功能在标准的 8051 中是没有的，用于外设及 RF 收发器接口。

3．CC2530 的存储空间

CC2530 包括 4 种存储空间：CODE、DATA、XDATA 和 SFR。

（1）CODE

一个只读的存储空间，用于程序存储；其最大寻址空间为 64KB。

（2）DATA

一个读、写的数据存储空间，可以直接或间接被一个周期 CPU 指令访问。最大 DATA 寻址空间为 256B。DATA 存储空间的低 128B 可以直接或间接寻址，较高的 128B 只能间接寻址。

（3）XDATA

一个读、写的数据存储空间，通常需要 4～5 个 CPU 指令周期来访问。最大寻址空间为 64KB，访问 XDATA 的存储器慢于访问 DATA。

（4）SFR

一个读、写寄存器的存储空间，可以直接被一个 CPU 指令访问。这一存储空间含有 128B。对于地址是被 8 整除的 SFR 寄存器，每一位还可以单独寻址。由于 SFR 存储空间为 128B，所以多余的特殊功能寄存器称为 XREG，放在 XDATA 存储空间，用于无线电的配置和控制。

4．映射

映射的主要功能是方便 DMA 控制器访问全部的物理存储器，并由此使得数据通过 DMA 在不同的存储空间之间进行传输。CC2530 的映射包括 XDATA 映射和 CODE 映射。

3.1.2 CC2530 映射

（1）XDATA 映射

XDATA 映射如图 3-3 所示，最大寻址空间为 64KB，斜线区是未使用区域，其他为使用区域，共分成 5 个区域：XBANK、信息页面、SFR、XREG 和 SRAM。

1）XBANK：地址范围为 0x8000～0xFFFF，位于 XDATA 的最高 32KB 区域，该区域是只读的，用来映射选择的 32KB 闪存的内容，主要存储程序、常量数据。

2）信息页面：地址范围为 0x7800～0x7FFF，共 2KB，用来映射信息页面存储器的内容。

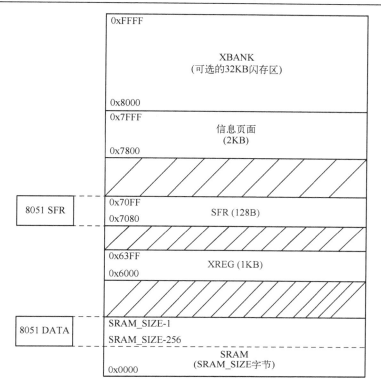

图 3-3　XDATA 映射

3）SFR：地址范围为 0x7080～0x70FF，共 128B，用来映射和 8051 内核相同的 SFR 的内容。

4）XREG：地址范围为 0x6000～0x63FF，共 1KB，用来映射和 8051 内核不相同的 SFR 的内容。

5）SRAM：地址范围为 0x0000～SRAM_SIZE-1（SRAM_SIZE 为 SRAM 的容量，单位为字节），用来映射 SRAM 存储器的内容。其中，最高的 256B（地址范围为 SRAM_SIZE-256～SRAM_SIZE-1），用来映射 8051 内核的 DATA 存储空间的内容。

（2）CODE 映射

CC2530F256 中的闪存容量为 256KB，超出了单片机 16 位地址总线的寻址空间。所以，CC2530 将闪存划分了几个区域（也称 Bank）：Bank0～Bank7，每个 Bank 的大小为 32KB。这样，不同型号的 CC2530 具有不同的 Bank 数目，如 CC2530F256 有 8 个 Bank，CC2530F128 有 7 个 Bank，分别表示为 Bank0～Bank6，以此类推。通过设置寄存器来决定将哪一个 Bank 映射到 CODE 上，CODE 映射包括两种，如图 3-4 和图 3-5 所示。

图 3-4 是标准的 8051 映射，只有闪存映射到 CODE，设备复位后，默认使用这种映射。该映射分成两个区域：普通区/Bank0、Bank0～Bank7。

1）普通区/Bank0：地址范围为 0x0000～0x7FFF，共 32KB，用来映射闪存的最低 32KB，存放启动代码。

2）Bank0～Bank7：地址范围为 0x8000～0xFFFF，共 32KB，用来映射 Bank0～Bank7 之一。

图 3-5 将 SRAM 和闪存都映射到 CODE，该映射分成 3 个区域：普通区/Bank7、SRAM、Bank0～Bank7。

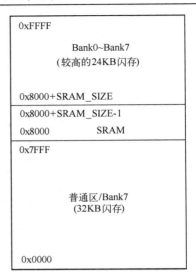

图 3-4　CODE 映射一　　　　　　　　图 3-5　CODE 映射二

1）普通区/Bank7：地址范围为 0x0000～0x7FFF，共 32KB，用来映射闪存的最高 32KB 的内容。

2）SRAM：地址范围为 0x8000～0x8000 + SRAM_SIZE-1，用来映射 SRAM 的内容，存放启动代码。

3）Bank0～Bank7：地址范围为 0x8000 + SRAM_SIZE～0xFFFF，共 24KB，用来映射 Bank0～Bank7 之一的最高 24KB 的内容。

（3）映射寄存器

映射寄存器包括两个：存储器仲裁控制寄存器 MEMCTR 和闪存区映射寄存器 FMAP，用来选择 XDATA 和 CODE 映射的区域。

1）MEMCTR 主要控制闪存的哪一个 Bank 映射到 XDATA 的 XBANK 区域，及是否使能 SRAM 映射到 CODE。该寄存器各个位的含义如表 3-1 所示。

表 3-1　存储器仲裁控制寄存器 MEMCTR

位	名称	复位	R/W	描　　　述
7～4	–	0000	R0	保留
3	XMAP	0	R/W	XDATA 映射到 CODE 选择。 设置为 0：SRAM 映射到 CODE 功能禁用； 设置为 1：SRAM 映射到 CODE 功能使能，即当设置此位为 1，XDATA 的 SRAM 区域映射到 CODE 区域的 SRAM 区域，从而使程序代码从 SRAM 执行
2～0	XBANK[2:0]	000	R/W	XDATA 区选择，控制闪存的哪个 Bank 映射到 XDATA 的 XBANK 区域。设置为 000：选择闪存的 Bank0 映射到 XDATA 的 XBANK 区域；设置为 001：选择闪存的 Bank1；设置为 010：选择闪存的 Bank2；设置为 011：选择闪存的 Bank3；设置为 100：选择闪存的 Bank4；设置为 101：选择闪存的 Bank5；设置为 110：选择闪存的 Bank6；设置为 111：选择闪存的 Bank7。 注意：有效设置取决于设备的闪存大小，如 CC2530F64K，只有 Bank0、Bank1，只能设置 000、001，其他值个无效，将会被忽略，即不会更新 XBANK[2:0]

2）FMAP 控制闪存的 Bank 区域代码区映射到 Bank0～Bank7 区域，该寄存器各个位的含义如表 3-2 所示。

表 3-2　闪存区映射寄存器 FMAP

位	名称	复位	R/W	描　　述
7～3	–	00000	R0	保留
2～0	MAP[2:0]	001	R/W	闪存区域映射，控制闪存的哪个 Bank 映射到 CODE 映射的区域 Bank0～Bank7。设置值及注意事项同 MEMCTR 的 XBANK[2:0]

【例 3-1】　对于芯片 CC2530F256，如果要映射闪存的 Bank5 至 CODE 区域，如何设置 FMAP？

分析：设置 MAP[2:0]为 101，其他位不变。

P0SEL | 00000 101 可以实现设置 MAP[2:0]为 101。程序代码如下。

```
FMAP |= 0X05;
```

3.2　CC2530 最小系统

进行 CC2530 开发，需要先设计硬件电路，而最小系统是硬件电路的核心。本节介绍 CC2530 最小系统相关的知识，包括 CC2530 引脚、最小系统设计方法。

3.2.1　CC2530 引脚

CC2530 有 40 个引脚，如图 3-6 所示，这些引脚分成 8 组，下面介绍各组引脚名称及功能。

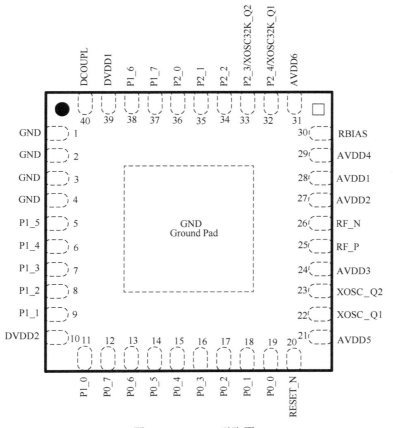

图 3-6　CC2530 引脚图

1. I/O 引脚

CC2530 有 3 个端口，分别为 P0、P1、P2，P0 有 8 个引脚，分别用 P0_0~P0_7 表示；P1 有 8 个引脚，分别用 P1_0~P1_7 表示；P2 有 5 个引脚，分别用 P2_0~P2_5 表示；共 21 个引脚，这些引脚可以用作输入功能，也可以用作输出功能。

2. 模拟电源引脚

AVDD1~AVDD6 为模拟电源引脚，连接 2.6~3.6V 模拟电源，为模拟电路供电。

3. 数字电源引脚

1）DVDD1~DVDD2 为数字电源引脚，连接 2.6~3.6V 数字电源，为数字电路供电。

2）DCOUPL 为内部 1.8V 数字电源去耦电路引脚。

4. GND 引脚

GND 引脚为接地引脚，需要连接到可靠的地参考。

5. 无线电引脚

RF_N、RF_P 为射频天线输入/输出引脚，实现射频信号的接收（RX）和发送（TX）。

1）RF_N 引脚在接收期间向 LNA（低噪声放大器）输入正向射频信号，在发送期间接收来自 PA（功率放大器）输入的正向射频信号。

2）RF_P 引脚在接收期间向 LNA（低噪声放大器）输入负向射频信号，在发送期间接收来自 PA（功率放大器）输入的负向射频信号。

6. 外部晶体振荡器引脚

1）XOSC_Q1 和 XOSC_Q2 连接 32MHz 外部晶体振荡器。

2）P2_3 复用作 XOSC32K_Q2，P2_4 复用作 XOSC32K_Q1，当这两个引脚不用做 I/O 引脚时，连接 32.768kHz 的外部晶体振荡器。

7. 复位引脚

RESET_N 为复位引脚，连接复位电路。

8. 模拟 I/O 引脚

RBIAS 为模拟 I/O 引脚，参考电流的外部精密偏置电阻。

3.2.2 最小系统设计

CC2530 片内集成了丰富的外设，最小系统电路的设计比较简单，如图 3-7 所示，主要包括电源电路设计、时钟电路设计、复位电路设计、天线设计，下面分别介绍设计方法。

1. 电源电路设计

CC2530 采用 2.6~3.6V 电压供电，而外接的直流电源适配器一般是 5V，所以设计电源电路时，采用 AMS1117 电源转换芯片，将输入的 5V 电压转换为 3.3V 电源输出。同时为避免干扰传输信号，将 2 个数字电源引脚 DVDD1~DVDD2、6 个模拟电源引脚 AVDD1~DVDD6 分别接地。

2. 时钟电路设计

CC2530 提供了 4 个引脚 XOSC32K_Q2、XOSC32K_Q1、XOSC_Q2、XOSC_Q1，用来外接 32.768kHz 和 32MHz 的晶体振荡器，从而产生相应频率的时钟信号，作为系统的时间参考。晶体振荡器的电路设计比较简单，但需要注意的是，晶体振荡器距离 CPU 尽可能近一些，在同一层进行走线，且两线的距离应该完全相同，不然可能无法起振。

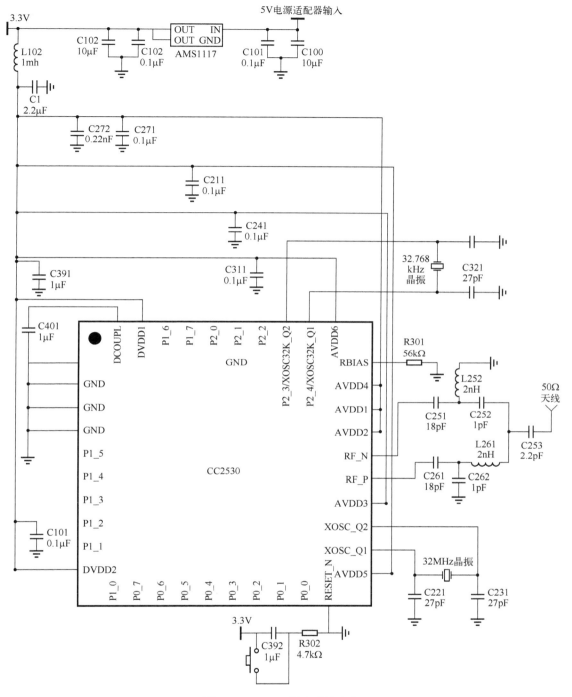

图 3-7　CC2530 最小系统电路

3. 复位电路设计

复位电路可以使系统恢复到默认的状态，本设计采用按键复位电路，通过按键实现系统复位。

4. 天线电路设计

天线的设计比较重要，它决定了射频电路通信的指标是否良好，对通信距离、系统功耗都有较大影响。设计天线可以采用 PCB 天线，如倒 F 天线、螺旋天线等，也可以使用 SMA 接口的外置棒状天线。棒状天线易于安装，使用较多，图 3-7 所示的最小系统设计了棒状天线。

3.3 通用 I/O

CC2530 有 21 个输入/输出引脚，可以配置为通用 I/O 或外部设备 I/O。通用 I/O 可通过配置一系列的寄存器实现。下面介绍通用 I/O 的特点。

1）3 个端口 P0、P1、P2，一共 21 个 I/O 引脚，分别表示为 P0_0～P0_7、P1_0～P1_7、P2_0～P2_4。

2）可以配置为通用 I/O 或外部设备 I/O。

3）输入口具备上拉或下拉能力。

4）具有外部中断能力。

⚠注意：所有的端口都可以通过特殊功能寄存器 P0、P1、P2 进行位寻址和字节寻址，可以配置寄存器实现通用 I/O 或外部设备 I/O 的功能，当用作通用 I/O 时，常用的寄存器包括功能寄存器 PxSEL、方向寄存器 PxDIR、配置寄存器 PxINP，其中 x 为 0～2 的整数，代表不同的端口。

下面分别介绍这些寄存器的功能，并结合案例来说明这些寄存器的综合配置方法。

3.3.1 功能寄存器 PxSEL

1. 功能

3.3.1 PxSEL 和 PxDIR

功能寄存器 PxSEL 用来配置端口的每个引脚为通用 I/O 或外设 I/O。注意：复位之后，所有的 I/O 引脚都被设置为通用输入引脚。

2. 配置方法

如果要将某端口 x 的引脚设置为通用 I/O 或外设 I/O，要将功能寄存器 PxSEL 的相应"位"设置为 0 或 1。不同的功能寄存器对应位的含义类似，下面以 P0SEL 为例介绍功能寄存器各个位的含义，如表 3-3 所示。P0SEL 共 8 位，用于设置 P0 端口每个引脚的功能，某位设置为 1，对应引脚为通用 I/O；某位设置为 0，对应引脚为外设 I/O。

表 3-3　功能寄存器 P0SEL

位	名　称	复　位	R/W	描　述
7	SELP0[7]	0	R/W	P0_7 功能选择。0：通用 I/O；1：外设 I/O
6	SELP0[6]	0	R/W	P0_6 功能选择。0：通用 I/O；1：外设 I/O
5	SELP0[5]	0	R/W	P0_5 功能选择。0：通用 I/O；1：外设 I/O
4	SELP0[4]	0	R/W	P0_4 功能选择。0：通用 I/O；1：外设 I/O
3	SELP0[3]	0	R/W	P0_3 功能选择。0：通用 I/O；1：外设 I/O
2	SELP0[2]	0	R/W	P0_2 功能选择。0：通用 I/O；1：外设 I/O
1	SELP0[1]	0	R/W	P0_1 功能选择。0：通用 I/O；1：外设 I/O
0	SELP0[0]	0	R/W	P0_0 功能选择。0：通用 I/O；1：外设 I/O

【例 3-2】 将 P0_1 设置为通用 I/O。

分析：需要将 P0SEL 的第 1 位置 0，其他位不变。

P0SEL & 11111101 可以实现第 1 位置 0，其他位不变，但 11111101 数值较大，将其取反，即 00000010，程序代码如下。

```
P0SEL &=~0x02;
```

总结：如果要设置一个寄存器的某位为 0，则先要确定一个二进制常数，让该常数需要设置的位为 1，其他位为 0，然后让该寄存器与该常数取反的值进行与操作即可。

【例 3-3】　将 P0_2 设置为外设 I/O。

分析：需要将 P0SEL 的第 2 位置 1 ，其他位不变。

P0SEL | 00000100 可以实现第 2 位置 1 ，其他位不变，程序代码如下。

```
P0SEL |= 0x04;
```

总结：如果要设置一个寄存器的某位为 1，则先要确定一个二进制常数，让该常数需要设置的位为 1，其他位为 0，然后让该寄存器与该常数的值进行或操作即可。

3.3.2　方向寄存器 PxDIR

1. 功能

CC2530 的端口用作通用 I/O 时，可以使用方向寄存器 PxDIR 配置其信号方向，即配置为输入或输出。注意：复位之后，所有 I/O 引脚均被设置为输入引脚。

2. 配置方法

如果要将某端口 x 的引脚设置为通用输入或输出，要将方向寄存器 PxDIR 的相应"位"设置为 0 或 1。不同方向寄存器 PxDIR 对应位的含义类似，下面以 P0DIR 为例介绍方向寄存器各个位的含义，如表 3-4 所示。

表 3-4　方向寄存器 P0DIR

位	名　称	复　位	R/W	描　述
7	DIRP0[7]	0	R/W	P0_7 的 I/O 方向选择。0：输入；1：输出
6	DIRP0[6]	0	R/W	P0_6 的 I/O 方向选择。0：输入；1：输出
5	DIRP0[5]	0	R/W	P0_5 的 I/O 方向选择。0：输入；1：输出
4	DIRP0[4]	0	R/W	P0_4 的 I/O 方向选择。0：输入；1：输出
3	DIRP0[3]	0	R/W	P0_3 的 I/O 方向选择。0：输入；1：输出
2	DIRP0[2]	0	R/W	P0_2 的 I/O 方向选择。0：输入；1：输出
1	DIRP0[1]	0	R/W	P0_1 的 I/O 方向选择。0：输入；1：输出
0	DIRP0[0]	0	R/W	P0_0 的 I/O 方向选择。0：输入；1：输出

【例 3-4】　将 P0_1 设置为输入。

分析：需要将 P0DIR 的第 1 位设置为 0 ，其他位不变。依据例 3-2 的总结，程序代码如下。

```
P0DIR &= ~ 0x02;
```

【例 3-5】　将 P0_2 设置为输出。

分析：需要将 P0DIR 的第 2 位设置为 1，其他位不变。依据例 3-3 的总结，程序代码如下。

```
P0DIR |= 0x04;
```

3.3.3　配置寄存器 PxINP

1. 配置寄存器 PxINP 的功能

当端口用作通用 I/O 输入时，引脚可以设置为上拉、下拉和三态操作模式。复位之后，所有的端口均被设置为带有上拉的输

3.3.3　配置寄存器 PxINP

入。要取消输入的上拉和下拉功能，需要将 PxINP 中的对应"位"设置为 1。其中 I/O 端口引脚 P1_0 和 P1_1 没有上拉和下拉功能，即当端口配置为通用输入时，引脚没有上拉和下拉功能。

2. 配置方法

输入引脚的 3 种操作模式由配置寄存器 PxINP 配置。如果要将某端口 x 的引脚用作通用输入，要设置其工作在上拉、下拉和三态操作模式之一，需要将配置寄存器 PxINP 的相应"位"设置为 0 或 1。不同配置寄存器 PxINP 对应位的含义类似，下面以 P0INP 为例来讲解配置寄存器各个位的含义，如表 3-5 所示。

表 3-5　配置寄存器 P0INP

位	名　称	复　位	R/W	描　述
7	MDP0[7]	0	R/W	P0_7 的 I/O 输入模式功能选择。0：上拉/下拉；1：三态
6	MDP0[6]	0	R/W	P0_6 的 I/O 输入模式功能选择。0：上拉/下拉；1：三态
5	MDP0[5]	0	R/W	P0_5 的 I/O 输入模式功能选择。0：上拉/下拉；1：三态
4	MDP0[4]	0	R/W	P0_4 的 I/O 输入模式功能选择。0：上拉/下拉；1：三态
3	MDP0[3]	0	R/W	P0_3 的 I/O 输入模式功能选择。0：上拉/下拉；1：三态
2	MDP0[2]	0	R/W	P0_2 的 I/O 输入模式功能选择。0：上拉/下拉；1：三态
1	MDP0[1]	0	R/W	P0_1 的 I/O 输入模式功能选择。0：上拉/下拉；1：三态
0	MDP0[0]	0	R/W	P0_0 的 I/O 输入模式功能选择。0：上拉/下拉；1：三态

【例 3-6】 P0_5 作为通用输入，设置其具有上拉/下拉功能。

分析：需要将 P0INP 的第 5 位设置为 0，其他位不变。依据例 3-2 的总结，程序代码如下。

```
P0INP &= ~ 0x20;
```

【例 3-7】 P0_3 作为通用输入，设置其为三态功能。

分析：需要将 P0INP 的第 5 位设置为 1，其他位不变。依据例 3-3 的总结，程序代码如下。

```
P0INP |= 0x08;
```

3.3.4　案例：CC2530 控制 LED 闪烁

1. 案例分析

过春节时，家家户户都要在窗户上装饰彩灯，形状各异、颜色繁多的彩灯一闪一闪，非常漂亮。彩灯闪烁是如何控制的呢？本节使用 CC2530 并通过按键来控制 LED 闪烁，即查询按键是否按下（闭合），如果按下，LED 闪烁，否则熄灭。案例主要涉及硬件电路，及程序的设计。

2．硬件电路的设计

基于图 3-7 所示的 CC2530 最小系统电路进行硬件电路的设计，设计的电路如图 3-8 所示，设计了 1 个按键 S1，4 个 LED 灯，分别用 LED1、LED2、LED3、LED4 表示，它们分别由引脚 P0_5、P1_0、P1_1、P1_4、P0_1 控制，这些引脚用作通用 I/O，那么哪些引脚作输入，哪些引脚作输出呢？

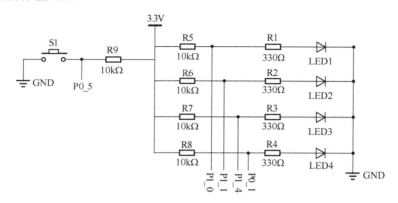

图 3-8　CC2530 控制 LED 闪烁的硬件电路设计

先看如何控制 LED 的亮灭，4 个 LED 的电路类似，以 LED1 为例。LED1 的阳极通过电阻 R1 连接到 P1_0 引脚，当 P1_0 为高电平时，LED1 中有从左向右的电流流过，所以，LED1 可以点亮，否则没有电流流过，LED1 是熄灭的。所以，P1_0 引脚的值是设置的，它用作通用的输出功能。以此类推，P1_1、P1_4、P0_1 引脚也用作通用的输出功能。

而左上角的按键电路，按键 S1 闭合，电阻 R9 中有电流流过，且方向从右向左，忽略 S1 的电阻，3.3V 的电压加在 R9 两端，由于 R9 右端为 3.3V，所以，R9 左端为 0V，所以 P0_5 引脚应该是低电平；如果按键断开，R9 中没有电流流过，相当于 P0_5 连接到 3.3V 电源上，所以 P0_5 引脚应该是高电平。可见，P0_5 引脚的值是由 S1 的闭合和断开决定的，不是设置的。所以，P0_5 引脚用作通用的输入功能。

3．程序设计

设计程序时，需要解决 3 个问题，一是如何检测 S1 键是否按被下；二是如何控制 4 个 LED 同时闪烁，三是设计主函数和子函数，下面详细介绍。

（1）检测 S1 键

对按键的一次操作，是按下和释放，下面分别介绍处理方法。

1）检测 S1 键是否被按下。由前面对硬件电路设计的分析可知，S1 键按下，P0_5 引脚输入的是低电平，否则 P0_5 引脚输入的是高电平。所以，通过判断该引脚的状态，可以检测出 S1 按键是否按下。但需要注意的是 S1 键开关的结构通常是机械弹性元件，一方面，在按键闭合和断开时，接触点在闭合和断开瞬间接触不稳定，会产生抖动；另一方面，有时不小心碰了一下按键，而不是想要按下按键，此时，P0_5 引脚输入的电平持续的时间就比较短，也称为抖动。因此，为了消除抖动引起的不良后果，通常设计延时程序，延时时间为 5~10ms，延时后再判断 P0_5 引脚的状态，通过此时的状态来确定 S1 键是否按下。

2）检测 S1 键是否被释放。由 1）的分析可知，在确定 S1 键按下的情况下，如果 P0_5 引脚为高电平，则 S1 键被释放。

（2）控制 4 个 LED 闪烁

人类的视觉能够分别的频率有限，当 LED 点亮和熄灭的频率低于 70Hz，人眼就会感受到 LED 闪烁。通常 LED 闪烁一次，就是控制它们亮一次，延时一段时间，再控制它们灭一次，延时时间一般设置为 0.3s 左右。

（3）设计主函数和子函数

依据程序设计实现的功能，设计一个主函数和 3 个子函数。主函数循环判断 S1 键是否被按下，如果被按下延时去抖动，再次确定 S1 键被按下，控制 LED 闪烁一次，等待 S1 键被释放，再重新判断 S1 键的状态。3 个子函数分别是延时子函数、按键初始化子函数、LED 初始化子函数。延时子函数实现按键去抖动及 LED 点亮和熄灭的延时；按键初始化子函数设置 P0_5 为通用的输入功能；LED 初始化子函数设置控制 LED 的引脚为通用的输出功能，并将 LED 熄灭。因此，案例的程序代码如下。

```c
#include <ioCC2530.h>
#define uint unsigned int
#define ON 1
#define OFF 0
#define LED1 P1_0
#define LED2 P1_1
#define LED3 P1_4
#define LED4 P0_1
#define S1 P0_5
void Delay(uint);                    /* 延时子函数，延时约200μs */
void Initial(void);                  /* LED 初始化子函数 */
void InitKey(void);                  /* 按键初始化子函数 */
void main(void)                      /* 主函数 */
{
    Initial();
    InitKey();
    while(1)
      {
       if(S1==0)
         {
            Delay(30);               /* 延时子函数，延时去抖动 */
            if(S1==0)
            {
             LED1=ON;
             LED2=ON;
             LED3=ON;
             LED4=ON;
             Delay(1500);
             LED1=OFF;
             LED2=OFF;
             LED3=OFF;
             LED4=OFF;
             Delay(1500);
             while(!S1);             /* 等待 S1 键被释放 */
            }
         }
      }
}
```

```
void Delay(uint n)
{
  uint i,j;
  for(i=0;i<n; i++)
  {
     for(j=0;j<200;j++)
      {
        asm("NOP");
        asm("NOP");
        asm("NOP");
      }
  }
}
void  InitKey(void)
{
  P0SEL &=~0x20;
  P0DIR &=~0x20;
  P0INP |=0x20;                 /* 设置 P0_5 引脚为三态 */
}
void Initial(void)
{
   P1DIR |=0x13;
   P0DIR |=0x02;
   LED1=OFF;
   LED2=OFF;
   LED3=OFF;
   LED4=OFF;
}
```

思考：

1）按键初始化子函数中，P0_5 引脚为什么设置为三态？

2）CC2530 是如何知道 S1 键被按下的？

3.4　通用 I/O 中断

3.4.1　中断相关概念

通过 3.3.4 节的案例可知，CC2530 需要循环不断地判断 S1 键是否被按下。如果 S1 键按下，则控制 4 个 LED 灯同时闪烁，否则一直判断，这是 CC2530 通过查询法来控制外设，效率比较低，有没有效率更高的方法来控制外设呢？这需要使用通用 I/O 中断。本节介绍中断的相关概念及通用 I/O 中断的应用方法。

3.4.1　中断相关概念

1．主程序

CPU 中断前，正常运行的程序。

2．中断源

引起 CPU 中断的原因，称为中断源。

3. 中断请求（中断申请）

中断源要求服务的请求。

4. 中断响应

当 CPU 发现已有中断请求时，中止、保存现行程序执行状态，并自动引出中断服务程序的过程。

5. 中断服务程序

CPU 响应中断后，转去执行相应的处理程序。

6. 中断向量

中断源发出的请求被 CPU 检测到之后，如果允许响应中断，则 CPU 会自动转移，执行一个固定程序空间地址中的指令。这个固定的地址称作中断入口地址，也称为中断向量。

7. 中断返回

中断源向 CPU 提出的中断请求，CPU 暂时中断原来的事务 A，转去处理事件 B。对事件 B 处理完毕后，再回到原来被中断的地方，称为中断返回。

8. 单个中断的响应过程

当系统只有一个中断源时，它的中断响应过程如图 3-9 所示。

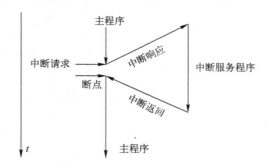

图 3-9　单个中断的响应过程

9. 中断优先级

一般系统都有多个中断源，这些中断源同时提出中断请求，CPU 如何响应呢？依据中断优先级来决定，高级中断先响应。多个中断嵌套中断响应过程如图 3-10 所示。

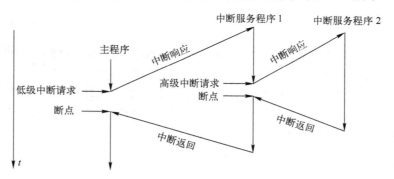

图 3-10　嵌套中断响应过程

10. 中断

CPU 在处理某一事件 A 时，发生了另一事件 B 请求 CPU 迅速去处理；CPU 暂时中断当前的工作，转去处理事件 B；待 CPU 将事件 B 处理完毕后，再回到原来事件 A 被中断的地方继续处理事件 A，这一过程称为中断。

11．中断机构

实现中断功能的部件称为中断系统，也称中断机构。

3.4.2　通用 I/O 中断的应用

3.4.2　通用 I/O 中断的应用

1．中断源

CC2530 的 CPU 有 18 个中断源，每个中断源都由一系列的 SFR 寄存器进行控制，每个中断源对应一个中断，每个中断都可以分别使能和控制。这 18 个中断源的相关信息如表 3-6 所示。

表 3-6　CC2530 中断源的相关信息

中断号码	描　述	中断名称	中断向量	中断屏蔽	中断标志
0	RF TX FIFO 下溢或 RX FIFO 溢出	RFERR	03H	IEN0.RFERRIE	TCON.RFERRIF
1	ADC 转换结束	ADC	0BH	IEN0.ADCIE	TCON.ADCIF
2	USART0 RX 完成	URX0	13H	IEN0.URX0IE	TCON.URX0IF
3	USART1 RX 完成	URX1	1BH	IEN0.URX1IE	TCON.URX1IF
4	AES 加密/解密完成	ENC	23H	IEN0.ENCIE	S0CON.ENCIF
5	睡眠计时器比较	ST	2BH	IEN0.STIE	IRCON.STIF
6	端口 2 输入/USB	P2INT	33H	IEN2.P2IE	IRCON2.P2IF
7	USART0 TX 完成	UTX0	3BH	IEN2.UTX0IE	IRCON2.UTX0IF
8	DMA 传送完成	DMA	43H	IEN1.DMAIE	IRCON.DMAIF
9	定时器 1 捕获/比较/溢出	T1	4BH	IEN1.T1IE	IRCON.T1IF
10	定时器 2	T2	53H	IEN1.T2IE	IRCON.T2IF
11	定时器 3 捕获/比较/溢出	T3	5BH	IEN1.T3IE	IRCON.T3IF
12	定时器 4 捕获/比较/溢出	T4	63H	IEN1.T4IE	IRCON.T4IF
13	端口 0 输入	P0INT	6BH	IEN1.P0IE	IRCON.P0IF
14	USART 1 TX 完成	UTX1	73H	IEN2.UTXIE	IRCON2.UTX1IF
15	端口 1 输入	P1INT	7BH	IEN2.P1IE	IRCON2.P1IF
16	RF 通用中断	RF	83H	IEN2.RFIE	S1CON.RFIF
17	看门狗定时器溢出	WDT	8BH	IEN2.WDTIE	IRCON.WDTIF

由表 3-6 可知，CC2530 的中断源包括无线射频（RF）中断、ADC 中断、串口发送和接收中断、AES 加密/解密中断、定时器中断、DMA 中断、输入/输出中断、看门狗中断。CC2530 为了处理好这些中断，定义了中断优先级。

2．中断优先级

CC2530 的 18 个中断是有中断优先级的，18 个中断组成 6 个中断优先级组，每一组有 3 个中断源，中断优先级可以通过配置寄存器来实现，中断优先级组的划分如表 3-7 所示。

表 3-7　中断优先级组的划分

中断优先级组的名称	中 断 名 称		
IPG0	RFERR	RF	DMA
IPG1	ADC	T1	P2INT
IPG2	URX0	T2	UTX0
IPG3	URX1	T3	UTX1
IPG4	ENC	T4	P1INT
IPG5	ST	P0INT	WDT

中断优先级由中断优先级寄存器 IP0 和 IP1 来设置，IP0、IP1 寄存器可以设置中断优先级组的优先情况，如表 3-8 所示。

表 3-8　中断优先级寄存器

IP1_X	IP0_X	优 先 级
0	0	0 （优先级别最低）
0	1	1
1	0	2
1	1	3（优先级别最高）

表 3-8 中的 X 表示中断优先级组的名称，即 IPG0～IPG5，在设置中断优先级时，需要注意两点。

1）优先级 0 的级别最低，依次类推，优先级 3 的级别最高。

2）IP1_X 和 IP0_X 需要同时设置，且 IP1_X 是高位，IP0_X 是低位，这两位组合的数值就是优先级。

【例 3-8】 将 IPG3 优先级组设置为最高优先级，将 IPG0 优先级组设置为最低优先级别。

分析：最高优先级是 3，则下面的语句可以将 IPG3 优先级组设置为最高优先级。

```
IP1_IPG3 = 1;
IP0_IPG3 = 1;
```

同理，可以通过下面的语句将 IPG0 优先级组设置为最低优先级。

```
IP1_IPG0 = 0;
IP0_IPG0 = 0;
```

设置了中断优先级组的优先级后，在一个优先级组中有 3 个中断，如果这 3 个中断同时发生时，需要再次判断同一优先级组中 3 个中断的优先级别，如何判断呢？工程师在设计 CC2530 芯片时，为每个中断优先级组中的中断设计了优先级别，当同一优先级组的中断同时发生时，按事先设计的优先级级别来决定响应的顺序。CC2530 内部设计的中断优先级如表 3-9 所示。

表 3-9　CC2530 内部设计的中断优先级

中 断 号 码	中 断 名 称	优先级级别
0	RFERR	
16	RF	
8	DMA	
1	ADC	
9	T1	
2	URX0	
10	T2	
3	URX1	
11	T3	
4	ENC	自上向下优先级依次降低
12	T4	
5	ST	
13	P0INT	
6	P2INT	
7	UTX0	
14	UTX1	
15	P1INT	
17	WDT	

3．应用

要应用通用 I/O 中断，需要解决 3 个问题，一是中断源如何产生中断，二是 CC2530 如何知道发生了中断，三是中断处理。

（1）中断的产生

在 3 个端口 P0、P1、P2 的引脚上都可以产生通用 I/O 中断，需要完成如下设置。

1）将通用 I/O 引脚设置为输入。

2）设置中断的触发方式。

3）将通用 I/O 引脚对应端口的中断使能位置 1，这些使能位如下。

● P0 端口中断使能位：IEN1.P0IE。

● P1 端口中断使能位：IEN2.P1IE。

● P2 端口中断使能位：IEN2.P2IE。

通过上面的设置，通用 I/O 引脚上出现了设置的触发方式事件，就会产生通用 I/O 中断。

（2）CC2530 获取发生的中断

中断发生后，在 P0～P2 端口会有相应的中断标志位产生，中断标志位由中断标志寄存器自动产生，不需要人为设置。

● P0 端口中断标志寄存器：P0IFG。

● P1 端口中断标志寄存器：P1IFG。

● P2 端口中断标志寄存器：P2IFG。

因此，中断发生后，CC2530 通过查询中断标志寄存器就可以知道发生了哪些中断。

（3）中断处理

CC2530 依据中断优先级别来确定响应的中断，并通过执行中断对应的中断服务程序来进行中断处理。其中，中断服务程序需要用户依据具体的应用来设计。因此，在应用通用 I/O 中断时，掌握中断相关的寄存器就显得非常重要，下面详细介绍其功能和设置方法。

4. 中断相关的寄存器

（1）中断使能寄存器 IEN1

1）功能。中断使能寄存器 IEN1 控制 P0 端口、定时器 1～定时器 4、DMA 中断的使能和禁止。

3.4.2 中断使能寄存器

2）设置方法。中断使能寄存器 IEN1 各个位的含义如表 3-10 所示。如果要使能中断，需要将 IEN1 中对应的"位"设置为"1"；如果要禁止中断，需要将 IEN1 中对应的"位"设置为"0"。

表 3-10 中断使能寄存器 IEN1

位	名　　称	复　　位	R/W	描　　述
7～6	-	00	R0	保留
5	P0IE	0	R/W	端口 0 中断使能。0：中断禁止；1：中断使能
4	T4IE	0	R/W	定时器 4 中断使能。0：中断禁止；1：中断使能
3	T3IE	0	R/W	定时器 3 中断使能。0：中断禁止；1：中断使能
2	T2IE	0	R/W	定时器 2 中断使能。0：中断禁止；1：中断使能
1	T1IE	0	R/W	定时器 1 中断使能。0：中断禁止；1：中断使能
0	DMAIE	0	R/W	DMA 中断使能。0：中断禁止；1：中断使能

【例 3-9】 设置 P0 端口中断使能。

分析：需要将 IEN1 的第 5 位设置为 1，其他位不变，程序代码如下。

```
IEN1 |=0x20;
```

（2）中断使能寄存器 IEN2

1）功能。中断使能寄存器 IEN2 控制看门狗定时器、P1 端口、串口发送、P2 端口和 RF 中断的使能和禁止。

2）设置方法。中断使能寄存器 IEN2 各个位的含义如表 3-11 所示。如果使能中断，需要将 IEN2 中对应的"位"设置为"1"；如果要禁止中断，需要将 IEN2 中对应的"位"设置为"0"。

表 3-11 中断使能寄存器 IEN2

位	名　　称	复　　位	R/W	描　　述
7～6	-	00	R0	保留
5	WDTIE	0	R/W	看门狗定时器中断使能。0：中断禁止；1：中断使能
4	P1IE	0	R/W	端口 1 中断使能。0：中断禁止；1：中断使能
3	UTX1IE	0	R/W	USART1 TX 中断使能。0：中断禁止；1：中断使能
2	UTX0IE	0	R/W	USART2 TX 中断使能。0：中断禁止；1：中断使能
1	P2IE	0	R/W	端口 2 中断使能。0：中断禁止；1：中断使能
0	RFIE	0	R/W	RF 一般中断使能。0：中断禁止；1：中断使能

【例 3-10】　设置 P1 和 P2 端口中断使能。

分析：需要将 IEN2 的第 4 位、第 5 位都设置为 1，其他位不变，程序代码如下。

```
IEN2 |=0x12;
```

由 IEN1 和 IEN2 可知，它们将 3 个端口 P0、P1、P2 的所有引脚进行中断使能。那如何对指定的引脚进行中断使能呢？需要在设置 IEN1 和 IEN2 的基础上，设置中断使能寄存器 PxIEN，下面详细介绍该寄存器。

（3）中断使能寄存器 PxIEN

1）功能。中断使能寄存器 PxIEN 可以单独配置端口的某一引脚中断使能或禁止。x 表示端口，可以是 0~2。中断使能寄存器 P0IEN 控制 P0 端口 P0_0~P0_7 引脚的中断禁止和使能，依次类推，P1IEN 和 P2IEN 分别控制 P1 和 P2 端口对应引脚。

2）设置方法。不同中断使能寄存器 PxIEN 寄存器对应位的含义类似，下面以 P0IEN 为例来介绍 PxIEN 寄存器各个位的含义，如表 3-12 所示。如果要使某一特定引脚中断使能或禁止，需要在 P0IEN 中将相应的"位"设置为"0"或"1"。

表 3-12　中断使能寄存器 P0IEN

位	名　称	复　位	R/W	描　　述
7	P0IEN[7]	0	R/W	P0_7 中断使能。0：中断禁止　1：中断使能
6	P0IEN[6]	0	R/W	P0_6 中断使能。0：中断禁止　1：中断使能
5	P0IEN[5]	0	R/W	P0_5 中断使能。0：中断禁止　1：中断使能
4	P0IEN[4]	0	R/W	P0_4 中断使能。0：中断禁止　1：中断使能
3	P0IEN[3]	0	R/W	P0_3 中断使能。0：中断禁止　1：中断使能
2	P0IEN[2]	0	R/W	P0_2 中断使能。0：中断禁止　1：中断使能
1	P0IEN[1]	0	R/W	P0_1 中断使能。0：中断禁止　1：中断使能
0	P0IEN[0]	0	R/W	P0_0 中断使能。0：中断禁止；1：中断使能

【例 3-11】　设置 P0_5 中断使能。

分析：因为 P0_5 是 P0 端口的引脚，需要将 IEN1 的第 5 位设置为 1，其他位不变；同时需要将 P0IEN 寄存器的第 5 位设置为 1，程序代码如下。

```
IEN1 |= 0x20;
P0IEN |= 0x20;
```

（4）中断使能寄存器 IEN0

1）功能。通用 I/O 中断在设置完引脚之后，需要开启 CC2530 的总中断。总中断 EA 位于中断使能寄存器 IEN0 的第 7 位，此位决定 CC2530 所有中断的使能和禁止。

2）设置方法。中断使能寄存器 IEN0 各个位的含义如表 3-13 所示，若某位设置为 1，使能相应中断；某位设置为 0，禁止相应中断。

【例 3-12】　总中断使能。

分析：要将 IEN0 的第 7 位设置为 1，其他位不变，下面的任意一条程序语句都可以实现。

```
EA= 1;
```

```
IEN0 |= 0x80;
```

表 3-13 中断使能寄存器 IEN0

位	名　称	复　位	R/W	描　述
7	EA	0	R/W	所有中断使能。 0：禁止所有中断；1：使能所有中断
6	–	0	R0	保留
5	STIE	0	R/W	睡眠定时器中断使能。0：中断禁止；1：中断使能
4	ENCIE	0	R/W	AES 加密/解密中断使能。0：中断禁止；1：中断使能
3	URX1IE	0	R/W	USART1 RX 中断使能。0：中断禁止；1：中断使能
2	URX0IE	0	R/W	USART0 RX 中断使能。0：中断禁止；1：中断使能
1	ADCIE	0	R/W	ADC 中断使能。0：中断禁止；1：中断使能
0	RFERRIE	0	R/W	RF TX/RX FIFO 中断使能。0：中断禁止；1：中断使能

（5）中断触发方式寄存器 PICTL

1）功能。通用 I/O 在作为中断使用时，可配置其中断触发方式，其触发方式分为上升沿触发方式和下降沿触发方式两种，如图 3-11 和图 3-12 所示。

3.4.2 PICTL 和 PxIFG

图 3-11 下降沿触发方式　　　　　　　图 3-12 上升沿触发方式

2）设置方法。通过 PICTL 来设置 3 个端口 P0、P1 和 P2 的中断触发方式，PICTL 各个位的含义如表 3-14 所示。PICTL 对应位为 0 设置为上升沿触发方式，为 1 设置为下降沿触发方式。

表 3-14 中断触发方式寄存器 PICTL

位	名　称	复　位	R/W	描　述
7	PADSC	00	R0	控制 I/O 引脚在输出模式下的驱动能力，选择输出驱动能力来补偿引脚 DVDD 的低 I/O 电压（为了确保在较低的电压下的驱动能力和较高电压下的驱动能力相同）。 0：最小驱动能力增强，DVDD1/2 等于或大于 2.6V 1：最大驱动能力增强，DVDD1/2 小于 2.6V
6～4	–	000	R0	保留
3	P2ICON	0	R/W	端口 2 的 P2.4～P2.0 输入模式下的中断配置，该位为所有端口 2 的输入 P2.4～P2.0 选择中断请求条件。0：输入的上升沿引起中断；1：输入的下降沿引起中断
2	P1ICONH	0	R/W	端口 1 的 P1.7～P1.4 输入模式下的中断配置，该位为所有端口 1 的输入 P1.7～P1.4 选择中断请求条件。0：输入的上升沿引起中断；1：输入的下降沿引起中断
1	P1ICONL	0	R/W	端口 1 的 P1.3～P1.0 输入模式下的中断配置，该位为所有端口 1 的输入 P1.3～P1.0 选择中断请求条件。0：输入的上升沿引起中断；1：输入的下降沿引起中断
0	P0ICON	0	R/W	端口 0 的 P0.7～P0.0 输入模式下的中断配置，该位为所有端口 0 的输入 P0.7～P0.0 选择中断请求条件。0：输入的上升沿引起中断；1：输入的下降沿引起中断

【例 3-13】　设置 P0_5 引脚中断为下降沿触发方式。

分析：需要将 PICTL 的第 0 位设置为 1，其他位不变，程序代码如下。

```
PICTL |= 0X01;
```

（6）中断标志寄存器 PxIFG

1）功能。端口的 I/O 中断发生后，PxIFG 的相应位会自动置"1"，在中断处理函数中判断是否有中断发生只需要判断寄存器 PxIFG 的值是否大于 0，或 PxIFG 的某一位是否大于 0 即可。

2）设置方法。不同中断标志寄存器 PxIFG 对应位的含义类似，下面以 P0IFG 为例介绍各个位的含义，如表 3-15 所示，若某一位为 1，表示对应引脚发生了中断。

表 3-15　中断标志寄存器 P0IFG

位	名　称	复　位	R/W	描　述
7	P0IF[7]	0	R/W	端口 0 P0_7 中断状态标志。0：未发生中断；1：发生中断
6	P0IF [6]	0	R/W	端口 0 P0_6 中断状态标志。0：未发生中断；1：发生中断
5	P0IF [5]	0	R/W	端口 0 P0_5 中断状态标志。0：未发生中断；1：发生中断
4	P0IF [4]	0	R/W	端口 0 P0_4 中断状态标志。0：未发生中断；1：发生中断
3	P0IF [3]	0	R/W	端口 0 P0_3 中断状态标志。0：未发生中断；1：发生中断
2	P0IF [2]	0	R/W	端口 0 P0_2 中断状态标志。0：未发生中断；1：发生中断
1	P0IF [1]	0	R/W	端口 0 P0_1 中断状态标志。0：未发生中断　1：发生中断
0	P0IF [0]	0	R/W	端口 0 P0_0 中断状态标志。0：未发生中断；1：发生中断

如果在 P0 端口有中断发生，但不需要判断具体是哪一引脚发生中断时，在判断中断标志时只需要判断 P0IFG 是否大于 0 即可，主要代码如下。

```
if (P0IFG>0)
{
/*中断处理程序*/
}
```

如果要判断是否某一引脚发生中断，则判断 PxIFG 寄存器中相应的"位"是否置 1 即可。

【例 3-14】　判断 P0_5 是否发生中断，如何编程写出判断条件？

分析：判断 P0IFG 的第 5 位是否为 1。利用与操作的特点，找一个二进制数，让该数的第 5 位为 1，其他为 0，P0IFG 和该数进行与操作，结果不为 0，则说明 P0IFG 的第 5 位为 1，即 P0_5 引脚有中断发生，否则没有中断发生。程序代码如下。

```
if (P0IFG & 0x20)
{
/*中断处理程序*/
}
```

3.4.3　案例：CC2530 按键中断控制 LED 状态

1. 案例分析

居家悬挂的节日彩灯，通常有控制按钮，用来控制显示不同的颜色，这是如何控制的呢？本节在 CC2530 通过按键来控制 LED 状态的基础上，通过检测按键按下（闭合）的次数来控制显示的颜色，第一次按下，点亮红色的 LED1；第二次按下，点亮绿色的 LED2；第三次按下，点亮蓝色的 LED3；第 4 次按下，点亮黄色的 LED4 闪烁；开始时各色的 LED 都点亮。由于按键事件是随机发生的，所以，应用中断来实现该案例，主要涉及硬件电路及程序的设计。

2. 硬件电路设计

硬件电路采用 3.3.4 节设计的电路，如图 3-8 所示。

3. 程序设计

要实现按下 S1 键产生中断，以点亮不同颜色的 LED，在设计程序时，需要解决 3 个问题，一是如何通过按下 S1 键产生中断；二是如何检测到中断发生，以便控制 4 个 LED 分别点亮，三是设计主函数和子函数，下面详细介绍。

（1）通过按下 S1 键产生中断

通过 3.3.4 节的分析可知，S1 键未按下时，P0_5 引脚输入高电平，S1 键被按下，P0_5 引脚输入低电平，因此，按键按下时，P0_5 引脚产生一个下降沿。可以设置 P0_5 引脚输入的下降沿引起中断，同时需要使能相应的中断，包括总中断、端口 P0 的中断、P0_5 引脚的中断。这样，按键按下一次，P0_5 引脚就会产生一次中断。

（2）检测中断发生以控制 LED

CC2530 通过检测中断标志 P0IFG 的第 5 位是否为 1 来确定中断是否发生，每次发生中断，CC2530 执行完当前的指令，会通过中断向量，找到并执行中断服务程序。同时在程序的开始对中断次数计数（中断的次数就是按 S1 键的次数），在主程序中判断中断的次数，依据不同的次数来点亮不同颜色的 LED。

（3）设计主函数和子函数

依据程序设计实现的功能，设计一个主函数和 4 个子函数。主函数调用子函数，并检测中断是否发生，发生中断则执行中断服务程序来处理中断。4 个子函数分别是延时子函数、中断初始化子函数、LED 初始化子函数和中断服务程序。延时子函数实现 LED 点亮延时；中断初始化子函数设置 P0_5 为通用的输入功能，并使能中断；LED 初始化子函数设置 P1_0、P1_1、P1_4、P0_1 引脚用作通用的输出功能，点亮不同颜色的 LED；中断服务程序用来统计 S1 键按下的次数。案例的程序代码如下。

```c
#include <ioCC2530.h>
#define uint unsigned int
#define ON 1
#define OFF 0
#define LED1 P1_0
#define LED2 P1_1
#define LED3 P1_4
#define LED4 P0_1
#define S1 P0_5
void Delay(uint);              /* 延时子函数,延时约 200μs*/
void led_init(void);
void key_init(void);           /* 中断、LED 等初始化子函数*/
uint counter=0;
void main(void)
```

```
        {
          led_init();
          key_init();
          switch (counter)
          {
          case 1:LED1=ON;LED2=OFF;LED3=OFF;LED4=OFF; Delay(2500);break;
          case 2:LED2=OFF;LED2=ON;LED3=OFF;LED4=OFF; Delay(2500);break;
          case 3:LED3=OFF;LED2=OFF;LED3=ON;LED4=OFF; Delay(2500);break;
          case 4:LED4=OFF;LED2=OFF;LED3=OFF;LED4=ON; Delay(2500);break;
          }
          if (counter>=4)  counter=0;
        while(1);
      }
void Delay(uint n)
{
  uint i,j;
  for(i=0;i<n; i++)
  {
     for(j=0;j<200;j++)
      {
        asm("NOP");
        asm("NOP");
        asm("NOP");
      }
  }
}
void led_init(void)
{
    P1DIR |=0x13;
    P0DIR |=0x02;
    LED1=ON;
    LED2=ON;
    LED3=ON;
    LED4=ON;
    Delay(2500);
}
void key_init(void)
{

    P0IFG &=0x00;
    P0INP &=~0x20;
    P0IEN |=0x20;
    IEN1 |=0x20;
    PICTL |=0x01;
    EA=1;
}
#pragma vector=P0INT_VECTOR
```

```
    __interrupt void P0_ISR(void)
    {
      if (P0IFG>0)
      {
        P0IFG=0;
        counter++;
      }
      P0IFG &=0x00;
    }
```

3.5 外设 I/O

CC2530 的 I/O 引脚除了可以作为通用 I/O 引脚之外，还可以作为外设 I/O 引脚，即 CC2530 的第二功能，包括 ADC、串口 0（USART0）、串口 1（USART1）、定时器 1（TIMER1）、定时器 3（TIMER3）、定时器 4（TIMER4）、32kHz 外部晶振、调试接口等。本节介绍外设 I/O 引脚映射和外设 I/O 寄存器，以此设置 CC2530 的第二功能。

3.5.1 外设 I/O 引脚映射

3.5.1 外设 I/O 引脚映射

外设 I/O 引脚映射如表 3-16 所示，各个外设使用的引脚名称及映射情况如下。

表 3-16 外设 I/O 引脚映射

端口	引脚	ADC	USART0				USART1				TIMER1		TIMER3		TIMER4		32kHz 外部晶振	调试接口
			SPI		UART		SPI		UART									
			1	2	1	2	1	2	1	2	1	2	1	2	1	2		
P0	7	AIN7										3						
	6	AIN6									4	4						
	5	AIN5	C		RT		MI		RX		3							
	4	AIN4	SS		CT		MO		TX		2							
	3	AIN3	MO		TX		C		RT		1							
	2	AIN2	MI		RX		SS		CT		0							
	1	AIN1																
	0	AIN0																
P1	7						MI		RX					1				
	6						MO		TX					0				
	5			MO		TX	C		RT									
	4			MI		RX	SS		CT				1					
	3			C		RT							0					
	2			SS		CT					0							
	1										1				1			
	0										2				0			

（续）

端口	引脚	ADC	USART0				USART1				TIMER1		TIMER3		TIMER4		32kHz 外部晶振	调试接口
			SPI		UART		SPI		UART									
			1	2	1	2	1	2	1	2	1	2	1	2	1	2		
P2	4																Q1	
	3															1	Q2	
	2																	DC
	1																	DD
	0	T														0		

（1）ADC

ADC 有 8 个独立的模拟量输入通道，即 AIN0～AIN7，分别连接 P0_0～P0_7，P2_0 可以触发来启动 AD 转换。

（2）USART0

USART0 可以工作在 SPI 模式和 UART 模式，工作在 SPI 模式，最多使用 4 个引脚，分别是 MI、MO、SS、C，有两个备用位置，备用位置 1：MI、MO、SS、C 分别连接 P0_2～P0_5；备用位置 2：SS、C、MI、MO 分别连接 P1_2～P1_5。USART0 工作在 UART 模式，最多使用 4 个引脚，分别是 RX、TX、CT、RT，有两个备用位置，备用位置 1：RX、TX、CT、RT 分别连接到 P0_2～P0_5；备用位置 2：CT、RT、RX、TX 分别连接到 P1_2～P1_5。

（3）USART1

USART1 可以工作在 SPI 模式和 UART 模式，工作在 SPI 模式，有两个备用位置，备用位置 1：SS、C、MO、MI 分别连接 P0_2～P0_5；备用位置 2：SS、C、MO、MI 分别连接 P1_4～P1_7。USART1 工作在 UART 模式，备用位置 1：CT、RT、TX、RX 分别连接到 P0_2～P0_5；备用位置 2：CT、RT、TX、RX 分别连接到 P1_4～P1_7。

（4）TIMER1

TIMER1 包括 5 个通道，有两个备用位置，备用位置 1：通道 0～通道 4 分别连接 P0_2～P0_6；备用位置 2：通道 0～通道 2 分别连接 P0_2～P0_0，通道 3 和通道 4 分别连接 P0_7 和 P0_6。

（5）TIMER3

TIMER3 包括两个通道，有两个备用位置，备用位置 1：通道 0 和通道 1 分别连接 P1_3 和 P1_4；备用位置 2：通道 0 和通道 1 分别连接 P1_6 和 P1_7。

（6）TIMER4

TIMER4 包括两个通道，有两个备用位置，备用位置 1：通道 0 和通道 1 分别连接 P1_0 和 P1_1；备用位置 2：通道 0 和通道 1 分别连接 P2_0 和 P2_3。

（7）32kHz 外部晶振

32kHz 外部晶振包括两个输入引脚 Q2、Q1，分别连接到 P2_3 和 P2_4。

（8）调试接口

调试接口包括两个引脚 DD 和 DC，分别连接到 P2_1 和 P2_2，此时，这两个引脚的上拉/下拉功能禁止。

3.5.2 外设 I/O 寄存器

CC2530 的外设 I/O 功能由外设 I/O 寄存器来设置，这些寄存器包括外设控制寄存器 PERCFG、端口 P2 的功能寄存器 P2SEL、模拟外设 I/O 配置寄存器 APCFG 和端口 P2 的方向寄存器 P2DIR。下面分别介绍这些寄存器的功能及设置方法。

3.5.2 外设 I/O 寄存器

1. 外设控制寄存器 PERCFG

（1）功能

控制外设功能的备用位置，即选择串口和定时器使用哪个备用位置。外设控制寄存器 PERCFG 各个位的含义如表 3-17 所示。

表 3-17 外设控制寄存器 PERCFG

位	名　称	复　位	R/W	描　述
7	-	0	R0	保留
6	T1CFG	0	R/W	定时器 1 I/O 控制。0：备用位置 1；1：备用位置 2
5	T3CFG	0	R/W	定时器 3 I/O 控制。0：备用位置 1；1：备用位置 2
4	T4CFG	0	R/W	定时器 4 I/O 控制。0：备用位置 1；1：备用位置 2
3~2	-	0	R0	保留
1	U1CFG	0	R/W	USART1 I/O 控制。0：备用位置 1；1：备用位置 2
0	U0CFG	0	R/W	USART0 I/O 控制。0：备用位置 1；1：备用位置 2

（2）设置方法

如果要使用串口或定时器的备用位置 1，则将相应位置为 0，否则将相应位置为 1。

【例 3-15】 设置串口 0 使用备用位置 1。

分析：需要将 PERCFG 的第 0 位设置为 0，其他位不变，程序代码如下。

```
PERCFG &= ~ 0x01;
```

2. 端口 P2 的功能寄存器 P2SEL

（1）功能

用于选择外设 I/O 或通用 I/O 功能，可以设置 P2_0～P2_4 引脚功能，还可以设置外设功能的优先级别。

（2）设置方法

P2SEL 各个位的含义如表 3-18 所示。

表 3-18 端口 P2 的功能寄存器 P2SEL

位	名　称	复　位	R/W	描　述
7	-	0	R0	保留
6	PRI3P1	0	R/W	端口 P1 外设优先级控制，当模块被指派到相同引脚时，确定哪个优先。0：USART 0 优先；1：USART 1 优先
5	PRI2P1	0	R/W	端口 P1 外设优先级控制，当 PERCFG 分配 USART1 和定时器 3 到相同引脚时，确定优先次序。0：USART1 优先；1：定时器 3 优先
4	PRI1P1	0	R/W	端口 P1 外设优先级控制。当 PECFG 分配定时器 1 和定时器 4 到相同引脚时，确定优先次序。0：定时器 1 优先；1：定时器 4 优先
3	PRI0P1	0	R/W	端口 P1 外设优先级控制，当 PERCFG 分配 USART0 和定时器 1 到相同引脚时，确定优先次序。0：USART0 优先；1：定时器 1 优先

（续）

位	名　称	复　位	R/W	描　述
2	SELP2[4]	0	R/W	P2_4 功能选择。0：通用 I/O；1：外设 I/O
1	SELP2[3]	0	R/W	P2_3 功能选择。0：通用 I/O；1：外设 I/O
0	SELP2[0]	0	R/W	P2_0 功能选择。0：通用 I/O；1：外设 I/O

【例 3-16】　设置串口 0 优先，即如果在 P1 端口的引脚同时连接串口 0 和串口 1 时，优先使用串口 0 的功能。

分析：需要将 PERCFG 的第 6 位设置为 0，其他位不变，程序代码如下。

```
P2SEL &= ~0x40;
```

思考：为什么 P2SEL 不能设置 P2_1 和 P2_1 引脚的功能？

3. 模拟外设 I/O 配置寄存器 APCFG

（1）功能

控制 P0 端口各个引脚的模拟外设 I/O 功能的使能和禁止。

（2）设置方法

模拟外设 I/O 配置寄存器 APCFG 各个位的含义如表 3-19 所示。当相应位设置为"1"时，P0 端口的对应引脚的模拟 I/O 功能使能，当相应位设置为"0"时，P0 端口的对应引脚的模拟 I/O 功能禁用。

表 3-19　模拟外设 I/O 配置寄存器 APCFG

位	名　称	复　位	R/W	描　述
7	APCFG[7]	0	R0	模拟外设 I/O 配置，P0_7 作为模拟 I/O。0：模拟 I/O 禁用；1：模拟 I/O 使能
6	APCFG[6]	0	R/W	模拟外设 I/O 配置，P0_6 作为模拟 I/O。0：模拟 I/O 禁用；1：模拟 I/O 使能
5	APCFG[5]	0	R/W	模拟外设 I/O 配置，P0_5 作为模拟 I/O。0：模拟 I/O 禁用；1：模拟 I/O 使能
4	APCFG[4]	0	R/W	模拟外设 I/O 配置，P0_4 作为模拟 I/O。0：模拟 I/O 禁用；1：模拟 I/O 使能
3	APCFG[3]	0	R0	模拟外设 I/O 配置，P0_3 作为模拟 I/O。0：模拟 I/O 禁用；1：模拟 I/O 使能
2	APCFG[2]	0	R/W	模拟外设 I/O 配置，P0_2 作为模拟 I/O。0：模拟 I/O 禁用；1：模拟 I/O 使能
1	APCFG[1]	0	R/W	模拟外设 I/O 配置，P0_1 作为模拟 I/O。0：模拟 I/O 禁用；1：模拟 I/O 使能
0	APCFG[0]	0	R/W	模拟外设 I/O 配置，P0_0 作为模拟 I/O。0：模拟 I/O 禁用；1：模拟 I/O 使能

【例 3-17】　设置 P0_7 为模拟 I/O 功能。

分析：需要将 APCFG 的第 7 位设置为 0，其他位不变，程序代码如下。

```
APCFG |= 0x80;
```

4. 端口 P2 方向寄存器 P2DIR

（1）功能

设置 P2_0～P2_4 输入/输出方向，还可以用来决定串口 0、串口 1 和定时器 1 的优先级别。

（2）设置方法

端口 P2 方向寄存器 P2DIR 各个位的含义如表 3-20 所示。通过设置第 0 位～第 4 位为 0 或 1 来决定 P2_0～P2_4 工作在输入或输出；还可以通过设置第 6 位和第 7 位，来决定串口

0、串口 1 和定时器 1 等外设的优先级。

表 3-20　端口 P2 方向寄存器 P2DIR

位	名称	复位	R/W	描　　述
7~6	PRIP0	00	R/W	端口 P0 外设优先级控制。当 PERCFG 给一些外设分配到相同引脚时，这些位将确定优先级。 00：第 1 优先级：USART0，第 2 优先级：USART1，第 3 优先级：定时器 1 01：第 1 优先级：USART1，第 2 优先级：USART0，第 3 优先级：定时器 1 10：第 1 优先级：定时器 1 的通道 0~1，第 2 优先级：USART1，第 3 优先级：USART0，第 4 优先级：定时器 1 的通道 2~3 11：第 1 优先级：定时器 1 的通道 2~3，第 2 优先级：USART0，第 3 优先级：USART1，第 4 优先级：定时器 1 的通道 0~1
5	–	0	R0	保留
4	DIRP2[4]	0	R/W	P2_4 输入方向。0：输入；1：输出
3	DIRP2[3]	0	R/W	P2_3 输入方向。0：输入；1：输出
2	DIRP2[2]	0	R/W	P2_2 输入方向。0：输入；1：输出
1	DIRP2[1]	0	R/W	P2_1 输入方向。0：输入；1：输出
0	DIRP2[0]	0	R/W	P2_0 输入方向。0：输入；1：输出

【例 3-18】　设置串口 0 的优先级别最高。

分析：需要设置第 7 位和第 6 位都为 0，其他位不变，程序代码如下。

```
P2DIR &= ~0xC0;
```

思考：如何设置串口 1 的优先级级别最高？

3.6　振荡器和时钟设置

CC25530 内部由多个模块组成，这些模块以系统（主）时钟为参考来协调工作，系统时钟为 CC2530 提供精准的时钟设置，它是由 CC2530 的振荡器产生的，本节介绍振荡器及时钟的设置方法。

3.6.1　振荡器

3.6.1　振荡器

CC2530 有两种晶体振荡器，分别是内部 RC 振荡器和外部晶体振荡器（简称外部晶振），依据频率的不同，分成 4 种，分别是 16MHz 内部 RC 振荡器、32kHz 内部 RC 振荡器、32MHz 外部晶振和 32kHz 外部晶振，它们又被分成两类：高频振荡器和低频振荡器，下面详细介绍。

1. 高频振荡器

高频振荡器包括两种，分别是 16MHz 内部 RC 振荡器和 32MHz 外部晶振，高频振荡器为 CC2530 的主时钟源提供振荡源。

2. 低频振荡器

低频振荡器有两种，分别是 32kHz 内部 RC 振荡器和 32kHz 外部晶振，前者校对后运行在 32.753kHz，后者校对后运行在 32.768kHz。低频振荡器为需要时间准确的系统提供一个稳定的时钟信号。CC2530 复位之后默认使能 32kHz 的 RC 振荡器，并作为 32kHz 的时钟源。

3．RC 振荡器与外部晶振的区别

RC 振荡器由电阻、电容组成，能耗小、成本低，但受电阻、电容的精度影响，RC 振荡器的振荡频率会有误差，同时还会受到温度、湿度的影响，不稳定。外部晶振的频率一般都比较稳定，但晶体振荡器一般还需要接两个 15～33pF 起振电容，成本稍高。目前，在工程、工业上应用的单片机，很少用到 RC 振荡器，常用的是外部晶振，在实验室环境可能会用 RC 振荡器。

注意：当使用 32MHz 的外部晶振作为主时钟时，在设备刚启动时需要运行 16MHz 的内部 RC 振荡器。因为 32MHz 外部晶振启动时间对一些应用程序来说可能比较长，需要设备运行在 16MHz 内部 RC 振荡器，直到 32MHz 晶振稳定之后才使用外部晶振作为时钟。

3.6.2　时钟设置

系统时钟从所选的系统时钟源获得，可通过设置时钟相关的特殊功能寄存器实现，这些寄存器分别是时钟控制命令寄存器 CLKCONCMD 和时钟控制状态寄存器 CLKCONSTA，下面分别介绍。

1．时钟控制命令寄存器 CLKCONCMD

（1）功能

用于选择 32kHz 时钟振荡器、选择系统主时钟的时钟源、定时器标记输出设置和时钟速度设置。

（2）设置方法

时钟控制命令寄存器 CLKCONCMD 各个位的含义如表 3-21 所示，CLKCONCMD 所有的位分成 3 组，每组按描述说明进行设置，需要注意以下 4 点。

1）RCOSC 指内部 RC 振荡器，XOSC 指外部晶振。

2）定时器标记输出指定时器的计数频率。

3）主时钟源可以选择使用 32MHz 的外部晶振或 16MHz 的内部 RC 振荡器。但是当使用 RF 收发器时，系统时钟源必须选择高速且稳定的 32MHz 外部晶振。

4）时钟速度实现对系统主时钟进行分频。

表 3-21　时钟控制命令寄存器 CLKCONCMD

位	名　称	复　位	R/W	描　述
7	OSC32K	1	R/W	32kHz 时钟振荡器选择。设置该位只能发起一个时钟源改变，要改变该位，必须选择 16MHz RCOSC。0：32kHz XOSC；1：32kHz RCOSC。
6	OSC	1	R/W	系统时钟源选择。设置该位只能发起一个时钟源改变，0：32MHz XOSC；1：16MHz RCOSC
5～3	TICKSPD	001	R/W	定时器标记输出设置。 000：32MHz；001：16MHz；010：8MHz；011：4MHz； 100：2MHz；101：1MHz；110：500kHz；111：250kHz 注意：CLKCONCMD.TICKSPD 可以设置为任意值，但结果受 CLKCONCMD.OSC 设置的限制，即如果 CLKCONCMD.OSC=1，不管 CLKCONCMD.TICKSPD 设置多少，实际的值是 16MHz
2～0	CLKSPD	001	R/W	时钟速度。标识当前系统时钟频率。 000：32MHz；001：16MHz；010：8MHz；011：4MHz； 100：2MHz；101：1MHz；110：500kHz；111：250kHz 注意：CLKCONCMD.CLKSPD 可以设置为任意值，但结果受 CLKCONCMD.OSC 设置的限制，即如果 CLKCONCMD.OSC=1 不管 CLKCONCMD.CLKSPD 设置多少，实际的值是 16MHz

【例 3-19】 选择 32MHz 的外部晶振作为系统时钟源。

分析：需要设置第 6 位为 0，其他位不变，程序代码如下。

```
P2DIR &= ~0x40;
```

2．时钟控制状态寄存器 CLKCONSTA

（1）功能

获得当前系统时钟的状态。

（2）设置方法

时钟控制状态寄存器 CLKCONSTA 各个位的含义如表 3-22 所示。

CLKCONSTA 所有位的分组情况与 CLKCONCMD 相同，但各组不能进行写操作，只能读。需要注意以下两点。

1）改变 CLKCONCMD.OSC 位并不能立即导致系统时钟源的改变。当 CLKCONSTA.OSC = CLKCONCMD.OSC 时，时钟源的改变才会发挥作用。

2）时钟控制状态寄存器 CLKCONSTA 和时钟控制命令寄存器 CLKCONCMD 一起设置系统时钟源为 32MHz 外部晶振。设置方法如下。

```
CLKCONCMD &= ~0x40;
/* 判断 32MHz 晶振是否稳定 */
while (CLKCONSTA & 0x40);  /* 32MHz 晶振稳定时，需要判断系统时钟是否生效（第 6
位为 0 有效）  */
/* 关闭不用的 RC 振荡器  */
```

表 3-22　时钟控制状态寄存器 CLKCONSTA

位	名　称	复　位	R/W	描　　　述
7	OSC32K	1	R	当前选择的 32kHz 时钟源。0：32kHz 晶振；1：32kHz RCOSC
6	OSC	1	R	当前选择系统时钟。0：32MHz XOSC；1：16MHz RCOSC
5～3	TICKSPD	001	R	当前设定定时器标记输出。 000：32MHz；001：16MHz；010：8MHz；011：4MHz； 100：2MHz；101：1MHz；110：500kHz；111：250kHz
2～0	CLKSPD	001	R	当前时钟速度。 000：32MHz；001：16MHz；010：8MHz；011：4MHz； 100：2MHz；101：1MHz；110：500kHz；111：250kHz

3.7　电源管理

CC2530 有 5 种供电模式，不同的供电模式选择的系统时钟源不同，本节介绍这些供电模式及其相关的寄存器。

3.7.1　供电模式

CC2530 的 5 种供电模式分别是主动模式、空闲模式、PM1、PM2 和 PM3，不同的供电模式选择不同的振荡器，如表 3-23 所示，下面介绍各种供电模式的特点。

3.7.1　供电模式

表 3-23　供电模式

供电模式	高频振荡器	低频振荡器	稳压器
主动模式	32MHz 外部晶振或 16MHz 内部 RC 振荡器	32kHz 外部晶振或 32kHz 内部 RC 振荡器	开启
空闲模式	32MHz 外部晶振或 16MHz 内部 RC 振荡器	32kHz 外部晶振或 32kHz 内部 RC 振荡器	开启
PM1	–	32kHz 外部晶振或 32kHz 内部 RC 振荡器	开启
PM2	–	32kHz 外部晶振或 32kHz 内部 RC 振荡器	关闭
PM3	–	–	关闭

1. 主动模式

主动模式也称为完全功能模式，CPU、外设、RF 收发器都是活动的，稳压器的数字内核开启。正常操作情况运行在该模式。

2. 空闲模式

除 CPU 内核停止运行，其他的运行方式同主动模式。

3. PM1

稳压器的数字内核开启，高频振荡器不运行。进入该模式会运行一个掉电序列，预期在短时间（<3ms）内被唤醒。

4. PM2

稳压器的数字内核关闭，高频振荡器不运行。除了外部中断、所选的低频振荡器、睡眠定时器、I/O 端口继续保存在进入 PM2 模式之前的 I/O 模式和输出值以外，所有其他内部电路都是掉电的，掉电后预期在大于 3ms 内被唤醒。

5. PM3

稳压器的数字内核关闭，高频振荡器和低频振荡器都不运行，复位和中断是仅有的功能。PM3 模式一般用于等待一个外部中断事件而达到最低功耗的情况。

上述 5 种供电模式满足相应条件可进行转换，如图 3-13 所示。

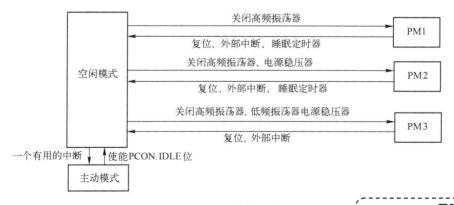

图 3-13　供电模式转换

3.7.2　电源管理寄存器

3.7.2　电源管理寄存器

不同供电模式的选择由电源管理寄存器控制，这些寄存器分别是供电模式控制寄存器 PCON、睡眠模式控制寄存器 SLEEPCMD 和睡眠模式控制状态寄存器 SLEEPSTA，下面详细介绍。

1. 供电模式控制寄存器 PCON

（1）功能

主要用来进行供电模式控制。

（2）设置方法

供电模式控制寄存器 PCON 各个位的含义如表 3-24 所示，此寄存器的第 1～7 位为保留位。第 0 位为供电模式控制位，当此位设置为 1 时，强制设备进入 SLEEPCMD 寄存器的供电模式控制。

表 3-24　供电模式控制寄存器 PCON

位	名　称	复　位	R/W	描　述
7～1	–	000000	R0	保留
0	IDLE	0	R/W H0	供电模式控制。1：强制设备进入 SLEEP.MODE 设置供电模式。如果 SLEEP.MODE=0x00 且 IDLE=1，则停止 CPU 内核活动。所有的使能中断都可清除此位，设备将重新进入主动模式

2. 睡眠模式控制寄存器 SLEEPCMD

（1）功能

用于供电模式的控制及低频振荡器 32kHz 的校准。

（2）设置方法

睡眠模式控制寄存器 SLEEPCMD 各个位的含义如表 3-25 所示，所有位分成 4 组，每组按描述设置即可。

表 3-25　睡眠模式控制寄存器 SLEEPCMD

位	名　称	复　位	R/W	描述
7	OSC32K_CALDIS	0	R/W	32kHz RC 振荡器校准。0：使能 32kHz RC 振荡器校准；1：禁用 32kHz RC 振荡器校准 此位可在任何时间写入，但芯片没有运行在 16MHz 高频 RC 振荡器时不起作用
6～3	–	0000	R0	保留
2	–	1	R/W	当该位为 0 时，将两个高频晶振同时上电；该位为 1 时，将 CLKCONCMD.OSC 位没有选择的高频晶振关闭
1～0	MODE[1～0]	00	R/W	供电模式设置。00：主动/空闲模式；01：PM1；10：PM2；11：PM3

【例 3-20】　在选定主时钟之后，关闭不用的 16MHz RC 振荡器。

分析：需要设置第 2 位为 0，其他位不变，程序代码如下。

```
SLEEPCMD |= 0x04;
```

3. 睡眠模式控制状态寄存器 SLEEPSTA

（1）功能

主要用于设置 32kHz 内部 RC 振荡器的校准、判断 32MHz 晶振稳定状态等。

（2）设置方法

睡眠模式控制状态寄存器 SLEEPSTA 各个位的含义如表 3-26 所示，只有第 7 位可以设置，按描述设置即可，其他位只能读。

表 3-26　睡眠模式控制状态寄存器 SLEEPSTA

位	名　称	复　位	R/W	描　述
7	OSC32K_CALDIS	0	R/W	禁用 32kHz RC 振荡器校准。 0：使能 32kHz RC 振荡器校准；1：禁用 32kHz RC 振荡器校准。 此位可在任何时间写入，但芯片没有运行在 16MHz 高频 RC 振荡器时不起作用
6	XOSC_STB	0	R	32MHz 晶振稳定状态。 0：32MHz 晶振上电不稳定；1：32MHz 晶振上电稳定
5	–	0	R	保留
4～3	RST[1:0]	XX	R	状态位，表示上一次复位的原因。00：上电复位和掉电探测 01：外部复位；10：看门狗定时器复位；11：时钟丢失复位
2～1	–	00	R	保留
0	CLK32K	0	R	32kHz 时钟信号（与系统时钟同步）

在主时钟源选择 32MHz 外部晶振时，在设备启动过程中，由于 32MHz 晶振启动时间比较长，因此需要先启动 16MHz 内部 RC 振荡器，并等待 32MHz 晶振稳定之后再使用。

【例 3-21】　等待 32MHz 晶振稳定。

分析：需要判断 SLEEPSTA 的第 6 位是否为 1，根据例 3-14 的分析，需要将 SLEEPSTA 与 0x40 进行与操作，结果为 0，说明 SLEEPSTA 的第 6 位为 0，否则为 1。因此下面的 while 语句中条件表达式为假（0），说明 SLEEPSTA 的第 6 位为 1，即 32MHz 外部晶振上电稳定；否则 while 语句中条件表达式为真，等待。

```
While(!(SLEEPSTA&0x40));
```

3.7.3　系统时钟初始化

CC2530 芯片复位后默认使用 16MHz 内部 RC 振荡器作为系统时钟，但很多应用，常常需要使用 32MHz 的外部晶振作为系统时钟，这就需要进行系统初始化，下面通过实例来说明系统时钟的初始化方法。

【例 3-22】　设置系统时钟源选择 32MHz 外部晶振，定时器标记输出 128 分频。

分析：依据 3.7.2 节的内容，时钟控制状态寄存器 CLKCONSTA 和时钟控制命令寄存器 CLKCONCMD 一起才能设置系统时钟源为 32MHz 外部晶振。因此，本例的主要操作如下。

1）系统时钟源选择 32MHz 外部晶振。

2）等待 32MHz 晶振稳定。

3）设置定时器时钟输出 128 分频，当前系统时钟不分频。

4）关闭不用的 RC 振荡器。

依据上面的操作，编写的程序代码如下。

```
#include <ioCC2530.h>
void main(void)
{
    CLKCONCMD &= ~0x40;
    while(!(SLEEPSTA & 0x40));
    while (CLKCONSTA & 0x40);
    SLEEPCMD |= 0x04;
    CLKCONCMD &= ~0x38;
    CLKCONCMD |=0x38;
}
```

思考：定时器时钟输出 8 分频，其他条件不变，如何修改程序？

3.8 ADC

CC2530 只能处理离散的数字信息，智能家居中涉及温度、光照等连续的模拟信息，需要由 ADC 转换成数字信息，CC2530 才能处理。本节介绍 ADC 的相关知识。

3.8.1 ADC 基础知识

1. ADC 相关概念

（1）ADC 的概念

将模拟信号转换为数字信号的过程称为模/数转换，能够完成这种转换的电路称为 ADC。

（2）ADC 的组成

ADC 一般包括两部分，分别是采样—保持电路和量化编码电路，如图 3-14 所示，下面分别介绍它们的功能。

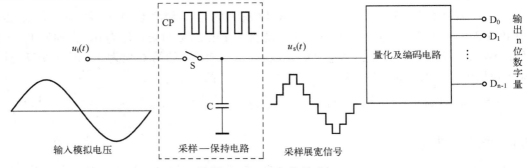

图 3-14 ADC 的组成

1）采样。把随时间连续变化的模拟信号转换为时间上断续、幅度上等于采样时间内模拟信号大小的一串脉冲，如图 3-15 所示。u_i 是随时间连续变化的模拟信号，在每个 CP 脉冲的下降沿对其进行采样，采样的值如图中的黑点，经过 8 次采样，u_i 就变成了 u_o，随时间变化的一系列离散的点，但 u_i 和 u_o 差距较大，这就需要采样后保持。

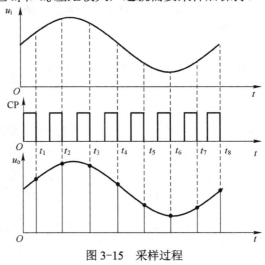

图 3-15 采样过程

2）保持。每次采样后，应保持采样电压值在一段时间内不变，直到下次采样开始。采样—保持电路一般合二为一，如图 3-16 所示。采样—保持过程如图 3-17 所示。

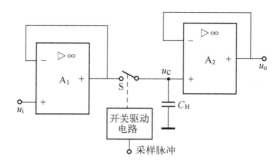

图 3-16　采样—保持电路

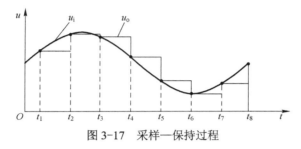

图 3-17　采样—保持过程

3）量化。将采样—保持电路输出的阶梯电压用某个规定最小单位（Δ）的整数倍表示，称为量化单位。

4）编码。将量化后的信号数值用二进制码表示。经编码后的结果就是 ADC 的输出。

5）量化误差。采样得到的电压不可能正好是最小单位（Δ）的整数倍，量化时需要取近似值，从而产生量化误差。

6）量化方法主要有两种，分别是只舍不入和有舍有入。

① 只舍不入。

$0 \leqslant u_o < \Delta$，u_o 的量化值为 0。

$\Delta \leqslant u_o < 2\Delta$，$u_o$ 的量化值为 Δ。

$2\Delta \leqslant u_o < 3\Delta$，$u_o$ 的量化值为 2Δ。

…

$7\Delta \leqslant u_o < 8\Delta$，$u_o$ 的量化值为 7Δ。

② 有舍有入。

$0 \leqslant u_o < 1/2\Delta$，$u_o$ 的量化值为 0。

$1/2\Delta \leqslant u_o < 3/2\Delta$，$u_o$ 的量化值为 Δ。

$3/2\Delta \leqslant u_o < 5/2\Delta$，$u_o$ 的量化值为 2Δ。

…

$13/2\Delta \leqslant u_o < 15/2\Delta,$，$u_o$ 的量化值为 7Δ。

【例 3-23】　将 0～1V 的模拟电压转换为 3 位二进制码，采用两种不同方法，量化结果如图 3-18 所示。

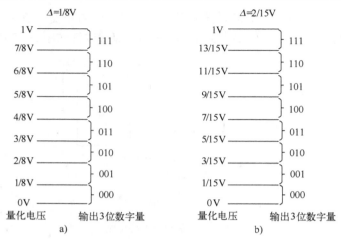

图 3-18　量化结果

a) 只舍不入量化方法　　b) 有舍有入量化方法

2．ADC 的性能指标

ADC 的性能指标为 ADC 的选择提供了重要参考，下面介绍 ADC 的主要性能指标。

（1）分辨率

分辨率指 ADC 对输入模拟信号的最小变化。理论上，一个 n 位二进制数输出 ADC 应能区分输入模拟电压的 2^n 个不同量级，能区分输入模拟电压的最小值为满量程输入的 $1/(2^n-1)$。

例如，ADC 输出为 8 位二进制数，输入信号最大值为 5V，其分辨率为 $5V/(2^8-1) \approx 19.61mV$。

（2）转换时间

转换时间是 A/D 转换完成一次所需的时间。

（3）转换误差

转换误差表示 ADC 实际输出的数字量和理论上的输出数字量之间的差别。常用最低有效位（LSB）的倍数表示。例如，相对误差 $\leqslant \pm LSB/2$，表明实际输出的数字量和理论上应得到的输出数字量之间的误差小于最低位的半个字。

说明：LSB 表示数字流中的最后一位，也表示组成满量程输入范围的最小单位。对于 12 位转换器来说，LSB 的值相当于模拟信号满量程输入范围除以 2^{12}。

（4）偏移误差

偏移误差是指输入信号为零时，输出信号不为零的值，所以有时又称为零值误差。

（5）满刻度误差（增益误差）

ADC 的满刻度误差是指满刻度输出数码所对应的实际输入电压与理想输入电压之差。

3.8.2　ADC 简介

1．ADC 的功能及特点

CC2530 具有 ADC 的功能，其 ADC 功能方框图如图 3-19 所示。

CC2530 ADC 支持 14 位的模/数转换，具有多达 12 位的有效数字位。它是 Sigma-Delta(Σ-Δ) A/D 转换器，包括一个模拟多路转换器，多达 8 个独立的可配置通道、一个参考电压的发生器。ADC 的主要特点如下。

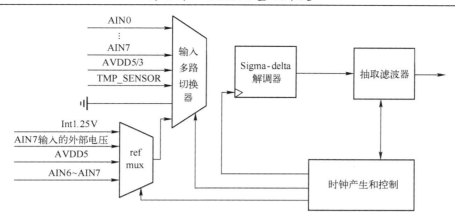

图 3-19　CC2530 ADC 功能方框图

1）可选的抽取率。

2）8 个独立的输入通道，可接收单端或差分信号。

3）参考电压可选为内部单端、外部单端、外部差分或 AVDD5。

4）中断请求的产生。

5）转换结束时 DMA 触发。

6）将片内的温度传感器作为输入。

7）电池电压测量功能。

2. ADC 的操作

（1）输入

ADC 输入引脚连接在 P0 端口上，ADC 的输入引脚为 AIN0～AIN7 引脚，分别对应端口 0 的 P0_0～P0_7 引脚。ADC 输入可以分为 ADC 单端输入、ADC 差分输入、片上温度传感器输入和 AVDD5/3 输入。

1）ADC 单端输入：ADC 输入的 AIN0～AIN7 以通道号码 0～7 表示，分别连接 P0 端口的 P0_1～P0_7。

2）ADC 差分输入：ADC 差分输入由 ADC 输入对 AIN0-AIN1、AIN2-AIN3、AIN4-AIN5 和 AIN6-AIN7 组成，以通道号码 8～11 表示。

3）片上温度传感器输入：片上温度传感器用于测量片上温度。可由寄存器控制作为 ADC 输入。

4）AVDD5/3 输入：将一个对应 AVDD5/3 的电压作为 ADC 输入，实现电池电压监测。

（2）ADC 运行模式

ADC 运行模式和初始化转换由 3 个控制寄存器来控制，分别是 ADCCON1、ADCCON2 和 ADCCON3。

1）ADCCON1 的 EOC 位是一个状态位，当一个转换结束时，此位变为高电平；当读取转换值时，此位被清零。

ADCCON1.ST 位用于启动一个转换序列。当此位设置为高电平时，ADCCON1.STSEL 为 11，且没有转换在运行时，会启动一个序列。当这个序列转换完成后，此位被清零。

2）ADCCON2 寄存器控制转换序列的执行。

3）ADCCON3 寄存器控制单个转换的通道号码、参考电压和抽取率。

单个转换在寄存器 ADCCON3 写入后将立即发生，或如果一个转换序列在进行时，该序列结束后立即发生。

该寄存器位的编码和 ADCCON2 完全相同。

（3）ADC 转换结果及处理

ADC 数字转换结果以 2 的补码的形式表示。对于单端输入，由于输入信号和地面之间的差值总是一个正符号数，所以结果总是为正值。当输入幅度等于所选的参考电压时，达到最大值。

对于差分输入，由于差分配置，两个引脚之间的差分被转换，这个差分可以是负数。

ADC 转换结果由 ADCCON1 来控制，当数字转换结束时，转换结果存放在寄存器 ADCH 和 ADCL 中，但转换结果总是存放在 ADCH 和 ADCL 寄存器组合的有效数字字段中。

ADC 中断是通过 ADCCON3 触发控制的，当一个单个转换完成时，ADC 将产生一个中断；当一个转换序列完成时，ADC 将不产生中断。

3.8.3 ADC 寄存器

ADC 的操作是通过 ADC 寄存器实现的，这些 ADC 寄存器分别是 ADC 控制寄存器 ADCCON1、ADCCON2、ADCCON3，ADC 测试寄存器 TR0，ADC 数据寄存器 ADCL、ADCH，模拟测试控制寄存器 ATEST。

1. ADC 控制寄存器 1——ADCCON1

（1）功能

ADCCON1 主要用于判断 A/D 转换是否结束、开启 A/D 转换及选择 A/D 转换项。

（2）设置方法

ADC 控制寄存器 ADCCON1 是 8 位的，各个位的含义如表 3-27 所示，按描述进行设置即可，需要注意两点。

1）ADCCON1.STSEL[1~0]=11，且 ADCCON1.ST=1 时，手动启动 AD 转换。

2）当 ADCCON1.EOC 位为 1 时，AD 转换结束，此时可读取转换后的数据。

表 3-27　ADC 控制寄存器 1——ADCCON1

位	名　　称	复　位	R/W	描　　述
7	EOC	0	R/H0	转换结束。当 ADCH 被获取的时候清除。如果在读取前一数据之前，完成一个新的转换，EOC 位仍然为 1。 0：转换未完成；1：转换完成
6	ST	0	–	开始转换。读为 1，直到转换完成 0：没有转换正在进行；1：开始转换序列 如果 ADCCON1.STSEL=11，则表示没有其他序列进行转换
5~4	STSEL[1~0]	11	R/W1	启动选择，选择该事件，将启动一个新的转换序列。 00：P2.0 引脚的外部触发；01：全速，不等待触发器 10：定时器 1 通道 0 比较事件；11：ADCCON1.ST=1
3~2	RCTRL[1~0]	00	R/W	控制 16 位随机数发生器。操作完成自动清零。 00：正常运行；01：LFSR 的时钟一次； 10：保留；11：停止，关闭随机数发生器
1~0	–	11	R/W	保留，一直为 11

【例 3-24】　设置 ADCCON1，开启 A/D 转换。

分析：需要进行 ADC 启动选择，并开启转换。假设设置手动启动 ADC，则第 5~4 位为 11，开启转换，需要设置第 6 位为 1，程序代码如下。

```
ADCCON1 |= 0x30;
```

```
ADCCON1 |= 0x40;
```

2. ADC 控制寄存器 2——ADCCON2

（1）功能

ADCCON2 控制转换序列的执行。且 ADCCON2 寄存器的 8 个通道可用于 DMA 触发，每完成一个转换序列将产生一个 DMA 触发。

（2）设置方法

ADC 控制寄存器 ADCCON2 是 8 位的，各个位的含义如表 3-28 所示。按表 3-28 描述设置 ADCCON2 即可，但需要注意两点。

1）内部参考电源一般是 1.25V。

2）抽取率也称为分辨率，设置不同的抽取率，转换后的数字位数不同。例如，设置 128 位的抽取率，转换后的有效数字是 9 位，其中最高 7 位存放在 ADCH 的低 7 位中，其他两位存放在 ADCL 的最高两位。

3）设置不同的抽取率，ADC 的转换时间不同，它们的关系如下。

$$转换时间 = (抽取率 + 16) \times 0.25\mu s$$

【例 3-25】　如果采用转换序列，参考电压为电源电压，对 P0_7 进行采样，抽取率设置为 512，ADCCON2 如何设置？

分析：设置参考电压为电源电压，应该设置第 7~6 位为 10；设置抽取率为 512，应该设置第 5~4 位为 11；对 P0_7 进行采样，设置第 3~0 位为 0111，程序代码如下。

```
ADCCON2 = 0xb7;
```

表 3-28　ADC 控制寄存器 2——ADCCON2

位	名　称	复　位	R/W	描　述
7~6	SREF[1~0]	00	R/W	选择参考电压用于序列转换 00：内部参考电压；01：AIN7 引脚上的外部参考电压； 10：AVDD5 引脚；11：AIN6-AIN7 差分输入外部参考电压
5~4	SDIV	01	R/W	为包含在转换序列内的通道设置抽取率，抽取率也决定完成转换需要的时间和分辨率。 00：64 抽取率（7 位有效数字位）； 01：128 抽取率（9 位有效数字位）； 10：256 抽取率（10 位有效数字位）； 11：512 抽取率（12 位有效数字位）
3~0	SCH	0000	R/W	序列通道选择，一个序列可以是从 AIN0~AIN7（0≤SCH≤7）也可以从差分输入 AIN0-AIN1~AIN6~AIN7（8≤SCH≤11）。对于其他设置，只能执行单个转换。 读取这些位，可以获得进行转换的通道号码。 0000：AIN0；0001：AIN1；0010：AIN2；0011：AIN3；0100：AIN4；0101：AIN5；0110：AIN6；0111：AIN7；1000：AIN0-AIN1；1001：AIN2-AIN3；1010：AIN4-AIN5；1011：AIN6-AIN7；1100：GND；1101：正电压参考；1110：温度传感器；1111：AVDD5/3

3. ADC 控制寄存器 3——ADCCON3

ADCCON3 主要控制 A/D 单次转换的执行，各个位的含义与设置方法与 ADCCON2 相同，如表 3-29 所示。

表 3-29　ADC 控制寄存器 3——ADCCON3

位	名　称	复　位	R/W	描　述
7~6	SREF[1~0]	00	R/W	选择参考电压用于序列转换 00：内部参考电压；01：AIN7 引脚上的外部参考电压 10：AVDD5 引脚；11：AIN6-AIN7 差分输入外部参考电压

（续）

位	名　称	复　位	R/W	描　述
5～4	SDIV	01	R/W	为包含在转换序列内的通道设置抽取率，抽取率也决定完成转换需要的时间和分辨率。 00：64 抽取率（7 位有效数字位）；01：128 抽取率（9 位有效数字位）； 10：256 抽取率（10 位有效数字位）；11：512 抽取率（12 位有效数字位）
3～0	SCH	0000	R/W	序列通道选择，一个序列可以是从 AIN0～AIN7（0≤SCH≤7）也可以从差分输入 AIN0-AIN1～AIN6-AIN7（8≤SCH≤11）。对于其他设置，只能执行单个转换。 读取这些位，可以获得进行转换的通道号码。 0000：AIN0；0001：AIN1；0010：AIN2 ；0011：AIN3；0100：AIN4； 0101：AIN5；0110：AIN6；0111：AIN7；1000：AIN0-AIN1；1001：AIN2-AIN3；1010：AIN4-AIN5；1011：AIN6-AIN7；1100：GND；1101：正电压参考；1110：温度传感器；1111：AVDD5/3

4．ADC 测试寄存器 0——TR0

（1）功能

TR0 连接温度传感器进行测试。

（2）设置方法

TR0 是 8 位的，各个位的含义如表 3-30 所示，第 1～7 位为保留位，第 0 位设置为 1 时，连接片内温度传感器到 ADC，即温度传感器采集的温度可作为 ADC 的输入，用于测试；第 0 位设置为 0 时，不连接温度传感器。

表 3-30　DC 测试寄存器 0——TR0

位	名　称	复　位	R/W	描　述
7～1	–	0000000	R0	保留
0	ADCTM	0	R/W	设置为 1 来连接温度传感器到 ADC

5．模拟测试控制寄存器——ATEST

（1）功能

使能片内的温度传感器，使其测量片内的温度。

（2）设置方法

ATEST 是 8 位的，各个位的含义如表 3-31 所示，第 7～6 位为保留位，只能读；第 5～0 设置为 000001，使能片内的温度传感器，其他值都无意义。

表 3-31　模拟测试控制寄存器——ATEST

位	名　称	复　位	R/W	描　述
7～6	–	00	R0	保留
5～0	ATEST_CTRL[5:0]	000000	R/W	控制模拟测试模式。 000001：使能温度传感器；其他值保留，暂无意义

6．ADC 数据寄存器

ADC 数据寄存器用来存放 ADC 转换结果，分为数据低位寄存器——ADCL 和数据高位寄存器——ADCH，都是 8 位的，只能读，如表 3-32 和表 3-33 所示。需要注意 ADCL 的最低两位始终为 00。

表 3-32 ADC 数据低位寄存器——ADCL

位	名 称	复 位	R/W	描 述
7~2	ADC[5:0]	000000	R	ADC 转换结果低位部分
1~0	–	00	R0	保留，读出来是 0

表 3-33 ADC 数据高位寄存器——ADCH

位	名称	复位	R/W	描 述
7~0	ADC[13:6]	0x00	R	ADC 转换结果高位部分

3.8.4 ADC 初始化

对 ADC 初始化后，ADC 才能进行信息采集，本节通过实例介绍 ADC 初始化方法。

【例 3-26】 设置参考电压为电源电压，对 P0_7 进行单次采样，抽取率设置为 512。写出 ADC 的初始化程序。

分析：由于 ADC 转换后的结果存放在 ADC 数据寄存器中，因此，首先需要将其清零，为存放结果做好准备，然后按照要求设置 ADC 控制寄存器、ADC 测试寄存器，最后启动 ADC 转换。初始化程序代码如下。

```
void InitialAD(void)
{
    ADCH &=0x00;          /* ADC 数据高位寄存器清零 */
    ADCL &=0x00;          /* ADC 数据低位寄存器清零 */
    APCFG |=0x80;         /* P0_7 用作模拟 I/O */
    ADCCON3=0xb7;         /* 设置参考电压、抽取率等 */
    ADCCON1 |=0x30;       /* 开启 AD 转换 */
    ADCCCON1 |=0x40;
}
```

【例 3-27】 利用 CC2530 的 ADC 将片内温度传感器的温度值转换为数值，设置 ADC 的运行模式为单次转换，且选择参考电压为内部参考电压，选择抽取率为 512。写出 ADC 初始化程序。

分析：要将片内温度传感器作为 ADC 的输入， TR0 寄存器的第 0 位应该设置为 1，ATEST 寄存器的第 5~0 位设置为 000001，其他设置与例 3-26 类似。初始化程序代码如下。

```
void Temp_InitialAD(void)
{
    ADCH&=0x00;
    ADCL&=0x00;
    ADCCON3=0x3E;         /* 设置参考电压、抽取率等 */
    TR0 = 0x01;           /* 连接片内温度传感器到 ADC */
    ATEST = 0x01;         /* 使能片内的温度传感器 */
    ADCCON1 |=0x30;
    ADCCCON1 |=0x40;
```

【例 3-28】 对 P0_7 进行单次采样，设置参考电压为电源电压，设置抽取率为 512，将 ADC 转换的结果用电压表示，并将电压值转化为字符类型存储。

分析：按例 3-26 进行初始化，待 ADC 转换完成，读取并处理转换结果，处理方法如下。

（1）电压表示

参考电压是 3.3V，且抽取率是 512，则转换的结果是 12 位，取值范围为 0～4095，相当于把 3.3V 的电压分成 4096 个等级。设转换结果存储在 adc 变量中，则以转换结果对应的电压可以用 $\dfrac{adc}{4096} \times 3.3V$ 表示。

（2）转换为字符类型

由（1）可知，每个电压值是数值型的，而字符型的数是以 ASCII 码存储，所以，需要把得到的电压分离成一位整数、一位小数，再将每位数分别加上 48，就转换成了 ASCII 码值，存储到字符数组中即可。程序代码如下。

```
#include "ioCC2530.h"
#define uint unsigned int
char temp[2];
uint adc;
float num;
void InitialAD(void);
char adcdata[]="0.0v";
void main(void)
{
    InitialAD();
    while(1)
    {
       if(ADCCON1 & 0x80)
       {
          temp[1]=ADCL;
          temp[0]=ADCH;
       }
    }
    adc =temp[0];
    adc =(adc<< 8) | temp[1];
    adc >>= 3;
    if(adc & 0x8000)
    {
      adc=0;
    }
    else
    {
      num=adc*3.3/4096;
      adcdata[0]=num%10+48;
      adcdata[2]=num*10%10+48;
    }
}
void InitialAD(void)
{
    ADCH &=0x00;
```

```
        ADCL  &=0x00;
        APCFG |=0x80;
        ADCCON3=0xb7;
        ADCCON1 |=0x30;
        ADCCCON1 |=0x40;
    }
```

3.8.5　案例：光照信息采集

1．案例分析

智能家居中经常要采集光照信息，以便获取室内光线的强弱，从而进行相应的控制，如光线暗时，打开灯、拉窗帘等，达到家居节能、舒适的目的。本案例基于 CC2530，并通过光敏电阻检测光照信息，再通过 P0_6 引脚不断采集该信息，将其输入到 ADC，转换结果变换成字符类型存储到字符数组中。

2．硬件电路的设计

基于图 3-7 所示的 CC2530 最小系统电路进行硬件电路的设计，设计的电路如图 3-20 所示，RL 是光敏电阻，它的电阻值随入射光的强弱而改变，入射光强、电阻减小，入射光弱、电阻增大，光照停止，电阻恢复原值。RL 与 R1 串联，P0_6 引脚反映了 RL 分得的电压值，当光线强时，RL 电阻值较小，它分得的电压也小；当光线弱时，RL 电阻值较大，它分得的电压也大，即 P0_6 引脚的电压值随光线强弱的不同而变化，这个电压值输入到 ADC，ADC 转换的结果不同。

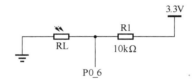

图 3-20　光照信息采集硬件电路的设计

3．程序设计

需要解决两个问题，一是对 ADC 进行初始化，二是对转换的结果进行处理。依据解决的问题设计两个子函数和 1 个主函数；两个子函数分别是 ADC 初始化子程序、延时程序，前者用于对 ADC 进行初始化，为光照信息采集做准备；后者用于等待 ADC 转换完成。主函数中调用这两个子函数，并对转换结果处理，即把每位数分离出来，分别加上 48，存储到数组中。考虑到转换结果有效数字最多 12 位，对应的最大值是 4095，所以对转换结果先整除 1000，得到千位数；再对 1000 取余数后整除 100，得到百位数；再对 100 取余数后整除 10，得到十位数；最后对 10 取余数得到个位数。程序代码如下。

```
include "ioCC2530.h"
#define uint unsigned int
char temp[2];
uint adc;
void InitialAD(void);
void Delay(uint n);
char adcdata[]="0000";
void main(void)
```

```
{
    while(1)
    {
        InitialAD();
        Delay(75);      /* 转换时间=(抽取率+16)*0.25us=68us, 延时 75 微秒 */
        if(ADCCON1 & 0x80)
        {
            temp[1]=ADCL;
            temp[0]=ADCH;
        }
        adc =temp[0];
        adc =(adc<< 8) | temp[1];
        adc >>= 5;
        if(adc & 0x8000)
        {
            adc=0;
        }
        else
        {
            adcdata[0]=adc/1000+48;
            adcdata[1]=adc%1000/100+48;
            adcdata[2]=adc%100/10+48;
            adcdata[3]=adc%10+48;
        }
    }
}
void InitialAD(void)
{
    ADCH &=0x00;
    ADCL &=0x00;
    APCFG |=0x40;            /* P0_7 用作模拟 I/O */
    ADCCON3=0xa6;           /* 设置参考电压为电源电压, 抽取率为 256, 单次转换 */
    ADCCON1 |=0x30;
    ADCCCON1 |=0x40;
}
void Delay(uint n)          /* n=1 时, 延时 1 微秒 */
{
    uint i,j;
    for(i=0;i<n; i++)
    {
        asm("NOP");
        asm("NOP");
        asm("NOP");
    }
}
```

思考: 为提高准确度, ADC 采集 P0_6 引脚电压 4 次, 并将这 4 次电压转换结果求平均值作为最后的转换结果, 如何修改程序?

3.9　案例：温度信息采集

3.9.1　DS18B20
基础知识

　　本案例基于 CC2530，并通过 DS18B20，并进行温度信息采集。DS18B20 的功能和特点、引脚、工作原理、读写操作等相关知识是学习该案例的基础，下面介绍这些相关知识。

3.9.1　DS18B20 相关知识

1．DS18B20 主要功能和特点

1）单总线结构，只需要一根信号线和 CPU 相连。

2）不需要外部元器件，直接输出串行数据。

3）可不需要外部电源，直接通过信号线供电，电源电压范围为 3.3～5V。

4）测温精度高，测温范围为：-55℃～+125℃；在-10℃～+85℃时，精度为±0.5℃。

5）测温分辨率高，当选用 12 位转换位数时，温度分辨率可达 0.0625℃。

6）数字量的转换精度及转换时间可通过简单的编程来控制：9 位的转换时间为 93.75ms，10 位的转换时间为 187.5ms，12 位的转换时间为 750ms。

7）具有非易失性报警上、下限功能，用户可方便地通过编程修改上、下限的数值。

8）可通过报警搜索命令识别哪片 DS18B20 采集的温度超越上下限。

2．DS18B20 封装及引脚

图 3-21 中展示了 DS18B20 的 3 种封装形式，其中，最左侧是目前常用的封装形式，包括 3 个引脚：DQ 为数字信号输入/输出、GND 为电源地、VDD 为外接供电电源。

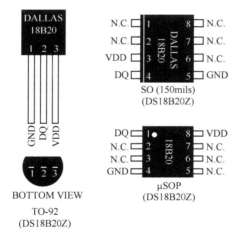

图 3-21　DS18B20 的 3 种封装形式

3．DS18B20 工作原理

　　温度测量与数字数据输出集成在一个芯片上，抗干扰能力增强，工作周期分为两个阶段，分别是温度检测与数据处理。DS18B20 主要由存储器、温度传感器组成，下面详细介绍。

（1）存储器

　　存储器包括 3 种，分别是 ROM、RAM 和 EEPROM。

1）ROM。只读存储器，如图 3-22 所示，共 64 位，用于存放 DS18B20 的 ID 编码。其中前 8 位是产品类型编码（DS18B20 的编码是 19H，DS1820 的编码是 10H）；后面 48 位是芯片唯一的序列号；最后 8 位是以上 56 位的 CRC 码，数据在出厂时设置，用户不能更改。由于每个 DS18B20 的 ID 编码不同，所以，一根总线可挂接多个 DS18B20。

图 3-22　ROM 存储的内容

2）RAM。数据暂存器，用于内部计算和数据存取，数据在掉电后丢失，RAM 共 9B，每个字节地址由小到大用 Byte0～Byte8 表示，每个字节为 8 位，其存储的内容如图 3-23 所示。

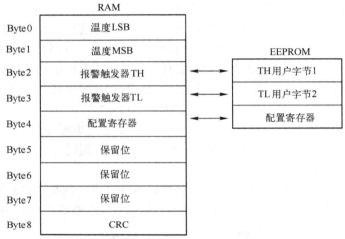

图 3-23　RAM 存储的内容

① Byte0、Byte1 字节存放转换后的温度值，以补码形式存放，高 5 位为符号位，其他位存放温度值，温度存储方式如图 3-24 所示，两个字节共 16 位，其中 0 表示最低位，15 表示最高位。第 15～11 位为符号位，s=0 表示正温度，s=1 表示负温度；第 10～4 位表示温度的整数部分，权位分别是 2^6～2^0；第 3～0 位表示温度的小数部分，权位分别是 2^{-1}～2^{-4}。

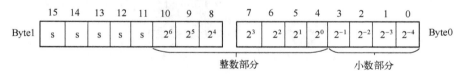

图 3-24　转换后的温度值

转换后的温度值是二进制形式，而显示的温度通常都是十进制数形式，如何把二进制的温度转换成十进制数呢？由于温度以补码形式存放，已知正数的补码是它本身，负数的补码是由原码取反加 1 得到的，所以对于负温度，在转换之前先取反加 1，变成原码。假设二进制的温度为 1111 1111 1111 1000，由于该数的最高 5 为 1，判定为负温度，需要对其先取反，结果为 0000 0000 0000 0111，最低位加 1，结果为 0000 0000 0000 1000。第 10～4 位为 000 0000，所以整数部分为 0，第 3～0 位为 1000，即 2^{-1}=0.5，所以，二进制温度 1111 1111 1111 1000 对应的十进制数是-0.5。转换过程如图 3-25 所示。

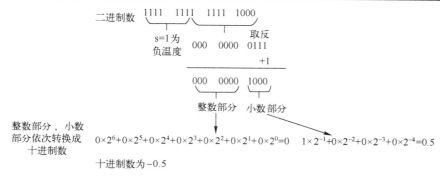

图 3-25　二进制的负数温度转换成十进制数的过程

如果需要转换的温度为整数，取反加 1 的操作可以省略。表 3-34 给出了几个二进制温度转换成十进制数、十六进制数的结果，可供练习使用。

表 3-34　二进制温度的十进制数、十六进制数表示

十进制数温度/℃	二进制温度	十六进制数
+125	0000 0111 1101 0000	07D0h
+85	0000 0101 0101 0000	0550h
+25.0625	0000 0001 1001 0001	0191h
+10.125	0000 0000 1010 0010	00A2h
+0.5	0000 0000 0000 1000	0008h
0	0000 0000 0000 0000	0000h
-0.5	1111 1111 1111 1000	FFF8h
-10.125	1111 1111 0101 1110	FF5Eh
-25.0625	1111 1110 0110 1111	FE6Fh
-55	1111 1100 1001 0000	FC90h

②　Byte2、Byte3 字节存放报警触发器 TH、TL，TH 和 TL 用于设置高温和低温的报警数值。DS18B20 完成一个周期的温度测量后，将测得的温度值和 TH、TL 比较，如果大于 TH 或小于 TL，则表示温度越限，将该器件内的报警标志置位，并对主机发出的报警搜索命令进行响应。需要修改高温和低温报警值时，使用命令对 TH、TL 写入即可。

③　Byte4 字节是配置寄存器，用来配置转换精度，可配置为 9～12 位，该字节的内容如图 3-26 所示，R1 与 R0 位组合了 4 个不同的转换精度：00 为 9 位转换精度，转换时间是 93.75ms；01 为 10 位转换精度，转换时间是 187.5ms；10 为 11 位转换精度，转换时间是 375ms；11 为 12 位转换精度，转换时间是 750ms（默认）。

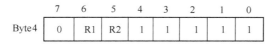

图 3-26　Byte4 字节的内容

④　Byte5、Byte6、Byte7 为保留位。

⑤　byte8 字节为 byte0～Byte7 八个字节的 CRC 码。

3）EEPROM。EEPROM 是非易失性存储器，用于存放长期需要保存的数据，包括报警触发器 TH、TL、配置寄存器内容，每个数据占一个字节，因此，EEPROM 包括 3B，并在

RAM 都存在镜像，以方便用户操作。

（2）温度传感器

完成温度的测量，转换输出的值为 16 位的二进制补码。当转换精度设置为 12 位时，分辨率为 0.0625℃/LSB。

4．DS18B20 读写操作

3.9.1 DS18B20 读写操作

DS18B20 读写操作包括 ROM 操作命令、存储器操作命令、DS18B20 的复位及读写时序。

（1）ROM 操作命令

ROM 操作由读命令、选择定位命令、查询命令、跳过 ROM 序列号检测命令和报警查询命令来实现。

1）读命令（33H）。仅用于单个 DS18B20 在线的情况。主机可读出 DS18B20 的 ROM 中 8 位产品类型编码、48 位产品序列号和 8 位 CRC 校验码。

2）选择定位命令（55H）。当多片 DS18B20 在线时，主机发出该命令和一个 64 位数，如果某个 DS18B20 内部 ROM 内容与该数一致，就会响应命令。

3）查询命令（0F0H）。该命令可查询总线上 DS18B20 的数目及其 64 位序列号。

4）跳过 ROM 序列号检测命令（0CCH）。仅用于单个 DS18B20 在线的情况。该命令允许主机跳过 ROM 序列号检测而直接对寄存器操作。

5）报警查询命令（0ECH）。只有报警标志置位后，DS18B20 才响应该命令。

（2）存储器操作命令

存储器操作由写入命令、读出命令、开始转换命令、回调命令、复制命令和读电源标志命令来实现。

1）写入命令（4EH）。该命令可写入 RAM 的第 2～4 字节，即 TH、TL 和配置寄存器。复位信号发出之前，3 个字节必须写完。

2）读出命令（0BEH）。该命令可读出寄存器中的内容，复位命令可终止读出。

3）开始转换命令（44H）。该命令使 DS18B20 立即开始温度转换，当温度转换正在进行时，主机从总线读的是 0；当温度转换结束时，主机从总线读的是 1。

4）回调命令（0B8H）。该命令把 EEPROM 中的内容写到寄存器 TH、TL 及配置寄存器中。DS18B20 上电自动写入。

5）复制命令（48H）。该命令把寄存器 TH、TL 及配置寄存器的内容写到 EEPROM。

6）读电源标志命令（0B4H）。主机发出该命令后，DS18B20 将发送电源标志，信号线供电发 0，外接电源发 1。信号线供电与外接电源供电连接如图 3-27 和图 3-28 所示。

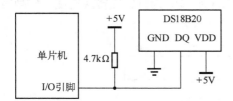

图 3-27　信号线供电

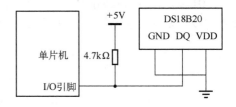

图 3-28　外接电源供电

在实际应用 DS18B20 时需要注意以下几点。

① 较小的硬件开销需要相对复杂的软件进行补偿，由于 DS18B20 与微处理器间采用串行通信，因此，在对 DS18B20 进行读写编程时，必须严格保证读写时序，否则将无法读取

测温结果。

② 多点测温系统设计时，当单总线上所挂 DS18B20 超过 8 片时，就需要解决微处理器的总线驱动问题。

③ 连接 DS18B20 的总线电缆是有长度限制的。当采用普通信号电缆传输，长度不能超过 50m；当将总线电缆改为屏蔽双绞线时，正常通信距离可达 150m。

④ 在 DS18B20 测温程序设计中，向 DS18B20 发出温度转换命令后，程序总要等待 DS18B20 的返回信号，一旦某个 DS18B20 接触不好或断线，当程序读该 DS18B20 时，将没有返回信号，程序进入死循环。解决方法：测温电缆线采用屏蔽 4 芯双绞线，其中一对线接地线与信号线，另一对接 VDD 和地线，屏蔽层在源端单点接地。

（3）DS18B20 的复位及读写时序

DS18B20 的复位及读写时序是建立在硬件连接基础上的，设单片机和 DS18B20 采用图 3-27 的连接方式，将单片机 I/O 引脚与 DS18B20 的 DQ 引脚的连接线称为信号线，单片机也称为主机。以此为基础，下面介绍 DS18B20 的复位及读写时序。

1）复位时序如图 3-29 所示，具体操作如下。

① 主机拉低信号线 480～960μs，然后释放信号线（拉高电平），等待 15～60μs。

② DS18B20 拉低信号线，表示应答。

③ DS18B20 拉低电平 60～240μs，主机读取信号线的电平，如果是低电平，表示复位成功。

④ DS18B20 拉低电平 60～240μs 后，会释放信号线。

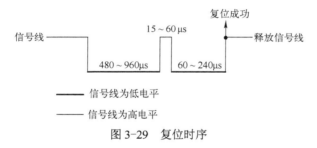

图 3-29　复位时序

2）读时序如图 3-30 所示，具体操作如下。

① 主机拉低信号线 1μs 以上。

② 主机释放信号线，然后读取信号线电平。

③ DS18B20 拉低或拉高信号线。

④ 信号线电平至少保持 60μs。

说明：在开始另一个读周期前，必须有 1μs 以上的高电平恢复期。

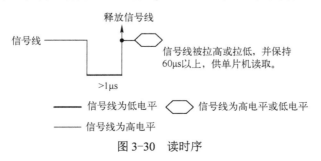

图 3-30　读时序

3）写时序如图 3-31 所示，具体操作如下。

① 主机将信号线从高电平拉至低电平，产生写起始信号。

② 信号线从下降沿开始，在 15～60μs 内 DS18B20 对信号线检测，如果信号线为高电平，则写 1，否则写 0。

说明：在开始另一个写周期前，必须有 1μs 以上的高电平恢复期。

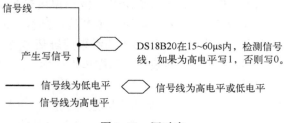

图 3-31　写时序

（4）温度采集流程

单片机只用一个 I/O 引脚连接 DS18B20 的信号线，而温度值是 16 位的，相对硬件连接而言，温度采集流程比较复杂。图 3-32 和图 3-33 分别显示了单片机连接一片、多片 DS18B20 时，进行温度采集的流程。

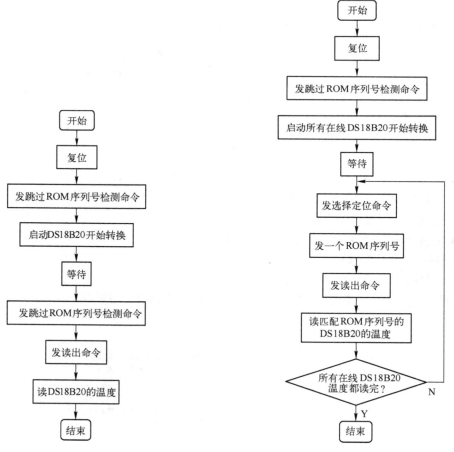

图 3-32　单片机连接一片 DS18B20 的温度采集流程　　图 3-33　单片机连接多片 DS18B20 温度采集流程

3.9.2　案例分析

智能家居中经常需要采集室内的温度信息，从而进行温度的调整，达到家居节能、舒适的目的。本案例基于 CC2530 并通过 DS18B2 采集温度信息，如果温度在 19℃～24℃，属于舒适的温度，点亮蓝色灯；否则温度过高或过低，通过电磁继电器点亮红色灯，以提示温度过高或过低。下面介绍硬件设计和程序设计。

3.9.3　硬件设计

基于图 3-7 所示的 CC2530 最小系统电路进行硬件电路的设计，如图 3-34 所示，使用 P1_1 连接一片 DS18B20，采集温度。P0_4 连接晶体管驱动电磁继电器 HK4100F，当 P0_4 输出低电平时，晶体管 8050 不导通，电磁继电器线圈两端没有电压，线圈不产生磁力，弹簧的拉力使公共触点与常闭触点接触，点亮蓝色 LED；当 P0_4 输出高电平时，晶体管 8050 导通电磁继电器线圈两端有电压时，线圈电流使铁芯产生磁力将衔铁吸下来，从而使公共触点与常开触点接触，点亮红色 LED。

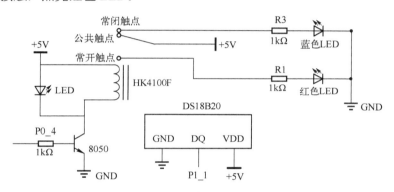

图 3-34　温度采集硬件电路设计

3.9.4　程序设计

要实现案例的功能，在设计程序时，需要解决 3 个问题，一是温度采集，二是和舒适温度比较，看是否控制电磁继电器工作，三是设置 P0_4 的输出电压控制电磁继电器工作。第一个问题最复杂，下面详细介绍，其他问题放在主程序中解决。

1．温度采集

按照图 3-32 介绍的温度采集流程进行温度采集，需要注意的是 CC2530 的寄存器大多数是 8 位的，但只用了一个引脚 P1_1 连接 DS18B20，CC2530 对 P1_1 这一位的操作，要严格按照 DS18B20 时序要求进行，因此，首先需要依据 DS18B20 的复位及读写时序设计复位、读、写程序，然后按照温度采集流程设计读取温度的程序。

3.9.4　DS18B20 复位时序及程序设计

（1）复位程序设计

依据 DS18B20 的复位时序，写出复位程序，具体代码如下。

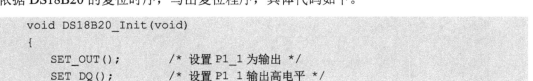

```
void DS18B20_Init(void)
{
    SET_OUT();          /* 设置 P1_1 为输出 */
    SET_DQ();           /* 设置 P1_1 输出高电平 */
```

```
    CL_DQ();            /* 设置 P1_1 输出低电平, 产生下降沿 */
    delay_nus(550);     /* 延时 550μs */
    SET_DQ();
    delay_nus(40);
    SET_IN();           /* 设置 P1_1 为输入 */
    while (DQ)          /* 等待 P1_1 为低电平 */
     {
        ;
     }
    delay_nus(100);
    SET_OUT();
    SET_DQ();
}
```

（2）读程序设计

依据 DS18B20 的读时序，CC2530 只能一位一位地读，下面以读取低 8 位温度值为例来分析读的过程。

3.9.4 DS18B20 读时序及程序设计

设读取的数据为 0101 1101，只有一根信号线 P1_1，只能一位一位地读。

设读的顺序为：最低（第 0）位到最高（第 7）位，初始值为 0000 0000。

1）读第 0 位，结果为 1，将初始值 0000 0000 与 1 进行或操作，得到 0000 0001。

2）读第 1 位，结果为 0，将 1）得到的 0000 0001 与 1111 1101 进行与操作，而 1111 1101 取反的结果是 0000 0010，这是 1 左移动 1 位的结果。

3）读第 2 位，结果为 1，将 2）得到的 0000 0001 与 0000 0100 进行与操作，0000 0100 是 1 左移两位的结果。

4）以此类推，直到读完 8 位数据。

从上面的分析可知，要将每次读取的一位二进制数组合成一个 8 位数据，首先设置一个初始值 0000 0000，然后从第 0 位开始读，不断更新初始值，当读第 i 位，如果为 1 则将初始值和 1 左移 i 位的结果进行或操作，否则将初始值和 1 左移 i 位取反的结果进行与操作。所以，读程序如下。

```
unsigned char  DS18B20_Read(void)
{
    unsigned char rdData;
    unsigned char i,dat;
    rdData=0;               /* 初始值 0000 0000 */
    for(i=0;i<8;i++)
    {
        SET_OUT();
        CL_DQ();
        SET_DQ();
        SET_IN();
        dat=DQ;             /* 读 P1_1 引脚内容 */
        if(dat)
        {
            rdData |=(1<<i);
        }
```

```
        else
        {
            rdData&=~(1<<i);
        }
        delay_nus(70);
        SET_OUT();
    }
    return(rdData);          /* rdData 为读取的一个字节数据 */
}
```

（3）写程序

依据 DS18B20 的写时序，CC2530 只能一位一位地写，下面以写一个 8 位命令为例来分析写的过程。

3.9.4　DS18B20 写时序及程序设计

设要写的命令为 1011 1110，只有一根信号线 P1_1，只能一位一位地写，设写的顺序为：最低（第 0）位到最高（第 7）位。

① 写第 0 位的 0，怎么判断这位是 0 呢？将该命令 1011 1110 和 0000 0001 进行与操作，得到 0000 0000，即写 0。

② 写第 1 位的 1，怎么判断这位是 1 呢？将该命令 1011 1110 和 0000 0010 进行与操作，得到的结果为 0000 0010，不为 0，即写 1。

③ 写第 2 位的 1，怎么判断这位是 1 呢？将该命令 1011 1110 和 0000 0100 进行与操作，得到的结果为 0000 0100，不为 0，即写 1。

④ 以此类推，直到写完 8 位数据。

从上面的分析可知，8 位数据是一位一位写的，先判断第 0 位，最后判断第 7 位，当判断第 i 位时，将需要写的 8 位数据和 1 左移 i 位的结果进行与操作，结果为 0，则写 0，否则写 1。所以，写程序如下。

```
void  DS18B20_Write(unsigned char cmd)
{
 unsigned char i;
 SET_OUT();
 SET_DQ();
 for(i=0;i<8;i++)
 {
  CL_DQ();              /* 产生写起始信号 */
  if(cmd&(1<<i))
  {
    SET_DQ();
  }
  else
  {
    CL_DQ();
  }
  delay_nus(40);
  SET_DQ();
 }
 SET_DQ();
}
```

（4）读取温度程序设计

读取的温度是两个字节，需要调用两次读程序才能读出，且需要按照温度的存储格式分离出整数部分，即将高字节温度的低 4 位和低字节温度的高 4 位组合起来，就是温度的整数部分值。具体程序代码如下。

```c
unsigned char  *DS18B20_GetTem (void)
{
unsigned char tem_h,tem_l;
uint16 a;
unsigned char b;
unsigned char flag;
DS18B20_Init();
DS18B20_Write(SKIP_ROM);          /* 写跳过 ROM 序列号检测命令 */
DS18B20_Write(RD_SCRATCHPAD);   /* 写读命令 */
tem_l=DS18B20_Read();
tem_h=DS18B20_Read();
if (tem_h & 0x80)
{
   flag=1;
}
else
{
   flag=0;
   b=tem_h<<4;
   b |=(tem_l & 0xf0)>>4;
   tem_h=b;
   tem_l= tem_l & 0x0f;
}
return(tem_h);                         /* tem_h 为温度的整数部分 */
}
```

2. 主程序设计

主程序中初始化 P0_4 引脚为通用的输出功能，且定义了变量 flag，当它为 1 时表示读取的温度是负的，否则为正温度，所以当 flag 为 1 或读的温度超过 24，或小于 19，都认为是不舒适温度，P0_4 应该输出高电平，点亮红色 LED。所以主程序代码如下。

```c
#include<ioCC2530.h>
#include<stdio.h>
#include <string.h>
#define SEARCH_ROM 0xF0
#define READ_ROM 0x33
#define MATCH_ROM 0x55
#define SKIP_ROM 0xCC
#define ALARM_SEARCH 0xEC
#define CONVERT_T 0x44
#define WR_SCRATCHPAD 0x4E
#define RD_SCRATCHPAD 0xBE
#define CPY_CCTATCHPAD 0x48
#define RECALL_EE 0xB8
```

```c
#define RD_PWR_SUPPLY 0x84
#define HIGH 1
#define LOW 0
#define DQ P1_1
#define CL_DQ()    DQ=LOW
#define SET_DQ()   DQ=HIGH
#define DQ_DIR_OUT  0x02
#define SET_OUT()  P1DIR|=DQ_DIR_OUT
#define SET_IN()   P1DIR&=~DQ_DIR_OUT
#define uint16 unsigned short
void delay_nus(uint16 timeout);
void DS18B20_Write(unsigned char x);
unsigned char DS18B20_Read(void);
void DS18B20_Init(void);
void DS18B20_SendConvert(void);
unsigned char DS18B20_GetTem(void);
unsigned char temh,teml;
unsigned char flag;
void main()
{
  unsigned char i;
  unsigned char *send_buf;
    while(1)
    {
      P0SEL &=~0x10;
      P0DIR |=0x10;
      DS18B20_SendConvert();
      for(i=20;i>0;i--)
      delay_nus(50000);
      temh=DS18B20_GetTem();
      if ((flag=0 & (temh>0x18 | temh<0x13))|flag==1) P0_4=1;
      else  P0_4=0;
      for(i=500;i>0;i--)
      delay_nus(1000);
    }
}
```

其中，DS18B20_SendConvert()为启动子函数，按温度采集流程，其代码如下。

```c
void DS18B20_SendConvert(void)
{
  DS18B20_Write(SKIP_ROM);
  DS18B20_Write(CONVERT_T);
}
```

delay_nus()为延时子函数，其代码如下。

```c
void delay_nus(uint16 timeout)
{
    while(timeout--)
```

```
    {
        asm("NOP");
        asm("NOP");
        asm("NOP");
    }
}
```

3.10　实验　通用 I/O

1．实验目的

1）熟悉 CC2530 通用 I/O 接口的编程方法，学会使用 I/O 操作外部设备。

2）以 LED 为外设，通过通用 I/O 控制 LED 的亮灭。

2．实验仪器

1）硬件：PC。

2）软件：IAR for 8051。

3．实验内容

1）任务一：控制 LED 自动闪烁。

2）任务二：按键控制 LED 亮灭。

4．实验准备

1）复习本章通用 I/O 部分。

2）安装 IAR for 8051 软件，并熟悉该软件的使用方法。

5．实验原理

基于图 3-7 所示的 CC2530 最小系统设计实验的硬件电路，如图 3-35 所示，K1 键按下，P0_3 引脚输入低电平，否则为高电平；K2 键按下，P0_4 引脚输入低电平，否则为高电平。P1_1 引脚输出低电平，D2 点亮，否则 D2 熄灭。P1_0 引脚输出低电平，D3 点亮，否则 D3 熄灭。

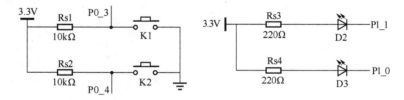

图 3-35　通用 I/O 硬件设计原理

6．实验步骤

任务一：控制 LED 自动闪烁。

（1）实验原理分析

如图 3-35 所示，发光二极管 D2 的阴极与 CC2530 的 P1_1 连接，发光二极管 D3 的阴极与 CC2530 的 P1_0 连接。因此，P1_1 和 P1_0 的输出电压为低电平，发光二极管就会点亮，反之则会熄灭。

（2）实验要求

编程设置 P1_0 和 P1_1 的相关寄存器，实现 D2 和 D3 一直闪烁。

（3）编写、调试程序

对编写的程序在 IAR 环境中编辑、编译、调试，最终实现实验要求。编程时需要注意的是点亮和熄灭灯后，需要延时一段时间，否则观察不到。

（4）参考程序。

```c
#include <ioCC2530.h>
#define D3 P1_0
# define D2 P1_1
void Delay(void);
void main(void)
{
  P1SEL&=~0x03
  P1DIR|=0x03;
  while(1)
  {
    D2=0;
    D3=0;
    Delay();
    D2=1;
    D3=1;
    Delay();
  }
}
void Delay(void);
{
  unsigned int i,j;
  for(i=0;i<1000;i++)
  {
    for(j=0;j<200;j++)
    {
      asm("NOP");
      asm("NOP");
      asm("NOP");
    }
  }
}
```

任务二：按键控制 LED 亮灭。

（1）实验原理分析

如图 3-35 所示，P0_3 为上拉，按键 K1 接 P0_3。由于 P0_3 为上拉，按键不按下时，输入电平为高电平，当按键 K1 按下时，P0_3 输入电平被拉低。通过检测 P0_3 的输入电平，控制 D2 亮灭。按键 K2 控制 D3 亮灭的原理与 K1 类似。

（2）实验要求

使用两个按键开关分别控制两个 LED 的亮灭，即编程设置相关寄存器，按下 K1 键，D2 灯点亮；按下 K2 键，D3 灯点亮。

（3）编写、调试程序

编程时需要注意两点，一是 K1、K2 是机械触点，需要去抖动。二是点亮和熄灭发光二极管后，要延时一段时间，否则观察不到。

在 IAR 环境中编辑、编译、调试程序，最终实现实验要求。

（4）参考程序

```c
#include <ioCC2530.h>
#define D3 P1_0
#define D2 P1_1
#define K1 P0_3
#define K2 P0_4
void Delay(unit);
void Initial(void);
void InitKey(void);
void Delay(unit n)
{
    uint tt;
    for(tt=0;tt<n;tt++);
    for(tt=0;tt<n;tt++);
    for(tt=0;tt<n;tt++);
    for(tt=0;tt<n;tt++);
    for(tt=0;tt<n;tt++);
}
void  InitKey(void)
{
    P0SEL& =~0x18;
    P0DIR&=~0x18;
    P0INP|=0x18;
}
void Initial(void)
{
    P1DIR|=0x03;
    D2=1;
    D3=1;
}
void main(void)
{
    Delay(10);
    Initial();
    InitKey();
    while(1)
    {
        if(K1==0)
        {
            while(!K1);
            D2=1;
            Delay(200);
        }
        else(K2==0)
        {
            while(!K2);
```

```
                        D3=1;
                        Delay(200);
                    }
                }
            }
        }
```

7. 实验报告要求

1）正确书写实验目的、要求和内容。

2）完成实验步骤的要求，记录使用 IAR 软件设计、编译程序过程出现的实验现象，将调试结果写在实验结果处理的部分。

8. 思考题

如何实现 D2 和 D3 的循环依次点亮？

3.11　实验　多点温度采集

1. 实验目的

1）掌握 DS18B20 的内部组成、操作命令、复位及读写时序。

2）掌握 CC2530 与 DS18B20 的接口方法。

3）掌握 CC2530 编程读取 DS18B20 采集的温度。

2. 实验仪器

1）硬件：PC。

2）软件：IAR for 8051。

3. 实验内容

通过 CC2530 控制采集 3 片 DS28B20 的温度。

4. 实验准备

1）复习本章 3.9 节内容。

2）熟悉 IAR for 8051 软件的使用。

5. 实验原理

基于图 3-7 所示的 CC2530 最小系统设计实验的硬件电路，如图 3-36 所示，CC2530 的 P1_1 引脚与 3 片 DS18B20 的信号线连接，3 片 DS18B20 都采用外部供电。

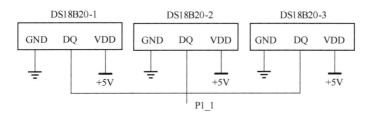

图 3-36　多点温度采集实验硬件电路

6. 实验步骤

（1）实验原理分析

设 3 片 DS18B20 的 ROM 序列号分别为 0x1111111111111110、2111111111111110、3311111111111110，由于 ROM 序列号不同，CC2530 可以区分 3 片 DS18B20，并分别读取它

们的温度。

（2）实验要求

编写程序，使 CC2530 从 P1_1 分别读取 DS18B20 采集的温度，将温度转换成具有 1 位小数的十进制数，并转换为字符，存储到变量中。

（3）编写、调试程序

编程时需要注意以下 4 点。

1）按照 3.9 节多片 DS18B20 温度采集流程，进行温度采集程序设计。

2）按温度的存储格式，将温度转换为原码表示，并区分出整数和小数。

3）为了方便处理小数，设计程序时，把温度对应的小数事先算好，保存到数组中。处理思路如下：如小数用 4 位二进制数存储，有 0000～1111 种小数值，0000 对应的小数值是 0，将其作为数组的第 0 个元素存储，0001 对应的小数值是 2^{-4}，即 0.0625，保留 1 位小数为 0.1，将 1 作为数组的第 1 个元素存储，依次类推。

4）将十进制数的每一位分离，每一位的值加上 48，转换成对应的字符，将每个字符作为字符数组的一个元素，字符数组的内容就是最后转换的结果。

在 IAR 环境中编辑、编译、调试程序，最终实现实验要求。

（4）参考程序

```c
#include<ioCC2530.h>
#include<stdio.h>
#include <string.h>
#define SEARCH_ROM 0xF0
#define READ_ROM 0x33
#define MATCH_ROM 0x55
#define SKIP_ROM 0xCC
#define ALARM_SEARCH 0xEC
#define CONVERT_T 0x44
#define WR_SCRATCHPAD 0x4E
#define RD_SCRATCHPAD 0xBE
#define CPY_CCTATCHPAD 0x48
#define RECALL_EE 0xB8
#define RD_PWR_SUPPLY 0x84
#define HIGH 1
#define LOW 0
#define DQ P1_1
#define CL_DQ()   DQ=LOW
#define SET_DQ()   DQ=HIGH
#define DQ_DIR_OUT   0x02
#define SET_OUT()  P1DIR|=DQ_DIR_OUT
#define SET_IN()   P1DIR&=~DQ_DIR_OUT
#define uint16 unsigned short
void delay_nus(uint16 timeout);
void DS18B20_Write(unsigned char x);       /* DS18B20 写程序 */
unsigned char DS18B20_Read(void);          /* DS18B20 读程序 */
void DS18B20_Init(void);                    /* DS18B20 复位程序 */
void DS18B20_SendConvert(void);
unsigned char * DS18B20_GetTem(void);
```

```
                                              /*读取的温度转换成原码，并区分整数和小数*/
unsigned char temh,teml;
unsigned char *getTemStr(void);  /* 将十进制温度转换成字符串 */
unsigned char sensor_data_value[2];
unsigned char FRACTION_INDEX[16]={0,1,1,2,3,3,4,4,5,6,6,7,8,8,9,9};
                                              /*1 位小数*/
unsigned char ch[10]={"\0"};       /* 存放转换后的温度字符串 */
unsigned char rc[8]={"\0"};        /* 存放当前要读取温度的 DS18B20 的 ROM 序列号 */

void main()
{
    unsigned char i;
    unsigned char *send_buf;
    unsigned char counter=0;
        while(1)
    {
        DS18B20_SendConvert();
        for(i=20;i>0;i--)
        delay_nus(50000);
        switch (counter)
        {
          case 0:
          {
                rc[0]=0x10;
                rc[1]=0x11;
                rc[2]=0x11;
                rc[3]=0x11;
                rc[4]=0x11;
                rc[5]=0x11;
                rc[6]=0x11;
                rc[7]=0x11;
                break;
          }
           case 1: rc[7]=0x21;break;
           case 2: rc[7]=0x33;break;
        }
        DS18B20_GetTem();
        send_buf = getTemStr();
        if ((counter++)==3)  counter=0;
    }
}

void DS18B20_Init(void)
{
    SET_OUT();
    SET_DQ();
    CL_DQ();
    delay_nus(550);
    SET_DQ();
```

```
    delay_nus(40);
    SET_IN();
    while (DQ)
    {
        ;
    }
    delay_nus(100);
    SET_OUT();
    SET_DQ();
}

void  DS18B20_Write(unsigned char cmd)
{
    unsigned char i;
    SET_OUT();
    SET_DQ();
    for(i=0;i<8;i++)
    {
        CL_DQ();
        if(cmd&(1<<i))
        {
            SET_DQ();
        }
        else
        {
            CL_DQ();
        }
        delay_nus(40);
        SET_DQ();
    }
    SET_DQ();
}
unsigned char  DS18B20_Read(void)
{
 unsigned char rdData;
 unsigned char i,dat;
 rdData=0;
 for(i=0;i<8;i++)
 {
        SET_OUT();
        CL_DQ();
        SET_DQ();
        SET_IN();
        dat=DQ;
        if(dat)
        {
            rdData |=(1<<i);
        }
        else
```

```
        {
            rdData&=~(1<<i);
        }
        delay_nus(70);
        SET_OUT();
    }
    return(rdData);
}

unsigned char * DS18B20_GetTem(void)
{
    unsigned char tem_h,tem_l;
    uint16 a;
    unsigned char b,j;
    unsigned char flag;
    DS18B20_Write(MATCH_ROM);
    for (j=0;j<8;j++)
        DS18B20_Write(rc[j]);
    tem_l=DS18B20_Read();
    tem_h=DS18B20_Read();
    if (tem_h & 0x80)
    {
        flag=1;
        a=tem_h;
        a=(a<<8) | tem_l;
        a=~a+1;
        tem_l=a&0x0f;
        tem_h=a>>4;
    }
    else
    {
        flag=0;
        b=tem_h<<4;
        b |=(tem_l & 0xf0)>>4;
        tem_h=b;
        tem_l= tem_l & 0x0f;
    }
    sensor_data_value[0]=FRACTION_INDEX[tem_l];
    sensor_data_value[1]=tem_h|(flag<<7);
    return(sensor_data_value);
}

void DS18B20_SendConvert(void)
{
    DS18B20_Init();
    DS18B20_Write(SKIP_ROM);
    DS18B20_Write(CONVERT_T);
}
void delay_nus(uint16 timeout)
```

```
    {
        while(timeout--)
        {
            asm("NOP");
            asm("NOP");
            asm("NOP");
        }
    }
    unsigned char *getTemStr(void)
    {
        unsigned char *TEMP;
        TEMP=DS18B20_GetTem();
        teml=TEMP[0];
        temh=TEMP[1];
        ch[0]=' ';
        ch[1]=' ';
        if(temh&0x80)
        {
            ch[2]='-';
        }
        else ch[2]='+';
        temh=temh&0x7f;
        if (temh/100==0)
            ch[3]='-';
        else ch[3]=temh/100+0x30;
        if((temh/10%10==0)&&(temh/100==0))
            ch[4]='-';
        else
            ch[4]=temh/10%10+0x30;
        ch[5]=temh%10+0x30;
        ch[6]='.';
        ch[7]=teml+0x30;
        ch[8]='\0';
        return(ch);
    }
```

7. 实验报告要求

1）正确书写实验目的、要求和内容。

2）完成实验步骤的要求，记录使用 IAR 软件设计、编译程序过程出现的实验现象，将调试结果写在实验结果处理的部分。

8. 思考题

如果将温度转换成具有两位小数的十进制数，如何修改程序？

3.12 本章小结

本章介绍了实现 CC2530 单片机开发的基础知识，涉及的主要内容如下。

1）CC2530 的结构框架，包括 CC2530 的内部结构、4 种存储器、4 种存储空间、存储器映射的功能、XDATA 和 CODE 映射及设置方法。

2）CC2530 最小系统，包括 CC2530 的引脚名称及功能、最小系统的设计方法。

3）通用 I/O 的应用，包括功能寄存器 PxSEL、方向寄存器 PxDIR、配置寄存器 PxINP 的功能和设置方法，及 CC2530 控制 LED 闪烁案例的设计。

4）通用 I/O 中断的应用，包括中断相关的概念、中断使能寄存器 IEN0～IEN2、PxIEN，中断触发方式寄存器 PICTL，中断标志寄存器 PxIFG 的功能和设置方法，及 CC2530 按键中断控制 LED 状态案例的设计。

5）外设 I/O 的应用，包括外设的种类、外设 I/O 引脚映射、寄存器 P2SEL、P2DIR，外设控制寄存器 PERCFG、模拟外设 I/O 配置寄存器 APCFG 的功能和设置方法。

6）CC2530 振荡器的分类，外部晶振和 RC 振荡器的区别，时钟与振荡器的关系，时钟控制命令寄存器 CLKCONCMD、时钟控制状态寄存器 CLKCONSTA 的功能和设置方法。

7）CC2530 的 5 种供电模式特点及转换，供电模式控制寄存器 PCON、睡眠模式控制寄存器 SLEEPCMD、睡眠模式控制状态寄存器 SLEEPSTA 的功能和设置方法，系统时钟初始化方法。

8）ADC 的基础知识，CC2530 ADC 的操作、运行模式、转换结果和中断、ADC 控制寄存器 ADCCON1、ADCCON2、ADCCON3、ADC 测试寄存器 TR0、模拟测试控制寄存器 ATEST、ADC 数据寄存器的功能和设置方法，ADC 初始化方法，光照信息采集案例的设计。

9）DS18B20 的特点、引脚名称及功能、内部组成、转换后的温度存储格式、复位时序、读写时序、温度采集流程、温度信息采集案例的设计。

10）通用 I/O 实验方法及相关操作。

11）多点温度采集实验方法及相关操作。

3.13　习题

1. 选择题

（1）CC2530 采用的内核是（　　　）。

    A. 8051　　　　　　B. Cotex-M3　　　　　C. ARM 7　　　　　D. 8751

（2）依据（　　）大小 CC2530 有 4 种不同的版本：CC2530F32/64/128/256。

    A. RAM　　　　　　B. 闪存　　　　　　　C. CPU　　　　　　D. 内核

（3）CC2530 包括（　　）个端口，共有（　　）个 I/O 引脚。

    A. 3，20　　　　　　B. 4，21　　　　　　　C. 3，21　　　　　　D. 4，20

（4）射频天线的输入/输出引脚为（　　　）。

    A. RF_N，RF_P　　　　　　　　　　　B. P_3，P2_4

    C. DVDD1，DVDD2　　　　　　　　　D. DCOUPL，GND

（5）CC2530 的每个指令周期为（　　　）个时钟周期。

    A. 1　　　　　　　　B. 2　　　　　　　　　C. 3　　　　　　　　D. 12

（6）在 CC2530 的物理存储器中，XREG 属于（　　　）。

    A. SRAM　　　　　B. 闪存存储器　　　　　C. 信息页面　　　　D. SFR 寄存器

（7）信息页面主要存储 CC2530 芯片唯一的 IEEE 地址，该地址是（　　　）。

    A. IP 地址　　　　　B. MAC 地址　　　　　C. 节点编号　　　　D. 节点地址

（8）CC2530 存储空间有（ ）个，其中，（ ）是访问速度较慢的数据存储空间。

    A．3，DATA   B．3，XDATA   C．4，XDATA   D．4，DATA

（9）在 CC2530 存储空间中，（ ）用于程序存储，最大寻址空间是（ ）。

    A．CODE，64KB   B．CODE，32KB

    C．CODE，128 KB   D．CODE，256KB

（10）一个存储器的容量为 32KB，若要为其编址，即每一个字节分配一个不重复编号，假设最小的编号为 0x0000，则最大的地址为 0x（ ）。

    A．0xFFFF   B．0x7FFF   C．0x3FFF   D．0x1FFF

（11）芯片 CC2530F64 可将 Flash 存储器分成（ ）区域。

    A．4   B．3   C．2   D．1

（12）CC2530 的所有端口中，（ ）是 5 位的，其他都是 8 位。

    A．P0   B．P1   C．P2   D．P3

（13）CC2530 通用 I/O 相关的寄存器为 PxSEL、PxDIR、PxINP，按照 XDATA 映射，它们应该映射的地址区域为（ ）。

    A．0x8000～0xFFFF   B．0x7800～0x7FFF

    C．0x7080～0x70FF   D．0x6000～0x63FF

（14）如果要将 P1_0 设置为通用 I/O 功能，需要设置 CC2530 的（ ）寄存器。

    A．P0SEL   B．P1SEL   C．P2SEL   D．PxSEL

（15）如果要将 P1_1 设置为通用 I/O，需要设置 CC2530 的（ ）寄存器，并将该寄存器的值和（ ）进行（ ）运算。

    A．P1SEL，～0x02，与   B．P1SEL，～0x03，与

    C．P1SEL，～0x02，或   D．P1SEL，～0x03，或

（16）如果要将 P2_0 设置为外设 I/O，应该设置 CC2530 的（ ）寄存器，并将该寄存器的值和（ ）进行（ ）运算。

    A．P2SEL，0x02，或   B．P2SEL，0x01，与

    C．P2SEL，0x02，与   D．P2SEL，0x01，或

（17）如果要将端口 P0 的某个引脚设置为通用 I/O 的输入或输出功能，应该设置 CC2530 的（ ）寄存器。

    A．P0DIR   B．P1DIR   C．P2DIR   D．PxDIR

（18）如果要将 P0_2 设置为通用输出功能，应该设置 CC2530 的（ ）寄存器，并将该寄存器的值和（ ）进行（ ）运算。

    A．P0DIR，0x04，或   B．P0DIR，0x04，与

    C．P0DIR，0x08，与   D．P0DIR，0x08，或

（19）CC2530 复位后，功能寄存器 P1SEL 的值为（ ），方向寄存器 P1DIR 的值为（ ），所以 P1 端口各个引脚默认（ ）功能。

    A．0，0，通用输入   B．0，0，通用输出

    C．0xff，0xff，通用输入   D．0xff，0xff，通用输出

（20）设置 CC2530（ ）寄存器，可以将 P1 端口对应的引脚设置为上拉、下拉和三态操作模式。

    A．P0INP   B．P1INP   C．P2INP   D．PxINP

（21）如果要将 P0_6 设置为上拉/下拉功能，应该设置 CC2530 的（ ）寄存器，并将

该寄存器的值和（　　）进行（　　）运算。

A．P0INP，～0x40，与　　　　　　　B．P0INP，～0x02，与

C．P0INP，～0x40，或　　　　　　　D．P0INP，～0x02，或

（22）如果要将 P0_3 设置为三态功能，应该设置 CC2530 的（　　）寄存器，并将该寄存器的值和（　　）进行（　　）运算。

A．P0INP，～0x08，或　　　　　　　B．P0INP，0x08，或

C．P0INP，～0x04，或　　　　　　　D．P0INP，0x04，或

（23）机械按键的抖动时间一般是（　　）。

A．（5～10）s　　　　　　　　　　　B．（5～10）ms

C．（5～10）μs　　　　　　　　　　　D．（10～20）ms

（24）CC2530 的 CPU 有（　　）个中断源都由一系列的（　　）进行控制。

A．18，SFR 寄存器　　　　　　　　　B．18，RAM

C．18，闪存存储器　　　　　　　　　D．18，信息页面

（25）CC2530 的所有中断分成（　　）个中断优先级组，每组包括（　　）个中断源。

A．2，9　　　　B．3，6　　　　C．9，2　　　　D．6，3

（26）要将 IPG3 优先级组设置为 2 优先级，下列选项中，（　　）是正确的。

A．IP1_IPG3 = 0;　 IP0_IPG3 = 3;

B．IP1_IPG3 = 0;　 IP0_IPG3 = 1;

C．IP1_IPG3 = 1;　 IP0_IPG3 = 0;

D．IP1_IPG3 = 1;　 IP0_IPG3 = 1;

（27）通用 I/O 中断发生之后，CC2530 可以从（　　）寄存器知道发生了中断。

A．PxICTL　　　　B．PxIFG　　　　C．PxSEL　　　　D．PxDIR

（28）如果要 P0 端口的使能中断，需要将（　　）寄存器的值和（　　）进行（　　）运算。

A．IEN1，0x20，或　　　　　　　　　B．IEN2，0x20，或

C．IEN2，0x12，或　　　　　　　　　D．IEN1，0x20，与

（29）如果要使 P2_0 引脚通用中断，需要将（　　）寄存器的值和（　　）进行（　　）运算。

A．P2IEN，0x01，或　　　　　　　　　B．P1IEN，0x01，或

C．P0IEN，0x01，或　　　　　　　　　D．P2IEN，0x01，与

（30）如果要设置 P1_5 引脚中断为下降沿触发方式，需要将（　　）寄存器的值和（　　）进行（　　）运算。

A．PICTL，0x04，或　　　　　　　　　B．PICTL，0x04，与

C．PICTL，0x02，与　　　　　　　　　D．PICTL，0x02，或

（31）下列选项中，（　　）是 CC2530 的 I/O 引脚的第二功能。

A．通用 I/O　　　　　　　　　　　　B．通用 I/O 中断

C．外设 I/O　　　　　　　　　　　　D．外部中断

（32）使用 CC2530 的 ADC 功能时，4 个输入通道 AIN0～AIN3 连接到（　　）引脚。

A．P0_0～P0_3　　　　　　　　　　　B．P0_4～P0_7

C．P1_0～P1_3　　　　　　　　　　　D．P1_0～P1_3

（33）如果要设置定时器 3 的功能优先，需要将（　　）寄存器的值和（　　）进行

（　　）运算。

  A．P2SEL，0x20，或　　　　　　　　B．P2SEL，0x20，与

  C．P2SEL，0x40，或　　　　　　　　D．P2SEL，0x40，与

（34）如果要设置定时器 3 硬件连接到备用位置 1，需要将（　　）寄存器的值和（　　）进行（　　）运算。

  A．PERCFG，0x10，或　　　　　　　B．PERCFG，～0x10，与

  C．PERCFG，0x20，或　　　　　　　D．PERCFG，～0x20，与

（35）如果要设置串口 0 的优先级别最高，需要将（　　）寄存器的值和（　　）进行（　　）运算。

  A．P2DIR，0xC0，或　　　　　　　　B．P2DIR，～0xC0，与

  C．P2DIR，0x18，或　　　　　　　　D．P2DIR，～0x18，与

（36）CC2530 复位后，要将系统时钟源设置为 32MHz，下列选项中，（　　）是正确的。

  A．CLKCONCMD &=～0x40;　　　　　B．CLKCONCMD &=～0x80;

  C．CLKCONCMD &=～0x20;　　　　　D．CLKCONCMD &=～0x01;

（37）CC2530 的（　　）寄存器获得当前系统时钟的状态。

  A．CLKCONSTA　　　　　　　　　　B．CLKCONCMD

  C．SLEEPCMD　　　　　　　　　　　D．SLEEPSTA

（38）CC2530 的电源管理有 5 种供电模式，其中，（　　）是最低功耗模式。

  A．空闲模式　　　B．PM1　　　　　C．PM2　　　　　　　D．PM3

（39）CC2530 工作在主动模式时，可设置（　　）寄存器，进入空闲模式。

  A．CLKCONCMD　　　　　　　　　　B．PCON

  C．SLEEPCMD　　　　　　　　　　　D．SLEEPSTA

（40）CC2530 工作在 PM3 模式时，可通过（　　）方式进入空闲模式。

  A．复位　　　　　B．外部中断　　　C．睡眠定时器　　　　D．都是

（41）主时钟选择 32MHz 晶振时，由于它启动时间比较长，需要通过对（　　）寄存器的第（　　）位来判断它是否稳定。

  A．SLEEPSTA，6　　　　　　　　　　B．SLEEPCMD，6

  C．SLEEPSTA，4　　　　　　　　　　D．SLEEPCMD，4

（42）下列选项中，（　　）实现了关闭不用的 RC 振荡器的功能。

  A．SLEEPCMD |= 0x04;　　　　　　　B．SLEEPCMD |= 0x08;

  C．SLEEPCMD |= 0x02;　　　　　　　D．SLEEPCMD |= 0x01;

（43）下列选项中，（　　）可以用于判断 32MHz 系统时钟是否生效。

  A．while(!(SLEEPSTA&0x40));　　　　B．!(SLEEPSTA&0x40);

  C．while (!(CLKCONSTA & 0x40));　　D．(CLKCONSTA & 0x40);

（44）将模拟信号转换为数字信号的过程称为模/数转换，能够完成这种转换的电路称为（　　）。

  A．ADC　　　　　B．DAC　　　　　C．AD　　　　　　　D．DA

（45）下列选项中，（　　）不是 A/D 转换器的主要性能指标。

  A．分辨率　　　　B．转换时间　　　C．偏移误差　　　　　D．量化方法

（46）CC2530 的 ADC 是基于（　　）原理设计的。

　　　　A．逐次逼近　　　　B．串并行比较　　C．Sigma-Delta　　　　D．压频变换

（47）CC2530 的 ADC 转换后的数字量最多含有（　　）位有效数字。

　　　　A．12　　　　　　　B．10　　　　　　　C．9　　　　　　　　D．7

（48）CC2530 的 ADC 单端输入时，AIN0～AIN7 通道连接到（　　）端口。

　　　　A．P0　　　　　　　B．P1　　　　　　　C．P2　　　　　　　　D．P3

（49）当 CC2530 实现电池电压监测功能时，将引脚（　　）电压作为 ADC 的输入。

　　　　A．AVDD5/3　　　B．AVDD1　　　　　C．AVDD2　　　　　D．AVDD3

（50）CC2530 的 ADC 数字转换结果以（　　）形式表示。

　　　　A 原码　　　　　　B．反码　　　　　　C．补码　　　　　　　D．十进制数

（51）CC2530 的 ADC 数字转换结果保存在（　　）寄存器中。

　　　　A．ADCCON1　　B．ADCCON2　　C．ADCCON3　　　　D．ADCH 和 ADCL

（52）下列选项中，（　　）可以手动开启 CC2530 的 A/D 转换。

　　　　A．ADC CON1 |= 0x40; ADCCON1 |= 0x30;

　　　　B．ADCCON1 |= 0x30; ADCCON1 |= 0x40;

　　　　C．ADCCON1 &= 0x30; ADCCON1 |= 0x40;

　　　　D．ADCCON1 1= 0x30; ADCCON1 &= 0x40;

（53）ADCCON1 寄存器的（　　）位可用于判断 A/D 转换是否完成。

　　　　A．RCTRL[1]　　　B．RCTRL[0]　　C．ST　　　　　　　D．EOC

（54）如果采用转换序列，内部电压作为参考电压，对电池电压采样，抽取率设置为 512，下列选项中，（　　）是正确的。

　　　　A．ADCCON3 = 0x3f;　　　　　　　B．ADCCON2 = 0x3f;

　　　　C．ADCCON2 = 0x37;　　　　　　　D．ADCCON3 = 0x37;

（55）使用 CC2530 的 ADC 时，设置了抽取率为 256，则转换结束时，ADCH 和 ADCL 分别存放了（　　）位转换结果。

　　　　A．6，4　　　　　　B．7，3　　　　　　C．8，2　　　　　　　D．9，1

（56）CC2530 的 ADC 的转换结果是（　　）对齐的。

　　　　A．左　　　　　　　B．右　　　　　　　C．两端　　　　　　　D．居中

（57）如果利用 CC2530 的 ADC 采集片内温度传感器的温度值，下列选项中，（　　）可以开启温度传感器。

　　　　A．ATEST = 0X01　　　　　　　　B．TR0 = 0X01

　　　　C．ADCCON3=0x3E　　　　　　　D．ADCCON2=0x3E

（58）使用 CC2530 的 ADC 时，设置了抽取率为 128，则转换结束时，为了得到正确的结果，需要将 ADCH 和 ADCL 组成 16 位数据，且该数据右移（　　）位。

　　　　A．6　　　　　　　　B．5　　　　　　　C．4　　　　　　　　D．1

（59）启动 CC2530 的 ADC 后，下列选项中，（　　）可以判断 ADC 转换结束了。

　　　　A．ATEST = 0X01　　　　　　　　B．TR0 = 0X01

　　　　C．ADCCON3=0x3E　　　　　　　D．ADCCON2=0x3E

（60）DS18B20 包括（　　）存储器。

　　　　A．ROM　　　　　　B．RAM　　　　　　C．EEPROM　　　　D．都是

（61）DS18B20 的 RAM 共有（　　）字节。

　　　　A．9　　　　　　　　B．8　　　　　　　C．7　　　　　　　　D．6

（62）DS18B20 的 RAM 的第 0、1 个字节存放转换好的温度，以（　　　）形式存放。

    A．补码　　　　　　B．原码　　　　　　C．反码　　　　　　D．十进制数

（63）已知 DS18B20 的 RAM 的第 0、1 字节中存放的数据为 0000 01010101 1000，由此可知测得的温度值为（　　　）℃

    A．85　　　　　　　B．85.5　　　　　　C．55　　　　　　D．55.5

（64）已知 DS18B20 的 RAM 的第 0、1 字节中存放的数据为 1111 11110101 1111，由此可知测得的温度值为（　　　）℃。

    A．0　　　　　　　B．−10.125　　　　C．−10.025　　　　D．−10.5

（65）下列关于 DS18B20 的 ROM 操作命令中，（　　　）可查询总线上 DS18B20 的数目及其 64 位序列号。

    A．查询命令　　　　　　　　　　　B．报警查询命令

    C．选择定位命令　　　　　　　　　D．读命令

（66）下列关于 DS18B20 的 ROM 操作命令中，（　　　）可以把 EEPROM 中的内容写到寄存器 TH、TL 及配置寄存器中。

    A．回调命令　　　　B．复制命令　　　　C．读出命令　　　　D．写入命令

（67）下列关于 DS18B20 的命令中，（　　　）读出寄存器中的内容。

    A．读命令　　　　　B．写入命令　　　　C．读出命令　　　　D．回调命令

（68）使用 DS18B20 进行温度信息采集时，从设计的电路原理可知，使用 CC2530 的引脚（　　　）连接 DS18B20 的信号线。

    A．P1_1　　　　　　B．0_1　　　　　　C．P1_3　　　　　　D．1_4

（69）在温度信息采集案例的主程序中，设置 DS18B20 信号线为输出的宏是（　　　）。

    A．SET_OUT()　B．SET_IN()　　C．CL_DQ()　　D．SET_DQ()

（70）在温度信息采集案例的主程序中，设置 DS18B20 信号线为 0 的宏是（　　　）。

    A．SET_OUT()　B．SET_IN()　　C．CL_DQ()　　D．SET_DQ()

（71）在温度信息采集案例的主程序中，设置 DS18B20 信号线为输入的宏是（　　　）。

    A．SET_OUT()　B．SET_IN()　　C．CL_DQ()　　D．SET_DQ()

（72）在温度信息采集案例的主程序中，函数"delay_nus(550)"执行完，约延时（　　　）μs。

    A．500　　　　　　B．1100　　　　　C．275　　　　　　D．550

（73）在温度信息采集案例的写程序中，"(cmd & (1<<i))"不为 0 时，说明当前应该向 DS18B20 写入（　　　）。

    A．1　　　　　　　B．0　　　　　　　C．10　　　　　　D．11

（74）在温度信息采集案例的读程序中，假设 rData 值为 0x01，i 为 1，则执行完"rdData |=(1<<i)"，rdData 的值为（　　　）。

    A．0x01　　　　　　B．0x02　　　　　C．0x03　　　　　　D．0x04

（75）在温度信息采集案例的读程序中，假设 rData 值为 0x01，i 为 1，则执行完"rdData &=~ (1<<i)"，rdData 的值为（　　　）。

    A．0x01　　　　　　B．0x02　　　　　C．0x03　　　　　　D．0x04

（76）在温度信息采集案例的温度读取程序中，设按顺序出现的两个 DS18B20_Read()函数的值分别是 0x01、0xf8，则说明采集的温度是（　　　）。

    A．正数　　　　　　B．负数　　　　　　C．零　　　　　　D．都不对

2．填空题

（1）CC2530 系统时钟或主时钟是由_____来提供的。

（2）CC2530 的高频振荡器包括_____、_____。

（3）CC2530 的低频振荡器包括_____、_____。

（4）与晶振相比，RC 振荡器能耗小、成本低，但_____。

（5）CC2530 的外设功能有_____、_____、_____、_____、_____、_____、_____和_____。

（6）CC2530 有 5 种供电模式：_____、_____、_____、_____和_____。

3．判断题

（1）CC2530 的 3 个端口的所有引脚都可以设置为上拉和下拉功能。

（2）CC2530 正在工作时，多个中断源同时提出中断请求，CPU 最先响应优先级最高的中断请求。

（3）CC2530 正在执行中断服务程序时，一定不能响应其他中断请求。

（4）CC2530 的通用 I/O 引脚用作中断功能时，引脚必须设置为输入。

（5）CC2530 的通用 I/O 中断只能在 P0、P1 端口上产生。

（6）使用 CC2530 的通用 I/O 中断，必须要开启 CC2530 的总中断。

（7）CC2530 的通用 I/O 中断发生后，PxIFG 的值一定为 0。

（8）如果要使用 CC2530 的 ADC 功能，必须设置 APCFG 为 0。

（9）CC2530 只有一个串口。

（10）CC2530 的 ADC 的 8 个独立通道可以加载负电压。

（11）CC2530 的 ADC 可以测量电池电压。

（12）ADCCON3 寄存器与 ADCCON2 寄存器格式相同，所以，ADCCON2 寄存器没用。

（13）对 CC2530 的 ADC 初始化时，要保持数据寄存器 ADCH 和 ADCL 的值不变。

（14）在使用 DS18B20 进行多点测温系统设计时，不需要考虑微处理器的总线驱动问题。

（15）在对 DS18B20 进行读写编程时，必须严格保证读写时序，否则将无法读取测温结果。

第4章 CC2530 串口、DMA 控制器和定时器

串口、DMA 控制器、定时器是 CC2530 重要的外设，本章通过 5 个案例，引导读者逐步掌握 CC2530 串口、DMA 控制器、定时器相关的知识、工作原理及应用方法。本章知识拓扑图如图 4-1 所示。

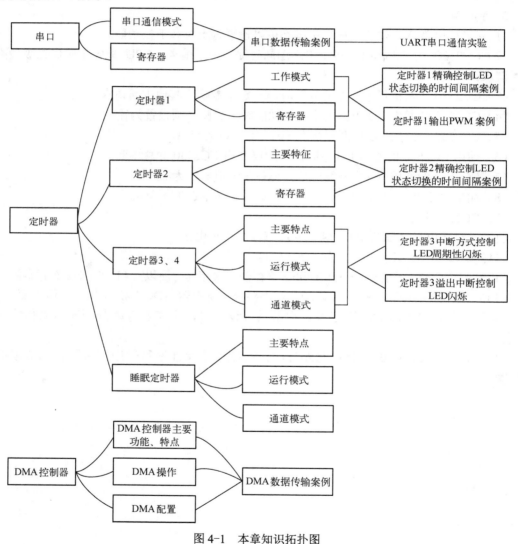

图 4-1 本章知识拓扑图

4.1 串口

串口是 CC2530 进行通信的主要外设，CC2530 有两个串行通信接口，分别是 USART0、USART1，它们具有相同的功能，可通过设置相应的寄存器来决定选用哪一个串口。本节学

习串口通信模式、相关寄存器、波特率设置等知识，并通过两个案例学习串口的应用方法。

4.1.1　串口通信模式

CC2530 的串口有两种通信模式：UART 模式和 SPI 模式，其中 UART 模式使用异步串行通信接口 UART 通信，SPI 模式使用同步串行通信接口 SPI 通信。

4.1.1　串口通信模式

1. UART 模式

UART 模式使用两个引脚（TX、RX）或 4 个引脚（TX、RX、RT、CT），进行全双工传送，接收器中的位同步不影响发送功能，UART 模式具有以下特点。

1）8 位或 9 位负载数据。

2）奇校验、偶校验或无奇偶校验。

3）配置起始位和停止位电平。

4）配置 LSB 或 MSB 首先传送。

5）独立收发中断。

6）独立收发 DMA 触发。

7）奇偶校验和帧校验出错状态。

2. SPI 模式

SPI 模式共 4 个引脚：MOSI、MISO、SCK 和 SSN，可使用全部的引脚进行通信，也可使用前 3 个引脚通信。SPI 模式具有以下特点。

1）具备主模式和从模式。

2）可配置的 SCK 极性和相位。

3）可配置的 LSB 或 MSB 传送。

4.1.2　寄存器

串口包括 5 个寄存器，分别是串口控制和状态寄存器 UxCSR、串口 USART 控制寄存器 UxUCR、串口接收/传送数据缓存寄存器 UxDBUF、串口波特率控制寄存器 UxBAUD 和串口通用控制寄存器 UxGCR，其中 x 的取值为 0 或 1，代表串口 0、串口 1。下面以串口 0 为例，分别介绍这些寄存器的功能，并结合案例来说明这些寄存器的综合配置方法。

1. 串口 0 控制和状态寄存器 U0CSR

（1）功能

U0CSR 的功能是选择串口模式为 SPI 模式或 UART 模式、负责 UART 接收器的打开和关闭、SPI 模式的选择、UART 帧状态检测、UART 奇偶校验错误状态、串口接收发送字节状态和串口发送和接收的主动状态。

4.1.2　寄存器 U0CSR

（2）设置方法

U0CSR 各个位的含义如表 4-1 所示，按描述设置即可。

表 4-1　串口 0 控制和状态寄存器 U0CSR

位	名　称	复　位	R/W	描　述
7	MODE	0	R/W	USART 模式选择。0：SPI 模式　1：UART 模式
6	RE	0	R/W	UART 接收器使能，但在 UART 完全配置前不能接收。0：禁止接收器；1：使能接收器

（续）

位	名　　称	复　位	R/W	描　　述
5	SLAVE	0	R/W	SPI 主从模式选择。0：SPI 主模式；1：SPI 从模式
4	FE	0	R/W0	UART 帧错误状态。0：无帧错误；1：字节收到不正确停止位级别
3	FRR	0	R/W0	UART 奇偶校验错误状态。0：无奇偶校验错误；1：字节收到奇偶错误
2	RX_BYTE	0	R/W0	接收字节状态，UART 模式和 SPI 模式。当读 U0DBUF 时，这位自动清零；当该位写 0 时，会清除 U0DBUF 中的数据。0：没有收到字节；1：接收字节就绪
1	TX_BYTE	0	R/W0	传送字节状态，UART 和 SPI 从模式。0：字节没有传送；1：写到数据缓存寄存器的最后字节已传送完毕
0	ACTIVE	0	R	USART 传送/接收主动状态。0：USART 空闲；1：USART 在传送或接收模式忙碌

【例 4-1】 配置串口 0 工作在 UART 模式。

分析：设置串口 0 工作在 UART 模式，应该设置第 7 位为 1，程序代码如下。

```
ADCCON2 |= 0x80;
```

2. 串口 0 UART 控制寄存器 U0UCR

（1）功能

U0UCR 的功能是进行 UART 硬件流控制、UART 奇偶校验位设置、选择数据传送位、奇偶校验使能、选择停止位数、选择停止位和起始位电平。

4.1.2　寄存器 U0UCR

（2）设置方法

U0UCR 各个位的含义如表 4-2 所示，按描述设置即可。

表 4-2　串口 0 控制和状态寄存器 U0UCR

位	名　　称	复　位	R/W	描　　述
7	FLUSH	0	R/W1	清除单元。当设置为 1 时，该事件将会立即停止当前操作并返回单元的空闲状态
6	FLOW	0	R/W	UART 硬件流使能。用 RTS 和 CTS 引脚选择硬件流控制的使用，0：流控制禁止；1：流控制使能
5	D9	0	R/W	UART 奇偶校验位。当使能奇偶校验，写入 D9 的值决定发送第 9 位的值。如果收到的第 9 位不匹配收到的字节奇偶校验，接收报告 ERR。0：奇校验；1：偶校验
4	BIT9	0	R/W	UART 9 位数据使能。当该位是 1 时，使能奇偶校验位传输即第 9 位。如果通过 PARITY 使能奇偶校验，第 9 位的内容是通过 D9 给出的。0：8 位传输；1：9 位传输
3	PARITY	0	R/W	UART 奇偶校验使能。除为奇校验设置该位用于计算，必须使能 9 位模式。0：禁用奇偶校验；1：使能奇偶校验
2	SPB	0	R/W	UART 停止位数。选择要传送的停止位的位数。0：1 位停止位；1：2 位停止位
1	STOP	0	R/W	UART 停止位的电平必须不同于开始位的电平。0：停止位低电平；1：停止位高电平
0	START	0	R/W	UART 起始位电平，闲置线的极性采用选择的起始位级别电平的相反电平。0：起始位低电平；1：起始位高电平

【例 4-2】 设置串口 0 在 UART 模式下采用偶校验。

分析：设置串口 0 在 UART 模式下采用偶校验，第 3 位必须设置为 1，相应地，第 4 位、第 5 位也应该设置为 1，程序代码如下。

```
ADCCON2 |= 0x38;
```

3. 串口 0 接收/发送数据缓存寄存器 U0DBUF

（1）功能

存放串口 0 接收和发送的数据，各个位的含义如表 4-3 所示。

表 4-3　串口 0 接收/发送数据缓存寄存器 U0DBUF

位	名　　称	复　　位	R/W	描　　述
7～0	DATA[7: 0]	0x00	R/W	USART 用来接收和发送数据。当写这个寄存器时数据被写到内部的传送数据寄存器，读取该寄存器时，数据来自内部读取数据寄存器

（2）串口 0 接收/发送数据原理

1）发送数据原理。CC2530 将需要发送的一个字节数据送入 U0DBUF，U0DBUF 把数据送入发送移位寄存器，发送移位寄存器将 8 位数据以波特率速度通过 TX 引脚一位一位地发送出去。如果串口 0 发送中断使能，U0DBUF 中的数据发送完毕，由硬件置 UTX0IF 为 1，该位是串口 0 发送中断标志位，它是中断标志 IRCON2 寄存器的第 2 位，如图 4-2 所示。

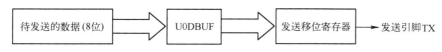

图 4-2　串口 0 发送数据原理

2）接收数据原理。串口 0 从接收引脚 RX 以波特率速度一位一位地接收数据，并送到接收移位寄存器，当接收了一个字节数据后，将其存入 U0DBUF，如果串口 0 接收中断使能，则由硬件置 URX0IF 为 1，该位是串口 0 的接收中断标志，它为 TCON 寄存器的第 3 位，此时，CC2530 可以通过读 U0DBUF 接收数据，如图 4-3 所示。

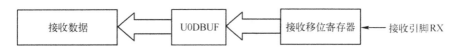

图 4-3　串口 0 接收数据原理

【例 4-3】　串口发送数据程序设计。

分析：串口发送的数据是通过写 U0DBUF 来实现的，当有数据要发送时，将数据写入 U0DBUF 寄存器中即可。但 U0DBUF 每次只能存放一个字节的数据，如果要发送多个字节的数据，需要依次发送，即使用循环结构设计程序，代码如下。

```
void UartTX_Send_String(char *Data,int len)
{
  int j;
  for(j=0;j<len;j++)
  {
    U0DBUF = *Data++;
    while(UTX0IF == 0);
    UTX0IF = 0;
  }
}
```

4. 串口 0 波特率控制寄存器 U0BAUD 和通用控制寄存器 U0GCR

（1）功能与设置方法

波特率表示每秒钟传送二进制位的个数，是衡量数据传送速率的指标。波特率由两部分组成，波特率的小数部分和整数部分。其中小数部分由波特率控制寄存器 U0BAUD 来决定，其整数部分由通用控制寄存器 U0GCR 的第 0~4 位 BAUD_E 来决定，其具体设置如表 4-4、表 4-5 所示。

4.1.2 寄存器 U0BAUD

表 4-4 串口 0 波特率控制寄存器 U0BAUD

位	名　称	复　位	R/W	描　述
7~0	BAUD_M	0x00	R/W	波特率小数部分的值。BAUD_E 和 BAUD_M 决定了 UART 的波特率和 SPI 的主 SCK 时钟频率

表 4-5 串口 0 通用控制寄存器 U0GCR

位	名　称	复　位	R/W	描　述
7	CPOL	0	R/W	SPI 的时钟极性。 0：SPI 总线空闲时时钟极性为低电平；1：SPI 总线空闲时时钟极性为高电平
6	CPHA	0	R/W	SPI 时钟相位。0：时钟前沿采样，后沿输出；1：时钟后沿采样，前沿输出
5	ORDER	0	R/W	传送位顺序。0：LSB 先传送；1：MSB 先传送
4~0	BAUD_E[4:0]	00000	R/W	波特率指数值。BAUD_E 和 BAUD_M 决定了 UART 的波特率和 SPI 的主 SCK 时钟频率

（2）波特率的计算

串口波特率的大小不仅与波特率控制寄存器、通用寄存器有关，还与系统主时钟的选择有关，其计算方法为

$$\frac{(256+\mathrm{BAUD\_M})\times 2^{\mathrm{BAUD\_E}}}{2^{28}}\times f$$

式中，BAUD_M 和 BAUD_E 由寄存器 UxBAUD 和 UxGCR 设置；f 为主时钟频率。设 f 为 32MHz，则 BAUD_M 和 BAUD_E 值的设置可以查表 4-6。

表 4-6 波特率的计算

波特率/bit·s⁻¹	UxBAUD.BAUD_M	UxGCR.BAUD_E	相对误差/%
2400	59	6	0.14
4800	59	7	0.14
9600	59	8	0.14
14400	216	8	0.03
19200	59	9	0.14
28800	216	9	0.03
38400	59	10	0.14
57600	216	10	0.03
76800	59	11	0.14
115200	216	11	0.03
230400	216	12	0.03

如当 f 为 32MHz，设置波特率为 9600bit/s 时，BAUD_M 和 BAUD_E 的值分别为 59、8，则波特率为

$$\frac{(256+59)\times 2^8}{2^{28}}\times 32\times 10^6 \approx 9613$$

已知相对误差为

$$\frac{测量值 - 标准值}{标准值}\times 100\%$$

所以相对误差为 $\frac{9613-9600}{9600}\approx 0.14\%$ 。

4.1.3　案例：串口数据传输

CC2530 串口可进行数据传输，即发送和接收数据，本节通过案例学习 CC2530 串口如何发送和接收数据。

1．案例分析

为了方便学习 CC2530 串口发送和接收数据的程序设计方法，本案例设计了两个任务，任务 1 实现 CC2530 通过串口向 PC 发送数据，任务 2 实现 PC 通过串口向 CC2530 发送数据来控制 LED 亮灭，它们采用相同的硬件电路。

2．硬件电路设计

PC 和 CC2530 通过串口连接，但 CC2530 的串口采用 TTL 电平，PC 串口采用 RS-232 标准，两者的电气规范不一致，需要使用电平转换芯片，本案例使用 PL2303 芯片，它是一种成本低廉、高集成度的 RS232-USB 接口转换器，内置 USB 功能控制器、USB 收发器、振荡器，带有全部调制解调器控制信号的 UART。本案例基于 CC2530 最小系统设计硬件电路，如图 4-4 所示，将 PL2303 芯片的 TXD、RXD 分别连接到 CC2530 的接收引脚 P0_2、发送引脚 P0_3，将 PL2303 芯片的 RTS_N、CTS_N 分别连接到 CC2530 的联络信号引脚 CT、RT。所以，串口 0 工作在 UART 模式，硬件连接使用的是备用位置 1。

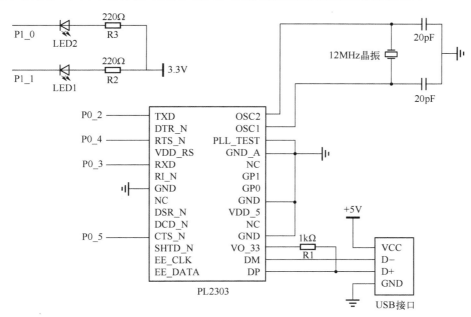

图 4-4　串口数据传输的硬件电路设计

3．任务 1 程序设计

（1）任务分析

4.1.3　发送数据

依据图 4-4 所示的硬件电路，CC2530 通过串口 0 向 PC 发送字符串数据，发送完成后，切换 LED1 和 LED2 的状态，PC 通过串口调试助手接收数据。串口调试助手是 PC 和单片机通过串口通信使用的一个桥梁软件，可接收单片机发送的数据，或发送数据给单片机处理。因此，实现该任务需要设计主函数、串口 0 初始化函数、串口 0 发送数据函数及头文件引用、函数、变量声明等程序代码，以便在主函数中调用串口 0 初始化函数、串口 0 发送数据函数。先对串口 0 进行初始化，然后向 PC 发送字符串数据，发送完成设置 LED1 和 LED2 的状态。

（2）程序设计

1）头文件引用、函数、变量声明。

```
#include <ioCC2530.h>
#define uint unsigned int
#define uchar unsigned char
#define LED1 P1_0
#define LED2 P1_1
void Delay(uint);
void initUART(void);
void UartTX_Send_String(char *Data,int len);
```

其中，initUART(void)为串口 0 初始化函数；UartTX_Send_String(char *Data,int len)为串口 0 的发送数据函数。

2）主函数。主函数按顺序实现如下功能：定义需要发送的字符串；设置 LED 初始状态；调用串口 0 初始化函数；调用串口 0 发送函数，发送完成将两个 LED 的状态改变。因此，程序代码如下。

```
void main(void)
{
    char Txdata[6]=" QST ";
    P1DIR = 0x03;
    LED1 = 0;
    LED2 = 1;
    initUART();
    while(1)
    {
        UartTX_Send_String(Txdata,4);
        Delay(50000);
        Delay(50000);
        Delay(50000);
        LED1 = ~LED1;
        LED2 = ~LED2;
    }
}
```

3）串口 0 初始化函数。初始化步骤如下。

① 系统时钟的初始化，系统时钟使用 32MHz 的外部晶振，TICKSPD128 分频，CLKSPD 不分频。

② 依据电路图，设置使用的串口和引脚连接：优先选择串口 0，I/O 外设的引脚连接选择备用位置 1。

③ 设置串口模式，本例选择 UART 模式，并设置其波特率为 57600。

因此，程序代码如下。

```c
void initUART(void)
{
    CLKCONCMD &= ~0x40;
    while(!(SLEEPSTA & 0x40));
    while (CLKCONSTA & 0x40);
    SLEEPCMD |= 0x04;
    CLKCONCMD &=0x38;
    CLKCONCMD |=0x38;
    PERCFG &= ~0x01;
    P0SEL |= 0x3c;
    P2DIR &= ~0xC0;
    U0CSR |= 0x80;
    U0GCR |= 10;
    U0BAUD |= 216;
}
```

4）串口发送函数。程序代码参考例 4-3。

4. 任务 2 程序设计

4.1.3 接收数据

（1）任务分析

PC 通过串口 0 向 CC2530 发送 "LED11*""LED10*" 等字符串数据，CC2530 串口 0 以中断方式接收数据，并用接收的数据控制 LED 亮灭，如接收到 LED11*，则点亮 LED1；接收到 LED10*，则熄灭 LED1。因此，实现该任务需要设计主函数、串口 0 初始化函数、LED 初始化函数、中断服务程序及头文件引用、函数、变量声明等程序代码。

（2）程序设计

1）文件引用、函数、变量声明。

```c
#include <ioCC2530.h>
void Delay(uint);
void initUART(void);
void Init_LED_IO(void);
uchar Recdata[6]="00000";
uchar RTflag = 1;
uchar temp;
uint  datanumber = 0;
```

2）串口 0 的初始化函数。串口 0 初始化的要求与任务 1 相同，但本任务需要 CC2530 以中断方式接收数据，所以，在任务 1 串口 0 初始化函数的末尾补充以下程序代码，即清除串口 0 的接收中断标志，允许串口 0 接收中断发生。

```c
URX0IF = 0;
IEN0 |= 0x84;
```

3）LED 初始化函数。

```
void Init_LED_IO(void)
{
    P1DIR |= 0x03;
    LED1 = 0;
    LED2 = 0;
}
```

设置 LED1、LED2 初始状态为熄灭。

4）中断处理程序。中断处理程序负责在中断产生后，将接收到的数据写入到 temp 数组中，并清除中断标志，程序代码如下。

```
#pragma vector = URX0_VECTOR
__interrupt void UART0_ISR(void)
{
    URX0IF = 0;
    temp = U0DBUF;
}
```

5）主函数。

```
void main(void)
{
    uchar ii;
    Init_LED_IO();
    initUART();
    while(1)
    {
        if(RTflag == 1)
        {
            if( temp != 0)
            {
                if(temp!='*')
                {
                    Recdata[datanumber++] = temp;
                }
                else
                {
                    RTflag = 3;
                }
                if(datanumber == 5)
                {
                    RTflag = 3;
                    temp  = 0;
                }
            }
        }
        if(RTflag == 3)
```

```
    {
      if(Recdata[0]=='L')
      {
        if(Recdata[1]=='E')
        {
          if(Recdata[2]=='D')
          {
            if(Recdata[3]=='1')
            {
              if(Recdata[4]=='1')
              {
                LED1=1;
              }
              else
              {
                LED1=0;
              }
            }
          }
        }
      }
      if(Recdata[0]=='L')
      {
        if(Recdata[1]=='E')
        {
          if(Recdata[2]=='D')
          {
            if(Recdata[3]=='2')
            {
              if(Recdata[4]=='1')
              {
                LED2=1;
              }
              else
              {
                LED2=0;
              }
            }
          }
        }
      }
    }RTflag = 1;
    for(ii=0;ii<6;ii++)Recdata[ii]=' ';
    datanumber = 0;
  }
 }
}
```

思考：中断服务程序什么时候会执行？

4.2　DMA 控制器

DMA 为直接存取访问控制器，可用来减轻 8051 CPU 内核传送数据操作的负担，只需要 CPU 极少的干预，可实现高效的电源节能管理。本节学习 DMA 控制器的相关知识，包括 DMA 控制器的功能与特点、DMA 操作、DMA 配置及数据传输。

4.2.1　DMA 控制器介绍

1. DMA 控制器的功能

DMA 控制器协调所有的 DMA 传送，确保 DMA 请求和 CPU 存储器访问之间按照优先等级协调。DMA 控制器的主要功能如下。

1）DMA 控制器含若干可编程的 DMA 通道，可实现存储器之间的数据传送。

2）DMA 控制器控制整个 XDATA 存储空间的数据传送。由于大多数 SFR 寄存器映射到 XDATA 存储器空间，DMA 通道的操作能够减轻 CPU 的负担。

3）DMA 控制器还可保持 CPU 在低功耗模式下与外设单元传送数据，不需要唤醒，可降低整个系统的功耗。

2. DMA 控制器的特点

1）5 个独立的 DMA 通道。

2）3 个可配置的 DMA 通道优先级。

3）32 个可配置的传送触发事件。

4）源地址和目标地址的独立控制。

5）单独传送、数据块传送和重复传送模式。

6）支持传输数据的长度域，设置可变传输长度。

7）既可以工作在字模式，又可以工作在字节模式。

4.2.2　DMA 操作

1. DMA 操作流程

DMA 控制器有 5 个通道，即通道 0～4。每个 DMA 通道都能从 XDATA 映射空间的一个存储位置传送数据到另一个位置。为使用 DMA 通道，需要按照相应的流程进行操作，DMA 操作流程图如图 4-5 所示。

DMA 操作时，首先进行 DMA 初始化，然后写 DMA 通道配置，判断 DMA 通道是否空闲。如果空闲则加载 DMA 通道配置，DMA 通道进入工作状态，然后判断 DMA 通道是否被触发，如果被触发则配置 DMA 通道访问以字节或字传输、修改源地址或目的地址，当传输了指定数量的字节或字时，判断是否是块传输模式，如果是，则重新配置 DMA 通道访问；如果不是块传输模式，则重新触发 DMA 通道。

如果允许 DMA 传送完成中断发生，则在传输了指定数量的字节或字时设置 DMA 传送完成中断标志，然后判断是否是重复传输模式，如果是，则重新触发 DMA 通道；否则设置 DMAARM 寄存器的 DMAARMn 位为 0，判断是否需要重新配置，如果需要重新配置，则写 DMA 通道，否则判断 DMA 通道是否空闲，继续 DMA 操作。DMA 操作时需要注意以下 3 点。

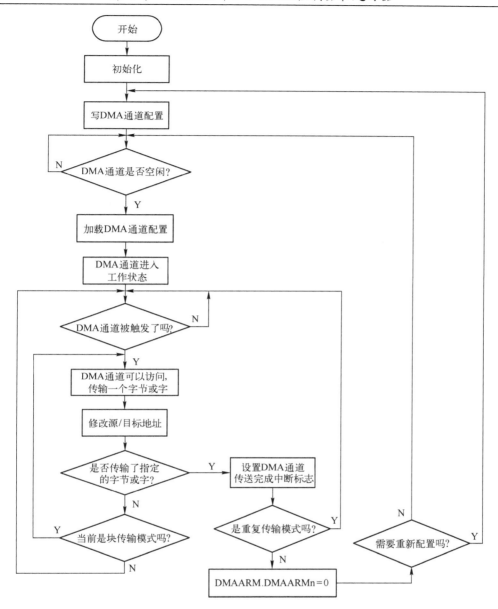

图 4-5　DMA 操作流程

1）DMA 通道配置完毕后，在允许任何传输发起之前，必须是 DMA 通道进入工作状态。将 DMAARM 寄存器的 DMAARMn 位设置为 1，可以让 DMA 通道 n 进入工作状态。

2）一旦 DMA 通道进入工作状态，当配置的 DMA 触发事件发生时，DMA 传输就开始了。

3）DMA 通道准备工作状态（即获得配置数据）的时间为 9 个系统时钟，因此，如果 DMAARM 寄存器的 DMAARMn 位被设置为 1，触发在需要配置通道的时间内出现，期望的触发将丢失。如果有一个以上的 DMA 通道同时进入工作状态，所有通道配置的时间将长一些。

2. 相关寄存器

DMA 操作过程中需要设置相关寄存器，包括 DMA 通道工作状态寄存器 DMAARM、DMA 通道开始请求和状态 DMAREQ、DMA 通道 0 配置地址寄存器、DMA 通道 1～4 配置地址寄存器、DMA 中断标志寄存器 DMAIRQ。

（1）DMA 通道工作状态寄存器 DMAARM

DMA 通道工作状态寄存器 DMAARM 用于启动或停止 DMA 的运行、选择进入工作状态的 DMA 通道。寄存器 DMAARM 各位及其说明如表 4-7 所示。

表 4-7 DMA 通道工作状态寄存器 DMAARM

位	名称	复位	R/W	描述
7	ABORT	0	R0/W	DMA 停止。此位是用来停止正在进行的 DMA 传输。 通过设置相应的 DMAARM 位为 1，写 1 到该位停止所有选择的通道。 0：正常运行；1：停止所有选择的通道
6~5	–	00	R/W	保留
4	DMAARM4	0	R/W1	DMA 进入工作状态通道 4。为了任何 DMA 传输能够在该通道上发生，该位必须置 1。对于非重复传输模式，一旦完成传送，该位自动清 0
3	DMAARM3	0	R/W1	DMA 进入工作状态通道 3。为了任何 DMA 传输能够在该通道上发生，该位必须置 1。对于非重复传输模式，一旦完成传送，该位自动清 0
2	DAMARM2	0	R/W1	DMA 进入工作状态通道 2。为了任何 DMA 传输能够在该通道上发生，该位必须置 1。对于非重复传输模式，一旦完成传送，该位自动清 0
1	DMAARM1	0	R/W1	DMA 进入工作状态通道 1。为了任何 DMA 传输能够在该通道上发生，该位必须置 1。对于非重复传输模式，一旦完成传送，该位自动清 0
0	DMAARM0	0	R/W1	DMA 进入工作状态通道 0。为了任何 DMA 传输能够在该通道上发生，该位必须置 1。对于非重复传输模式，一旦完成传送，该位自动清 0

（2）DMA 通道开始请求和状态 DMAREQ

DMA 通道开始请求和状态寄存器 DMAREQ 用于选择 DMA 的传输通道，当设置为 1 时则激活 DMA 通道，当传输开始时则清除此位。寄存器 DMAREQ 各位及其说明如表 4-8 所示。

表 4-8 DMA 通道开始请求和状态 DMAREQ

位	名称	复位	R/W	描述
7~5	–	000	R0	保留
4	DMAREQ4	0	R/W1 H0	DMA 传输请求，通道 4 当设置为 1 时，激活 DMA 通道（与一个触发事件具有相同的效果）。 当 DMA 传输开始则清除该位
3	DMAREQ3	0	R/W0 H0	DMA 传输请求，通道 3 当设置为 1 时，激活 DMA 通道（与一个触发事件具有相同的效果）。 当 DMA 传输开始则清除该位
2	DAMREQ2	0	R/W0 H0	DMA 传输请求，通道 2 当设置为 1 时，激活 DMA 通道（与一个触发事件具有相同的效果）。 当 DMA 传输开始则清除该位
1	DMAREQ1	0	R/W0 H0	DMA 传输请求，通道 1 当设置为 1 时，激活 DMA 通道（与一个触发事件具有相同的效果）。 当 DMA 传输开始则清除该位
0	DMAREQ0	0	R/W0 H0	DMA 传输请求，通道 0 当设置为 1 时，激活 DMA 通道（与一个触发事件具有相同的效果）。 当 DMA 传输开始则清除该位

（3）DMA 通道 0 配置地址寄存器

DMA 通道 0 配置地址寄存器用来存放 DMA 传输数据的开始地址，包括两个寄存器，即高字节寄存器 DMA0CFGH 和低字节寄存器 DMA0CFGL，如表 4-9 和表 4-10 所示。

表 4-9 DMA 通道 0 配置地址高字节寄存器 DMA0CFGH

位	名称	复位	R/W	描述
7~0	DMA0CFG[15:8]	0x00	R/W	DMA 通道 0 配置地址，高字节

表 4-10 DMA 通道 0 配置地址低字节寄存器 DMA0CFGL

位	名称	复位	R/W	描述
7～0	DMA0CFG[15:8]	0x00	R/W	DMA 通道 0 配置地址，低字节

（4）DMA 通道 1 配置地址寄存器

DMA 通道 1～4 配置地址寄存器用来存放 DMA 传输数据的开始地址，包括两个寄存器，即高字节寄存器 DMA1CFGH 和低字节寄存器 DMA1CFGL，寄存器格式如表 4-11 和表 4-12 所示。

表 4-11 DMA 通道 1 配置地址高字节寄存器 DMA1CFGH

位	名称	复位	R/W	描述
7～0	DMA1CFGH[15:8]	0x00	R/W	DMA 通道 1～4 配置地址，高位字节

表 4-12 DMA 通道 1 配置地址低字节寄存器 DMA1CFGL

位	名称	复位	R/W	描述
7～0	DMA1CFGL[7:0]	0x00	R/W	DMA 通道 1～4 配置地址，低位字节

（5）DMA 中断标志寄存器 DMAIRQ

DMA 中断标志寄存器 DMAIRQ 的主要功能是判断 DMA 通道中断标志，DMAIRQ 寄存器的第 7～5 位保留，暂时不用，第 4～0 位分别用于判断 DMA 通道 4～0 中断标志，如表 4-13 所示。

表 4-13 DMA 中断标志寄存器 DMAIRQ

位	名称	复位	R/W	描述
7～5	–	000	R/W0	保留
4	DMAIF4	0	R/W0	DMA 通道 4 中断标志。0：DMA 通道传送标志；1：DMA 通道传送完成/中断未决
3	DMAIF3	0	R/W0	DMA 通道 3 中断标志。0：DMA 通道传送标志；1：DMA 通道传送完成/中断未决
2	DAMIF2	0	R/W0	DMA 通道 2 中断标志。0：DMA 通道传送标志；1：DMA 通道传送完成/中断未决
1	DMAIF1	0	R/W0	DMA 通道 1 中断标志。0：DMA 通道传送标志；1：DMA 通道传送完成/中断未决
0	DMAIF0	0	R/W0	DMA 通道 0 中断标志。0：DMA 通道传送标志；1：DMA 通道传送完成/中断未决

4.2.3 DMA 配置

DMA 配置包括 DMA 配置参数和 DMA 配置安装。

1. DMA 配置参数

DMA 配置参数包括源地址、目标地址、传送长度、可变长度（VLEN）、优先级别、触发事件、源地址和目标地址增量、传送模式、字节传送或字传送、中断屏蔽和 M8。

（1）源地址

源地址是 DMA 通道要读的数据首地址，可以是 XDATA 的任何地址。

（2）目标地址

DMA 通道从源地址读出数据写入区域的首地址。用户必须确认该目标地址可写，目标地址可以是 XDATA 的任何地址。

（3）传输长度（LEN）

在 DMA 通道重新进入工作状态或接触工作状态前，及警告 CPU 即将有中断请求到来前，要传送的长度。

（4）可变长度（VLEN）

DMA 通道可利用源数据中的第一个字节或字（对于字使用[12:0]位）作为传送长度来进行可变长度传输。

（5）优先级别

DMA 通道 DMA 传送的优先级别，与 CPU、其他 DMA 通道和访问端口相关，用于判定同时发生的多个内部存储器请求中的哪一个优先级别最高，及 DMA 存储器存取的优先级别是否超过同时发生的 CPU 存储器存取的优先级别。优先级别有 3 种，分别是高级、一般级和低级。高级是最高内部优先级别，DMA 存取总是优先于 CPU 存取。一般级是中等内部优先级别，保证 DMA 存取至少在每秒一次的尝试中优先于 CPU 存取。低级是最低内部优先级别，CPU 存取总是优于 DMA 存取。

（6）触发事件

所有 DMA 传输通过 DMA 触发事件产生。这个触发可以启动一个 DMA 块传输或单个 DMA 传输，DMA 通道可以通过设置指定 DMAREQ.DMAREQn 标志来触发。

（7）源地址和目标地址增量

源地址和目标地址可以设置为增加或减少，或不改变，可以设置为增量 0、增量 1、增量 2 和增量-1。

1）增量 0。每次传送后，地址指针保持不变。

2）增量 1。每次传送后，地址指针加 1 个字节或字。

3）增量 2。每次传送后，地址指针加两个字节或字。

4）增量-1。每次传送后，地址指针减 1 个字节或字。

（8）传送模式

传送模式决定当 DMA 通道开始传送数据时是如何工作的，包括单一模式、块模式、重复的单一模式和重复的块模式。

1）单一模式。每当触发时，发生一个 DMA 传送，DMA 通道等待下一个触发。完成指定的传送长度后，传送结束，通报 CPU，解除 DMA 通道的工作状态。

2）块模式。每当触发时，按照传送长度指定的若干 DMA 传送被尽快传送，此后，通报 CPU，解除 DMA 通道的工作状态。

3）重复的单一模式。每当触发时，发生一个 DMA 传送，DMA 通道等待下一个触发。完成指定的传送长度后，传送结束，通报 CPU，且 DMA 通道重新进入工作状态。

4）重复的块模式。每当触发时，按照传送长度指定的若干 DMA 传送被尽快传送，此后通报 CPU，DMA 通道重新进入工作状态。

（9）字节传送或字传送

确定已经完成的传送是 8 位还是 16 位。

（10）中断屏蔽

在完成 DMA 通道传送时，产生一个中断请求。这个中断屏蔽位控制中断产生是使能还是禁用。

（11）模式 8（M8）

字节传送时，用来决定是采用 7 位还是 8 位来传送数据。因此，M8 仅用于字节传送模式。

2. DMA 配置安装

DMA 配置安装包括 DMA 参数的配置和 DMA 地址的配置，其中 DMA 参数的配置是通过向寄存器写入特殊的 DMA 配置数据结构来配置的，DMA 配置数据结构由 8 个字节组成，如表 4-14 所示。DMA 配置安装一般在 C 语言中设计成结构体，其结构体定义如下。

```
typedef struct
{
    unsigned char SRCADDRH;           /*源地址高 8 位*/
    unsigned char SRCADDRL;           /*源地址低 8 位*/
    unsigned char DESTADDRH;          /*目标地址高 8 位*/
    unsigned char DESTADDRL;          /*目标地址低 8 位*/
    unsigned char VLEN      :3;       /*长度域模式选择*/
    unsigned char LENH      :5;       /*传输长度高字节*/
    unsigned char LENL      :8;       /*传输长度低字节*/
    unsigned char WORDSIZE  :1;       /*字节或字传输*/
    unsigned char TMODE     :2;       /*传输模式选择*/
    unsigned char TRIG      :5;       /*触发事件选择*/
    unsigned char SRCINC    :2;       /*源地址增量：-1/0/1/2*/
    unsigned char DESTINC   :2;       /*目的地址增量：-1/0/1/2*/
    unsigned char IRQMASK   :1;       /*中断屏蔽*/
    unsigned char M8        :1;       /*7 或 8bit 传输长度，仅在字节传输模式下适用*/
    unsigned char PRIORITY  :2;       /*优先级*/
} DMA_CFG;
```

表 4-14　DMA 配置数据结构

字节偏移量	位	名称	描述
0	7～0	SRCADDR[15:8]	DMA 通道源地址高位
1	7～0	SRCADDR[7:0]	DMA 通道源地址低位
2	7～0	DESTADDR[15:8]	DMA 通道目标地址高位
3	7～0	DESTADDR[7:0]	DMA 通道目标地址低位
4	7～5	VLEN[2:0]	可变长度传输模式，在字模式中，第一个字的 12～0 被认为是传送长度的。 000：采用 LEN 作为传送长度。 001：传送的字节/字的长度由第一个字节/字+1 指定的长度（上限由 LEN 指定的最大值）。因此，传输长度不包括字节/字的长度 010：传送通过第一个字节/字的字节/字的长度（上限由 LEN 指定的最大值）。因此，传输长度不包括字节/字的长度 011：传送通过第一个字节/字的字节/字的长度+2（上限由 LEN 指定的最大值）。因此，传输长度不包括字节/字的长度
4	7～5	VLEN[2:0]	100：传送通过第一个字节/字的字节/字的长度+3（上限由 LEN 指定的最大值）。因此，传输长度不包括字节/字的长度 101-110：保留 111：使用 LEN 作为传输长度的备用
4	4～0	LEN[12:8]	DMA 通道的传输长度高位 当 VLEN 从 000～111 时采用最大允许长度。当采用字传输时，DMA 通道以字为单位，否则以字节为单位
5	7～0	LEN[7:0]	DMA 通道的传输长度低位 当 VLEN 从 000～111 时采用最大允许长度。当采用字传输时，DMA 通道以字为单位，否则以字节为单位
6	6～5	TMOD[1:0]	DMA 通道传输模式 00：单一模式；01：块模式；10：重复单一模式；11：重复块模式
6	4～0	TRIG[4:0]	选择要使用的 DMA 触发 00000：无触发；00001：前一个 DMA 通道完成触发；00010～11110：选择触发源
7	7～6	SRCINC[1:0]	每次传送后，源地址递增模式 00：增量 0；01：增量 1；10：增量 2；11：增量-1

（续）

字节偏移量	位	名称	描述
7	5~6	DESTINC[1:0]	每次传送后，目标地址递增模式 00：增量 0；01：增量 1；10：增量 2；11：增量-1
7	3	IRQMASK	通道中断屏蔽。0：禁止中断发生；1：DMA 通道传送完成时使能中断发生
7	2	M8	采用字节传输且 VLEN 从 000~111，进行模式 8（M8）设置。 0：采用 7 位传送数据；1：采用 8 位传送数据
7	1~0	PRIORITY[1:0]	DMA 通道的优先级别 00：低级，CPU 存取优先；01：一般级；10：高级；11：保留

3. DMA 触发

DMA 触发事件有 31 个，每个触发事件都对应一个触发器，每个触发器由相应的功能单元实现，如表 4-15 所示。

表 4-15　DMA 触发器

DMA 触发器		功能单元	描述
号码	名称		
0	NONE	DMA	没有触发器，设置 DMAREQ.DMAREQx 位开始传送
1	PREV	DMA	DMA 通道是通过完成前一个通道来触发的
2	T1_CH0	定时器 1	定时器 1，比较，通道 0
3	T1_CH1	定时器 1	定时器 1，比较，通道 1
4	T1_CH2	定时器 1	定时器 1，比较，通道 2
5	T2_EVENT1	定时器 2	定时器 2，事件脉冲 1
6	T2_EVENT2	定时器 2	定时器 2，事件脉冲 2
7	T3_CH0	定时器 3	定时器 3，比较，通道 0
8	T3_CH1	定时器 3	定时器 3，比较，通道 1
9	T4_CH0	定时器 4	定时器 4，比较，通道 0
10	T4_CH1	定时器 4	定时器 4，比较，通道 1
11	ST	睡眠定时器	睡眠定时器比较
12	IOC_0	I/O 控制器	端口 0 的 I/O 引脚输入转换
13	URX0	USART_0	USART 0 接收完成
14	UTX0	USART_0	USART 0 发送完成
15	URX1	USART_1	USART 1 接收完成
16	UTX1	USART_1	USART 1 发送完成
17	FLASH	闪存控制器	写闪存数据完成
18	RADIO	无线模块	接收 RF 字节包
19	ADC_CHALL	ADC	ADC 结束一次转换，采样已经准备好
20	ADC_CH11	ADC	ADC 结束通道 0 的一次转换，采样已经准备好
21	ADC_CH21	ADC	ADC 结束通道 1 的一次转换，采样已经准备好
22	ADC_CH32	ADC	ADC 结束通道 2 的一次转换，采样已经准备好
23	ADC_CH42	ADC	ADC 结束通道 3 的一次转换，采样已经准备好
24	IOC_1	I/O 控制器	端口 1 的 I/O 引脚输入转换
25	URX0	USART_0	USART 0 接收完成
26	UTX0	USART_0	USART 0 发送完成
27	URX1	USART_1	USART 1 接收完成
28	UTX1	USART_1	USART 1 发送完成
29	FLASH	闪存控制器	写闪存数据完成
30	RADIO	无线模块	接收 RF 字节包
31	ADC_CHALL	ADC	ADC 结束一次转换，采样已经准备好

4.2.4　案例：DMA 数据传输

1．案例分析

使用 DMA 将字符串 "\n Hello! DMA" 通过串口 1 传输给 PC，PC 接收数据，接收完成后通过串口调试助手显示这些数据，并切换 LED1 和 LED2 的状态。

2．硬件设计

PC 和 CC2530 通过串口连接，但 CC2530 的串口采用 TTL 电平，PC 串口采用 RS-232 标准，两者的电气规范不一致，需要使用电平转换芯片，本案例使用 PL2303 芯片，并基于 CC2530 最小系统设计硬件电路，如图 4-6 所示，将 PL2303 芯片的 TXD、RXD 分别连接到 CC2530 的接收引脚 P0_5、发送引脚 P0_4，将 PL2303 芯片的 RTS_N、CTS_N 分别连接到 CC2530 的联络信号引脚 P0_2、P0_3。所以，串口 1 工作在 UART 模式，硬件连接使用的是备用位置 1。

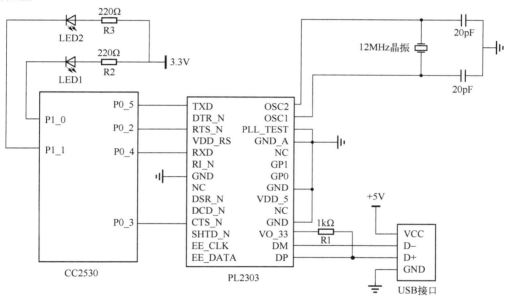

图 4-6　串口数据传输的硬件电路设计

3．程序设计

在串口触发 DMA 传输实例中需要完成如下任务：主函数设计、DMA 初始化、串口初始化及 LED 初始化。这些任务分别由相应函数实现。

（1）主函数设计

主函数中首先进行初始化，包括 DMA 初始化、串口初始化及 LED 初始化，然后启动 DMA 传输数据，传输完成后进行 LED 的状态切换。在主函数前需要完成头文件引用、函数、变量声明等。主函数程序如下。

```
#include "ioCC2530.h"
#define P1_0 LED1
#define P1_0 LED2
typedef unsigned char      BYTE;
/*DMA 配置结构体-设置 IAR 编译环境中位域字段默认取向采用大端模式*/
#pragma bitfields=reversed
typedef struct {
```

```
    BYTE SRCADDRH;
    BYTE SRCADDRL;
    BYTE DESTADDRH;
    BYTE DESTADDRL;
    BYTE VLEN     : 3;
    BYTE LENH     : 5;
    BYTE LENL     : 8;
    BYTE WORDSIZE : 1;
    BYTE TMODE    : 2;
    BYTE TRIG     : 5;
    BYTE SRCINC   : 2;
    BYTE DESTINC  : 2;
    BYTE IRQMASK  : 1;
    BYTE M8       : 1;
    BYTE PRIORITY : 2;
} DMA_DESC;
#pragma bitfields=default
DMA_DESC dmaConfig;
#define DMATRIG_UTX1    17              /*串口 U1DBUF 中数据传输完成触发 DMA*/
unsigned char a[13] = "\n Hello! DMA";    /*需要传输的字符串，DMA 配置源地址*/
/*函数声明*/
void delay();
void DMA_Init();
void initUART(void);
void LED_init();
void main( void )
{
  LED_init();                         /*LED 初始化*/
  DMA_Init();                         /*DMA 初始化*/
  initUART();                         /*串口初始化*/
  while(1)
  {
    DMAARM=0x80;                      /*停止 DMA 所有通道进行传输*/
    DMAARM=0x01;                      /*启用 DMA 通道 0 进行传输*/
    DMAIRQ=0x00;                      /*清中断标志*/
    DMAREQ=0x01;                      /*DMA 通道 0 传送请求*/
    while(!(DMAIRQ&0x01));            /*等待 DMA 传送完成*/
    LED1 = ~LED1;                     /*LED1 和 LED2 状态改变*/
    delay();
    LED2 = ~LED2;
    delay();
  }
}
```

（2）DMA 初始化

按照 DMA 配置安装结构体的结构对 DMA 进行初始化，即进行源地址配置，将传输的源地址配置为需要传输的字符串首地址，传输的目标地址设置为 X_U1DBUF；采用 LEN 作为传输长度；将需要传输的字符串长度的高位设置为 LENH，低位设置为 LENL；选择字节传送；DMA 通道传送模式选用单一传送模式；DMA 触发方式设置为串口触发方式；设置源地址增量为 1，目的地址增量为 0；选择字节传送，并将 DMA 的优先级设置为高级；最后将 DMA 配置结构体的地址赋予寄存器。程序如下。

```
void DMA_Init()
{
    dmaConfig.SRCADDRH=(unsigned char)((unsigned int)&a >> 8);
    /*配置源地址*/
    dmaConfig.SRCADDRL=(unsigned char)((unsigned int)&a );
    /*配置目的地址*/
    dmaConfig.DESTADDRH=(unsigned char)((unsigned int)&X_U0DBUF >> 8);
    dmaConfig.DESTADDRL=(unsigned char)((unsigned int)&X_U0DBUF);
    dmaConfig.VLEN = 0x00;                    /*选择 LEN 作为传送长度*/
    dmaConfig.LENH = (unsigned char)((unsigned int)sizeof(a)>>8);
    /*设置传输长度*/
    dmaConfig.LENL = (unsigned char)((unsigned int)sizeof(a));
    dmaConfig.WORDSIZE = 0x00;                /*选择字节传送*/
    dmaConfig.TMODE = 0x00;                   /*选择单一传送模式*/
    dmaConfig.TRIG = 17;                      /*串口触发*/
    dmaConfig.SRCINC = 0x01;                  /*源地址增量为1*/
    dmaConfig.DESTINC =0x00;                  /*目的地址增量为0*/
    dmaConfig.IRQMASK = 0x00;                 /*清除 DMA 中断标志*/
    dmaConfig.M8 = 0x00;                      /*选择8位长的字节来传送数据*/
    dmaConfig.PRIORITY = 0x02;                /*传送优先级为高*/
    /*将配置结构体的首地址赋予相关 SFR*/
    DMA0CFGH = (unsigned char)((unsigned int)&dmaConfig >>8);
    DMA0CFGL = (unsigned char)((unsigned int)&dmaConfig);
    asm("nop");
}
```

（3）串口初始化

首先是系统时钟的初始化，系统时钟使用 32MHz 的外部晶振，TICKSPD 128 分频，CLKSPD 不分频；其次，依据电路图，设置使用的串口和引脚连接：优先选择串口 1，I/O 外设的引脚连接选择备用位置 1；最后设置串口模式，本例选择 UART 模式，并设置其波特率为 9600。程序代码如下。

```
void initUART(void)
{
    CLKCONCMD &= ~0x40;
    while(!(SLEEPSTA & 0x40));
    while (CLKCONSTA & 0x40);
    SLEEPCMD |= 0x04;
    CLKCONCMD &=0x38;
    CLKCONCMD |=0x38;
    PERCFG &= ~0x02;
    P0SEL |= 0x3C;
    P2DIR |= 0x40;
    U1CSR |= 0x80;
    U1GCR |= 8;
    U0BAUD |= 59;
```

```
}
```

（4）LED 初始化

LED1、LED2 分别由 P1_0、P1_1 控制，设置这两个引脚为通用输出功能，LED1、LED2 初始状态为熄灭。程序代码如下。

```
void LED_init();
{
  P1SEL&=~0x03
  P1DIR|=0x03;
  LED1=0;
  delay();
  LED2=0;
  delay();
}
```

4.3 定时器

CC2530 有 5 个定时器，一个 16 位定时器（定时器 1）、两个 8 位定时器（定时器 3 和定时器 4）、一个用于休眠的定时器（睡眠定时器）和一个 MAC 定时器。

4.3.1 定时器 1

定时器 1 是一个独立的 16 位定时器，支持定时和计数功能，有输入捕获、输出比较和 PWM 的功能。定时器 1 有 5 个独立的输出捕获和输入比较通道。每个通道使用一个 I/O 引脚。定时器 1 的主要功能包括：5 个独立的捕获、比较通道；上升沿、下降沿或任何边沿的输入捕获；设置、清除或切换输出比较；3 种运行模式：自由运行、模模式和正/倒计数模式；可被 1、8、32 或 128 整除的时钟分频器；在捕获/比较和最终计数上生成中断请求；具有 DMA 触发功能。

1. 工作模式

定时器 1 具有一个 16 位计数器，其计数器的工作是在每个活动时钟边沿递增或递减。活动时钟周期由相应的寄存器来配置。

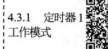

定时器 1 有 4 种工作模式：自由运行模式、模模式、正计数/倒计数模式和通道模式。

（1）自由运行模式

自由运行模式下，计数器从 0x0000 开始，每个活动时钟边沿增加 1。当计数器达到 0xFFFF 会产生自动溢出，然后计数器重新载入 0x0000，继续递增计数，当达到最终计数值 0xFFFF 产生溢出。当产生溢出后，相应的寄存器会自动产生溢出标志。该模式的计数过程如图 4-7 所示。

（2）模模式

定时器 1 运行在模模式下，16 位计数器从 0x0000 开始，每个活动时钟边沿增加 1。当计数器达到用户设定的溢出值 T1CC0 时，计数器将复位至 0x0000，重新计数，如此反复。如果定时器 1 启动时，计数值大于 T1CC0，则继续向上计数到 0xFFFF，然后产生溢出中断。如果启动时，计数值小于 T1CC0，则当计数值等于 T1CC0，计数值重置。该模式的计数过程如图 4-8 所示。

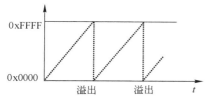

图 4-7　自由运行模式计数过程

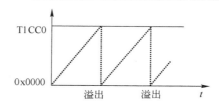

图 4-8　模模式计数过程

（3）正计数/倒计数模式

在正计数/倒计数模式下，计数器从 0x0000 开始，正计数直到达到设定值 T1CC0，计数器将倒计数至 0x0000，然后在正计数、倒计数，如此反复。因此，可实现中心对称的 PWM 信号输出。在正计数/倒计数模式下如果设置了中断使能，当计数达到一定值时会产生中断。正计数/倒计数模式的计数过程如图 4-9 所示。

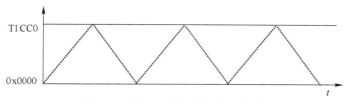

图 4-9　正计数/倒计数模式计数过程

（4）通道模式

通道模式由捕获/比较控制寄存器 T1CCTLn 设置，包括输入捕获模式和输出比较模式。

输入捕获模式：当一个通道配置为输入捕获通道时，和该通道相关的 I/O 引脚配置为外设模式，且通过寄存器配置为输入模式。在启动定时器之后，输入引脚的上升沿、下降沿或任何边沿都将触发一个捕获，将 16 位计数器的内容捕获至相关的寄存器中。

输出比较模式：在输出比较模式下，与通道相关的 I/O 引脚通过寄存器设置为输出模式。在定时器启动之后，将比较计数器和通道比较寄存器的内容。如果两者数值相同，输出引脚将根据捕获/比较控制寄存器的设置进行相应的动作。

定时器 1 除了有独特的运行模式外，还可以产生定时器中断和定时器 DMA 触发。定时器的中断由计数器、输入捕获事件和输出比较事件触发。当设置了中断寄存器时，就会产生一个中断。定时器 1 的 DMA 触发方式有 3 种，即通道 0 比较、通道 1 比较和通道 2 比较，其中通道 3 比较和通道 4 比较不能触发 DMA。DMA 触发通过定时器 1 相应的寄存器设置。

2．寄存器

定时器 1 有 7 个寄存器，即计数高位寄存器 T1CNTH、计数低位寄存器 T1CNTL、控制寄存器 T1CTL、状态寄存器 T1STAT、通道 n 捕获/比较控制寄存器 T1CCTLn、通道 n 捕获/比较高位寄存器 T1CCnH 及通道 n 捕获/比较低位寄存器 T1CCnL，其中 n 的取值为 0～4。

4.3.1　定时器 1 寄存器-1

（1）计数高位寄存器 T1CNTH 和计数低位寄存器 T1CNTL

这两个寄存器是定时器 1 的计数寄存器，计数高位寄存器 T1CNTH 主要负责定时器 1 计数器的高 8 位，在读取数值时经常和定时器 1 计数低位寄存器 T1CNTL 一起使用，才能读出 16 位数值。当读取 T1CNTL 时，计数器的高位字节被缓冲到 T1CNTH 中，以便读出。所以，T1CNTL 要在 T1CNTH 之前读。T1CNTH 和 T1CNTL 的格式如表 4-16 和表 4-17 所示。

表 4-16 计数高位寄存器 T1CNTH

位	名称	复位	R/W	描述
7~0	CNT[15~8]	0x00	R	计数寄存器高 8 位，包含在读取 T1CNTL 时缓存的 16 位计数器值的高 8 位

表 4-17 计数低位寄存器 T1CNTL

位	名称	复位	R/W	描述
7~0	CNT[7~0]	0x00	R/W	计数器寄存器低 8 位，往该寄存器中写任何值，导致计数器被清零，初始化所有指向通道的输出引脚

（2）控制寄存器 T1CTL

控制寄存器 T1CTL 的主要功能是选择定时器 1 的工作模式和分频器频率划分，T1CTL 寄存器具体设置如表 4-18 所示。

表 4-18 控制寄存器 T1CTL

位	名称	复位	R/W	描述
7~4	–	00000	R0	保留
3~2	DIV[1~0]		R/W	分频器划分值。产生主动的时钟边缘用来更新计数器。 00：标记频率/1；01：标记频率/8；10：标记频率/32；11：标记频率/128
1~0	MODE[1~0]		R/W	选择定时器 1 模式。定时器操作模式通过下列方式选择： 00：暂停运行；01：自由运行，从 0x0000~0xFFFF 反复计数；10：模，从 0x0000~T1CC0 反复计数；11：正计数/倒计数，从 0x0000~T1CC0 反复计数且从 T1CC0 倒计数到 0x0000

【例 4-4】 设置定时器 1 工作在自由运行模式。

分析：控制寄存器 T1CTL 的第 1~0 位设置为 01 时，定时器 1 工作在自由运行模式。程序代码如下。

```
T1CTL = 0x01;
```

（3）状态寄存器 T1STAT

状态寄存器 T1STAT 只负责定时器 1 中断标志，包括定时器 1 计数器溢出中断标志和定时器 1 通道 0~4 的中断标志。T1STAT 寄存器如表 4-19 所示。

表 4-19 状态寄存器 T1STAT

位	名称	复位	R/W	描述
7~6	--	00	R0	保留
5	OVFIF	0	R/W0	定时器 1 计数器溢出中断标志。当计数器在自由运行或模式下达到最终计数值时置 1，当在正计数/倒计数模式下达到零时置 1。写 1 没影响
4	CH4IF	0	R/W0	定时器 1 通道 4 中断标志。当通道 4 中断条件发生时置位。写 1 没有影响
3	CH3IF	0	R/W0	定时器 1 通道 3 中断标志。当通道 3 中断条件发生时置位。写 1 没有影响
2	CH2IF	0	R/W0	定时器 1 通道 2 中断标志。当通道 2 中断条件发生时置位。写 1 没有影响
1	CH1IF	0	R/W0	定时器 1 通道 1 中断标志。当通道 1 中断条件发生时置位。写 1 没有影响
0	CH0IF	0	R/W0	定时器 1 通道 0 中断标志。当通道 0 中断条件发生时置位。写 1 没有影响

（4）通道 n 捕获/比较控制寄存器 T1CCTLn

定时器 1 有 5 个通道，通道 n 捕获/比较控制寄存器 T1CCTLn 主要负责定时器 1 通道 n 的中断设置、比较/捕获模式设置，T1CCTLn 寄存器如表 4-20 所示。

4.3.1　定时器1寄存器-2

表 4-20　T1CCTLn 寄存器

位	名称	复位	R/W	描述
7	RFIRQ	0	R/W	当设置为 1 时，使用 RF 中断捕获，而非常规的捕获输入
6	IM	1	R/W	通道 n 中断屏蔽设置，当设置为 1 时中断请求产生
5~3	CMP	000	R/W	通道 n 比较模式选择，当定时器值等于在 T1CCn 中的比较值时，选择输出操作。000：设置输出；001：清除输出；010：切换输出；011：向上比较设置输出，在 0（或向下比较）时清除；100：向上比较，清除输出，在 0（或向下比较）时置位；101：定时器值等于在 T1CC0 时清除输出，等于 T1CCn 时置位（通道 0 没用使用）；110：计数寄存器值等于在 T1CC0 时设置输出，等于 T1CCn 时清除（通道 0 没用使用）；111：初始化输出引脚，该位保持不变
2	MODE	0	R/W	定时器 1 通道 n 捕获/比较模式选择。0：捕获模式；1：比较模式
1~0	CAP	00	R/W	通道 n 捕获模式选择。00：未捕获；01：上升沿捕获；10：下降沿捕获；11：所有沿捕获

T1CCTLn 寄存器的第 2 位设置为比较模式时，通道 n 相应的引脚工作在输出，输出的值由第 5~3 位来选择，下面从不同工作模式，分析引脚输出的值。

1）自由运行模式。如图 4-10 所示，显示了定时器 1 工作在自由运行模式，设置通道 n 的不同比较模式时，通道 n 输出引脚的状态。

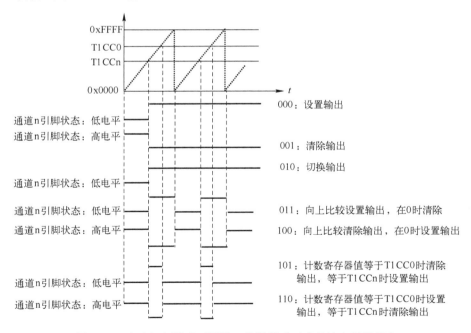

图 4-10　自由运行模式下通道 n 比较模式对应的输出引脚状态

2）模模式。如图 4-11 所示，显示了定时器 1 工作在模模式，设置通道 n 的不同比较模式时，通道 n 输出引脚的状态。

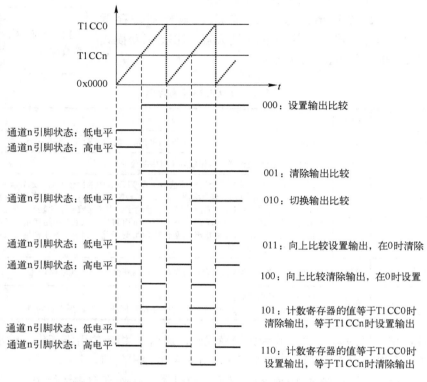

图 4-11　模模式下通道 n 比较模式对应的输出引脚状态

3）正计数/倒计数模式。如图 4-12 所示，显示了定时器 1 工作在正计数/倒计数模式，设置通道 n 的不同比较模式时，通道 n 输出引脚的状态。

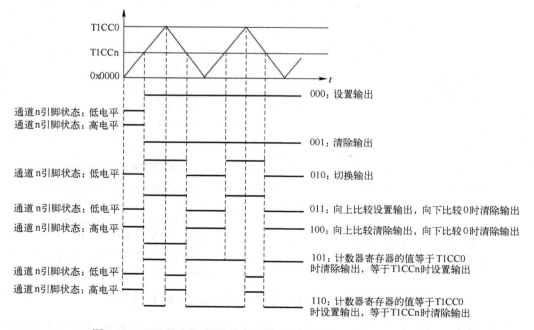

图 4-12　正计数/倒计数模式下通道 n 比较模式对应的输出引脚状态

（5）通道 n 捕获/比较寄存器

通道 n 捕获/比较寄存器 T1CCn 包括高位寄存器 T1CCnH 和
低位寄存器 T1CCnL，主要功能是存储捕获/比较值。寄存器
T1CC1L 用来存放通道 1 捕获/比较值的低 8 位；寄存器 T1CC1H
用来存放通道 1 捕获/比较值的高 8 位，如表 4-21 和表 4-22 所示。

4.3.1　定时器 1
寄存器-3

表 4-21　定时器 1 通道 1 捕获/比较低位寄存器 T1CC1L

位	名称	复位	R/W	描述
7~0	T1CC1[7~0]	0x00	R/W	存放定时器 1 通道 1 捕获/比较值的低 8 位。写到该寄存器的数据被存储在一个缓存中，不写入 T1CC1[7~0]，直到与 T1CC1H 一起写入生效

表 4-22　定时器 1 通道 1 捕获/比较高位寄存器 T1CC1H

位	名称	复位	R/W	描述
7~0	T1CC1[15~8]	0x00	R/W	存放定时器 1 通道 1 捕获/比较值的高 8 位。当 T1CCTL1.MODE=1 时，寄存器写会更新 T1CC1[15:0] 的值，直到 T1CNT=0x0000 时才不会生效

因此，在配置 T1CCnH、T1CCnL 时要确保定时器暂停，先写低位再写高位。

3. 案例：定时器 1 精确控制 LED 状态切换的时间间隔

（1）功能描述

4.3.1　定时器 1
精确控制 LED
状态切换的时间
间隔

系统时钟选择 32MHz 外部晶振，定时器 1 在模模式工作，
对系统时钟进行 128 分频，设置比较值为 62500，达到设置的比
较值会产生中断，产生中断时改变 LED1~LED4 的状态。

（2）硬件电路设计

定时器 1 工作在模模式，从 0 开始计数，计到 62500 时溢出产生中断，来改变 LED1~
LED4 的状态。因此，在 CC2530 最小系统的基础上，设计控制 LED1 的电路即可，设计的
硬件电路如图 4-13 所示。

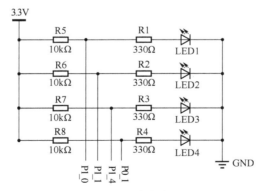

图 4-13　硬件电路设计

（3）程序设计

需设计主函数、定时器 1 和 LED 的初始化函数、中断服务程序，并引用头文件、声明
变量、函数等。

1）主函数。设定时器 1 和 LED 的初始化函数为 tinitial()、linitial()，主函数中在调用该
初始化函数之后，只需等待中断的发生即可，所以主函数的程序代码如下。

```
void main(void)
{
  tnitial();
  linitial();
  while(1);
}
```

2）头文件引用、变量和函数声明。在主函数前进行头文件引用、变量和函数声明，程序代码如下。

```
#include <ioCC2530.h>
#define uint8  unsigned char
#define uint16 unsigned int
#define LED1 P1_0
#define LED2 P1_1
#define LED3 P1_4
#define LED4 P0_1
void tinitial(void);
void linitial(void);
```

3）LED 的初始化函数。将 LED1～LED4 初始化为熄灭，则函数对应的程序代码如下。

```
void linitial(void)
{
  P1DIR  |= 0x13;
  P0DIR  |= 0x02;
  LED1 = 0;
  LED2 = 0;
  LED3 = 0;
  LED4 = 0;
}
```

4）定时器 1 的初始化函数。首先设置系统时钟为 32MHz 外部晶振，然后设置定时器 1 为 128 分频、设置 T1CC0 载入定时器 1 的初值为 62500、设置捕获/比较通道 0 为比较模式、打开定时器中断与总中断。程序代码如下。

```
void initial(void)
{
  P1DIR  |= 0x01;
  LED1 = 0;
  CLKCONCMD &= ~0x40;
  while(!(SLEEPSTA & 0x40));
  while (CLKCONSTA & 0x40);
  SLEEPCMD |= 0x04;
  CLKCONCMD &= ~0xC0;
  T1CTL = 0x0E;
  T1CC0L = 62500%256;
  T1CC0H = 62500/256;
  T1CCTL0 |=0x44;
  T1IE = 1;
  EA = 1;
}
```

5）中断服务程序。定时器 1 从 0 计数到 62500，会产生中断请求，CC2530 响应中断，并执行中断服务程序来处理中断，即进行 LED 的状态切换。因此，程序代码如下。

```
#pragma vector = T1_VECTOR
__interrupt void T1_ISR(void)
{
    IRCON=0;
    LED1 = !LED1;
    LED2 = !LED2;
    LED3 = !LED3;
    LED4 = !LED4;
}
```

思考题 1：定时器 1 中断一次的定时时间是多少秒？

分析：定时器 1 工作在模模式，每次从 0 开始计数，计到 62500 溢出产生中断，因此，中断一次计 62501 个数。已知计一个数的时间为：32M/128 取倒数，即 4 微秒，所以，中断一次定时时间为：$62501 \times 4\mu s \approx 0.25s$。

思考题 2：LED 多久改变一次状态？

分析：由上面的程序可知，每中断一次，LED 状态切换一次，又由思考题 1 的分析可知，中断一次定时 0.25s，因此，0.25s LED 改变一次状态。

思考题 3：其他条件不变，假设 0.2s LED 改变一次状态，则通道 0 捕获/比较高位寄存器 T1CC0H 和低位寄存器 T1CC0L 的值为多少？

分析：由思考题 1 的分析可知，计一个数的时间为 $4\mu s$，则计 N 个数可以定时 0.2 秒，则有 $N \times 4 \times 10^{-6}=0.2$，因此 N=5000，所以 T1CC0H 的值为 50000/256，T1CC0L 的值为 50000%256。

4. 案例：定时器 1 输出 PWM

（1）PWM 介绍

脱宽调制（Pulse Width Modulation，PWM）是利用微处理器完成对模拟电路控制的一种技术，输出波形是一系列大小相等的脉冲，用于替代所需要的波形。定时器 1 输出 PWM 波形的基本步骤如下。

① 配置外设控制寄存器 PERCFG 选择定时器使用的 I/O 端口。

② 针对选择的 I/O 端口配置定时器的优先级和定时器通道的优先级。

③ 进行定时器模式的设置。

④ 在定时器 1 通道 0 捕获/比较寄存器（T1CC0H、T1CC0L）装入初值，表示 PWM 波形的周期。

⑤ 选择捕获的通道，并装入比较值，控制 PWM 波形周期的占空比。

说明：一个 PWM 波形周期中，占空比为高电平与周期的比值。

（2）功能描述

系统时钟源为 32MHz 的外部晶振，定时器 1 标记输出为 250kHz，工作在模模式，不分频，通道 2 的 PWM 信号周期为 1ms，频率为 1kHz，定时器 1 选用备用位置 2，P1_0 控制 LED1，可看到 LED1 的亮度变化。

（3）案例分析

硬件电路如图 4-13 所示，已知定时器 1 选用备用位置 2，则通道 2 对应的引脚为 P1_0，引脚输出的电平控制 LED 的亮度。所以设置定时器工作在比较模式，并设置通道 2 捕获/比较控制寄存器 T1CC2 的值，当计数器计数到 T1CC2 时 P1_0 输出高电平，计数到 T1CC0 的值，P1_0 输出低电平，由于定时器 1 重复计数，因此，P1_0 引脚就可以输出 PWM 波形，如图 4-14 所示，占空比即为 $\frac{t_1}{t_2} \times 100\%$，$t_2$ 是固定不变的，其值由 T1CC0 决定，改变 T1CC2 的值就可以改变每个 PWM 周期中高电平持续的时间，从而改变 LED1 的亮度。

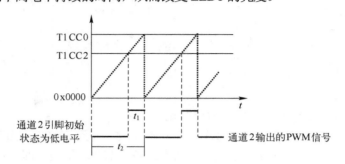

图 4-14　通道 2 输出的 PWM 波形

定时器 1 需要对图 4-14 的 t_1 和 t_2 定时，无论定哪个时间，都需要计算计一个数的时间，由案例的功能描述可知，定时器 1 计一个数的时间为 $\frac{1}{250} \times 10^{-3}$ s。

已知 t_2 为 1ms，所以 T1CC0 的值为 $\frac{1}{1/250}$ =250。

为了能够观察到 LED1 的亮度变化，本案例设计不同的 t_1 值，即占空比不同，该值越大，LED1 越亮。下面以占空比为 10%为例，说明 t_1 值的计算方法。

每个 PWM 周期，定时器 1 计数器从 0 开始计数，计数到 t_1 时，P1_0 才输出高电平，所以 t_1 的值为 $t_2 \times (1-10\%)$=225=0xE1。以此类推，设置占空比分别为 20%、30%、30%、50%、60%、70%、80%、90%，依次计算 t_1 的值为 0xC8、0xAF、0x96、0x7D、0x64、0x4B、0x32、0x19。

（4）程序设计

本案例设计了主函数、LED1 的初始化程序 LEDInit()、定时器 1 的初始化程序 T1Init()，程序代码如下。

```
#include <ioCC2530.h>
#define uint8  unsigned char
#define LED1 P1_0
void LEDInit();
void T1Init();
void main()
{
  uint8 i,j;
  uint8 rate[9]={0xE1,0xC8,0xAF,0x96,0x7D,0x64,0x4B,0x32,0x19};
  LEDInit();    for(j=0;j<100;j++) { delay_nus(5000);}
  T1Init();
  while(1)
  {
      for(i=0;i<9;i++)
      {
          T1CC2H = 0x00;
```

```
            T1CC2L = rate[i];
            for(j=0;j<100;j++) { delay_nus(5000);}
        }
    }
}
void LEDInit()
{
    P1SEL = 0x00;
    P1DIR = 0x01;
    LED1=0;
}
void T1Init()
{
    CLKCONCMD &= ~0x40;
    while (!(SLEEPSTA & 0x40));
    while (CLKCONSTA & 0x40);
    SLEEPCMD |= 0x04;
    CLKCONCMD |= 0x38;
    P1SEL |= 0x01;
    PERCFG |= 0x40;
    P2SEL &= ~0x10;
    P2DIR |= 0xC0;
    P0DIR |= 0x01;
    T1CTL = 0x02;
    T1CCTL2 = 0x1C;
    T1CC0L = 0xFA;
    T1CC0H = 0x00;
    T1CC2H = 0x00;
    T1CC2L = 0xE1;
}
```

4.3.2　定时器 2

1．定时器 2 简介

定时器 2 又称 MAC 定时器，主要用于为 IEEE 802.15.4 CSMA-CA 算法定时及为 IEEE 802.15.4 MAC 层提供一般的计时功能。定时器 2 是一个 16 位定时器，一般与睡眠定时器一起使用。当与睡眠定时器一起使用时，时钟必须设置为 32MHz，且必须使用外部的 32kHz 晶振的精确结果。定时器 2 的主要特征如下。

- 16 位定时器正计数，提供符号/帧周期。
- 可变周期可精确到 31.25ns。
- 2×16 位定时器比较功能。
- 24 位溢出计数。
- 2×24 位溢出计数比较功能。
- 帧开始界定符捕捉功能。
- 定时器启动/停止同步于外部 32kHz 时钟及由睡眠定时器提供定时。
- 比较和溢出产生中断。
- 具有 DMA 触发功能。

● 通过引入延迟可调整定时器值。

2．定时器 2 寄存器

定时器 2 有一些复用寄存器，使所有寄存器适应有限的 SFR 地址空间，这些寄存器被称为内部寄存器，可通过 T2M0、T2M1、T2MOVF0、T2MOVF1 和 T2MOVF2 直接访问。内部寄存器如表 4-23 所示。

4.3.2　定时器 2 寄存器

表 4-23　定时器 2 内部寄存器

寄存器名称	复位	R/W	功能
t2tim[15～0]	0x0000	R/W	保存 16 位正计数器值
t2_cap[15～0]	0x0000	R	保存正计数器最后捕获的值
t2_per[15～0]	0x0000	R/W	保存正计数器的周期
t2_cmp1[15～0]	0x0000	R/W	保存正计数器的比较值 1
t2_cmp2[15～0]	0x0000	R/W	保存正计数器的比较值 2
t2ovf[23～0]	0x000000	R/W	保存 24 位溢出计数器值
t2ovf_cap[23～0]	0x000000	R	保存溢出计数器最后捕获的值
t2ovf_per[23～0]	0x000000	R/W	保存溢出计数器的周期
t2ovf_cmp1[23～0]	0x000000	R/W	保存溢出计数器的比较值 1
t2ovf_cmp2[23～0]	0x000000	R/W	保存溢出计数器的比较值 2

说明：计数器值等于设置计数器周期时产生溢出。此时，溢出计数器加 1，且计数器值设置为 0。当溢出计数器值与溢出计数器的周期相等时，发生溢出周期事件，溢出计数器值设置为 0。

3．定时器 2 复用选择寄存器 T2MSEL

定时器 2 复用选择寄存器 T2MSEL 主要负责读取内部寄存器保存的数值，如表 4-24 所示。

表 4-24　定时器 2 复用选择寄存器 T2MSEL

位	名称	复位	R/W	描述
7	–	0	R0	保留
6～4	T2MOVFSEL	0	R/W	寄存器的值选择，即当访问 T2MOVF0、T2MOVF1 和 T2MOVF2 时要修改或读的内部寄存器，选择方法如下： 000：t2ovf（溢出计数器） 001：t2ovf_cap（溢出计数器捕获值） 010：t2ovf_per（溢出计数器的周期） 011：t2ovf_cmp1（溢出计数器的比较值 1） 100：t2ovf_cmp2（溢出计数器的比较值 2） 101-111：保留
3	–	0	R/W	保留读作 0
2～0	T2MSEL	0	R/W	寄存器的值选择，即当访问 T2M0 和 T2M1 时要修改或读的内部寄存器。选择方法如下： 000：t2tim（计数器值） 001：t2_cap（计数器捕获值） 010：t2_per（计数器周期） 011：t2_cmp1（计数器的比较值 1） 100：t2_cmp2（计数器的比较值 2） 101-111：保留

寄存器 T2MSEL 的第 6～4 位负责读取、设置或修改内部寄存器 t2ovf、t2ovf_cap、

t2ovf_per、t2ovf_cmp1 和 t2ovf_cmp2。

寄存器 T2MSEL 的第 2～0 位主要负责读取、设置或修改内部寄存器 t2tim、t2_cap、t2_per、t2_cmp1 和 t2_cmp2。

【例 4-5】　设置定时器 2 工作在比较模式 2。

分析：设置定时器 2 工作在比较模式 2，第 2～0 位必须设置为 100，程序代码如下。

```
T2MSEL |= 0x04;
```

4. 定时器 2 控制寄存器 T2CTRL

定时器 2 控制寄存器 T2CTRL 的主要功能是负责读取 T2M0 和 T2M1 寄存器的值、设置定时器 2 的状态及选择启用和停止定时器，如表 4-25 所示。

寄存器 T2CTRL 第 3 位负责读取 T2M0 和 T2M1 寄存器的数值。

寄存器 T2CTRL 第 2 位负责设置定时器 2 的状态，为 0 时定时器 2 空闲；为 1 时定时器 2 运行。

寄存器 T2CTRL 第 1 位负责设置定时器 2 启动和停止的状态，为 0 时启动和停止定时器 2 是立即的，同步 clk_rf_32m；为 1 时启动和停止定时器 2 是在 32kHz 时钟边沿发生。

寄存器 T2CTRL 第 0 位负责停止和启动定时器 2，为 0 时停止定时器 2；为 1 时启动定时器 2。

表 4-25　定时器 2 控制寄存器 T2CTRL

位	名称	复位	R/W	描述
7～4	－	0000	R0	保留
3	LATCH_MODE	0	R/W	0：读 T2M0，T2MSEL.T2MSEL=000 锁定定时器的高字节，使它准备好从 T2M1 读。读 T2MOVF0，T2MSEL.T2MOVFSEL=000 锁定溢出计数器的两个最高字节，使可以从 T2MOVF1 和 T2MOVF2 读它们。 1：读 T2M0，T2MSEL.T2MSEL=000 一次锁定定时器和整个溢出计数器，以便读 T2M1、T2MOVF0、T2MOVF1、T2MOVF2 的值
2	STATE	0	R	定时器 2 的状态 0：定时器空闲 1：定时器运行
1	SYNC	1	R/W	0：启动和停止定时器是立即的，即和 clk_rf_32m 同步。 1：启动和停止定时器在第一个正 32kHz 时钟边沿发生
0	RUN	0	R/W	写 1 启动定时器，写 0 停止定时器。读时，返回最后写入值

【例 4-6】　开启定时器 2。

分析：开启定时器 2，第 0 位必须设置为 1，程序语句如下。

```
T2CTRL |= 0x01;
```

5. 定时器 2 复用寄存器 0——T2M0 和定时器 2 复用寄存器 1——T2M1

定时器 2 复用寄存器 0——T2M0 和定时器 2 复用寄存器 1——T2M1 负责设置定时器和计数器寄存器的值，T2M0 为低 8 位，T2M1 为高 8 位。T2M0、T2M1 如表 4-26 和表 4-27 所示。

表 4-26　定时器 2 复用寄存器 0—T2M0

位	名称	复位	R/W	描述
7～0	T2M0	0x00	R/W	可根据 T2MSEL.T2MSEL 的值，读/写一个内部寄存器的低 8 位。当读该寄存器时，T2MSEL.T2MSEL 设置为 000，且 T2CTRL.LATCH_MODE 设置为 0，定时器值被锁定；当 T2MSEL.T2MSEL 设置为 000，且 T2CTRL.LATCH_MODE 设置为 1，定时和溢出计数器值被锁定

表 4-27   定时器 2 复用寄存器 0—T2M1

位	名称	复位	R/W	描述
7~0	T2M1	0x00	R/W	可根据 T2MSEL.T2MSEL 的值，读/写一个内部寄存器的低 8 位。当读该寄存器时，T2MSEL.T2MSEL 设置为 000，且 T2CTRL.LATCH_MODE 设置为 0，定时器值被锁定；当读该寄存器时，T2MSEL.T2MSEL 设置为 000，t2timg 高 8 位值被锁定

6. 定时器 2 中断标志寄存器 T2IRQF

定时器 2 中断标志寄存器 T2IRQF 有 6 个中断标志位，如表 4-28 所示。

T2IRQF 寄存器的第 5 位为定时器 2 计数器 t2ovf_cmp2 溢出中断标志。如果为 1 表示发生了中断，否则表示未发生中断。

T2IRQF 寄存器的第 4 位为定时器 2 计数器 t2ovf_cmp1 溢出中断标志。如果为 1 表示发生了中断，否则表示未发生中断。

T2IRQF 寄存器的第 3 位为定时器 2 计数器 t2ovf_per 溢出中断标志。如果为 1 表示发生了中断，否则表示未发生中断。

T2IRQF 寄存器的第 2 位为定时器 2 计数器 t2_cmp2 溢出中断标志。如果为 1 表示发生了中断，否则表示未发生中断。

T2IRQF 寄存器的第 1 位为定时器 2 计数器 t2_cmp1 溢出中断标志。如果为 1 表示发生了中断，否则表示未发生中断。

T2IRQF 寄存器的第 0 位为定时器 2 计数器 t2_per 溢出中断标志。如果为 1 表示发生了中断，否则表示未发生中断。

表 4-28   定时器 2 中断标志寄存器 T2IRQF

位	名称	复位	R/W	描述
7~6	–	0	R0	保留
5	TIMER2_OVF_COMPARE2F	0	R/W	当定时器 2 溢出计数器到达定时器 2 的 t2ovf_cmp2 设置的值时该位置 1
4	TIMER2_OVF_COMPARE1F	0	R/W	当定时器 2 溢出计数器到达定时器 2 的 t2ovf_cmp1 设置的值时该位置 1
3	TIMER2_OVF_PERF	0	R/W	当定时器 2 溢出计数器到达定时器 2 的 t2ovf_per 设置的值时该位置 1
2	TIMER2_COMPARE2F	0	R/W	当定时器 2 计数器到达定时器 2 的 t2_cmp2 设置的值时该位置 1
1	TIMER2_COMPARE1F	0	R/W	当定时器 2 计数器到达定时器 2 的 t2_cmp1 设置的值时该位置 1
0	TIMER2_PERF	0	R/W	当定时器 2 计数器到达定时器 2 的 t2_per 设置的值时该位置 1

7. 定时器 2 中断控制寄存器 T2IRQM

定时器 2 中断控制寄存器 T2IRQM 控制定时器 2 的 6 个中断使能位，与 T2IRQF 的 6 个中断标志位相对应，如表 4-29 所示，某位设置为 1 表示使能了相应中断，否则禁止相应中断。

表 4-29   定时器 2 中断标志寄存器 T2IRQM

位	名称	复位	R/W	描述
7~6	–	0	R0	保留
5	TIMER2_OVF_COMPARE2M	0	R/W	使能 TIMER2_OVF_COMPARE2 中断
4	TIMER2_OVF_COMPARE1M	0	R/W	使能 TIMER2_OVF_COMPARE1 中断

（续）

位	名称	复位	R/W	描述
3	TIMER2_OVF_PERM	0	R/W	使能 TIMER2_OVF_PER 中断
2	TIMER2_COMPARE2M	0	R/W	使能 TIMER2_COMPARE2 中断
1	TIMER2_COMPARE1M	0	R/W	使能 TIMER2_COMPARE1 中断
0	TIMER2_PERM	0	R/W	使能 TIMER2_PER 中断

【例 4-7】　使能 TIMER2_OVF_COMPARE2 中断。

分析：要使能 TIMER2_OVF_COMPARE2 中断，T2IRQM 的第 5 位必须设置为 1，程序代码如下。

```
T2IRQM |= 0x20;
```

8. 案例：定时器 2 精确控制 LED 状态切换的时间间隔

（1）功能描述

定时器 2 计数器计数到 t2_cmp2 的值，产生中断，中断达到 200 次，改变 LED1 和 LED2 的状态。

（2）案例分析

硬件电路如图 4-13 所示。

（3）程序设计

需设计主函数、定时器 2 和 LED 的初始化函数、中断服务程序，并引用头文件、声明变量、函数等。

1）主函数及头文件引用、变量、函数声明。主函数调用定时器 2 和 LED 的初始化函数，如果发送中断，则切换 LED 的状态，这部分的程序代码如下。

```
#include<iocc2530.h>
#define uint unsigned int
#define uchar unsigned char
uint counter=0;
uchar  TempFlag;
#define value 255
#define LED1 P1_0
#define LED2 P1_1
void main()
{
   tInitial();
   LInitial();
   T2CTRL |=0x01;
   while(1)
   {
     if(TempFlag)
     {
        LED1=!LED1
        LED2=!LED2;
        TempFlag=0;
     }
   }
}
```

2）定时器 2 的初始化函数。在定时器 2 的初始化函数中首先初始化 LED 的状态为关闭状态，然后开启 TIMER2_COMPARE2 中断、开启定时器 2 中断和总中断，最后设定计数器比较值为 value。程序代码如下。

```
void tInitial()
{
    P1SEL&=~0x03;
    P1DIR=0x03;
    P1_0&=~0x01;
    P1_1&=~0x02;
    T2IRQM |=0x04;
    EA=1;
    T2IE=1;
    T2MSEL|=0x74;
    T2M1=value>>8;
    T2M0=value&0xff;
}
```

3）LED 的初始化函数。LED1 和 LED2 初始化为熄灭，程序代码如下。

```
void LInitial()
{
    P1SEL&=~0x03;
    P1DIR=0x03;
    LED1=0;
    LED2=0;
}
```

4）中断服务程序。在定时器的中断函数中重新设置计数器比较值，且中断达到 200 次，设置 TempFlag，程序代码如下。

```
#pragma vector=T2_VECTOR
__interrupt void T2_ISR(void)
{
    T2M1=value>>8;
    T2M0=value&0xff;
    T2IRQF=0;
    if(counter<200)  counter++;
    else
    {
        counter=0;
        TempFlag=1;
    }
}
```

思考：LED1 和 LED2 状态改变的时间间隔是多少秒？

分析：没有系统时钟的初始化程序，系统时钟默认采用 16MHz，所以，定时器 2 计数的频率为 16MHz，定时器 2 从 0 开始计数，计到 255，产生中断，然后重装 0，重新计数，直到中断 200 次，LED1 和 LED2 状态改变一次。因此，LED1 和 LED2 状态改变的时间间隔为

$$256×200×1/16\mu s=3200\mu s=3.2ms$$

4.3.3　定时器 3
和定时器 4

4.3.3　定时器 3 和定时器 4

定时器 3 和定时器 4 是两个 8 位定时器，每个定时器有两个
独立的比较通道，每个通道上使用一个 I/O 引脚。定时器 3 和定时器 4 的主要特点如下。

● 每个定时器有两个捕获/比较通道。

● 具有设置、清除或切换输出比较的功能。

● 可设置时钟分频器，可被 1、2、4、8、32、64、128 整除。

● 在每次捕获/比较和最终计数事件发生时可以产生中断请求。

● 具有 DMA 触发功能。

本节学习定时器 3 和定时器 4 的运行模式、通道模式、定时器中断、DMA 触发和定时
器 3、4 寄存器。

1. 运行模式

定时器 3 与定时器 4 分别具有一个 8 位计数器，提供定时、计数功能，计数器有 4 种运
行模式：自由运行模式、倒计数模式、模模式和正计数/倒计数模式。

（1）自由运行模式

定时器的计数器从 0x00 开始，在每个时钟活动的边沿递增，当计数器达到 0xFF
时，计数器将重新载入 0x00。如果设置了中断，当达到最终计数值 0xFF 时，将会产生
一个中断请求。

（2）倒计数模式

定时器启动后，计数器载入预先设置好的数值，通过计数器倒计时，当达到 0x00 时，
会产生一个中断标志。如果设置了中断，就会产生一个中断申请。

（3）模模式

8 位计数器在 0x00 启动，每个活动时钟边沿递增。当计数器达到相应寄存器所设置的
最终计数值时，计数器复位至 0x00，并继续递增。如果设置了中断，还会产生一个中断请
求。模模式还可用于周期不是 0xFF 的应用程序。

（4）正计数/倒计数模式

计数器从 0x00 开始正计数，直到达到设置的数值，然后自动启用倒计数，直到达到
0x00。

2. 通道模式

对于定时器 3 和定时器 4 的通道 0 和通道 1，每个通道模式是由控制和状态寄存器来控
制的，设置模式包括输入捕获模式和输出比较模式。

（1）输入捕获模式

当通道配置为输入捕获通道，通道相关的 I/O 引脚配置为输入。定时器启动之后，输入
引脚上的一个上升沿、下降沿或任何边沿都会触发一个捕获，即捕获 8 位计数器内容到相关
的捕获寄存器中，因此定时器能够捕获一个外部事件发生的时间。通道输入引脚与内部系统
时钟是同步的。因此输入引脚上脉冲的最小持续时间必须大于系统时钟周期。当发生一个捕
获且设置了相应中断，输入捕获产生时，就会产生一个中断请求。

（2）输出比较模式

在输出比较模式下，与该通道相关的 I/O 引脚必须设置为输出。定时器启动后，将对比
计数器的内容和通道比较寄存器的内容，如果计数器的内容等于比较寄存器的内容，根据比

较输出模式的设置，输出引脚将被设置。

3．定时器中断

定时器 3 和定时器 4 各有一个中断向量，当中断事件发生时，将产生一个中断请求，中断事件由几种触发方式：计数器达到最终计数值、比较事件、捕获事件。

4．DMA 触发

定时器 3 和定时器 4 有两个相关的 DMA 触发，它们通过定时器通道的捕获/比较事件触发。DMA 触发事件包含定时器 3 通道 0 捕获/比较触发、定时器 3 通道 1 捕获/比较触发、定时器 4 通道 0 捕获/比较触发、定时器 4 通道 0 捕获/比较触发。

4.3.3　定时器
3、4寄存器

5．定时器 3、4 寄存器

定时器 3 和定时器 4 相关寄存器有计数器、定时器控制寄存器、定时器通道捕获/比较控制寄存器、定时器通道捕获比较值寄存器、中断标志寄存器。定时器 3 和定时器 4 相关寄存器基本相同，因此本部分以定时器 3 为例来学习寄存器。

（1）计数器 T3CNT

计数器 T3CNT 的主要功能是计数，此寄存器存放 8 位计数器的当前值，如表 4-30 所示。

表 4-30　计数器 T3CNT

位	名称	复位	R/W	描述
7～0	CNT[7～0]	0x00	R/W	定时器计数字节，包含 8 位计数器当前值

（2）控制寄存器 T3CTL

控制寄存器 T3CTL 主要负责定时器 3 分频器、停止/运行、中断设置、计数器清除和选择定时器 3 的功能模式，如表 4-31 所示。

表 4-31　控制寄存器 T3CTL

位	名称	复位	R/W	描述
7～5	DIV[2～0]	000	R/W	分频器划分值，对 CLKCONCMD.TICKSPD 指示的定时器时钟进行分频，产生有效时钟沿，可以设置的值如下： 000：标记频率/1；001：标记频率/2；010：标记频率 4；011：标记频率/8 100：标记频率/16；101：标记频率/32；110：标记频率/64；111：标记频率/128
4	START	0	R/W	启动定时器。正常运行时设置，暂停时清除
3	OVFIM	1	R/W0	溢出中断屏蔽。0：中断禁止；1：中断使能
2	CLR	0	R0/W1	清除计数器，总是读作 0。写 1 到 CLR 复位计数器到 0x00，并初始化相关通道所有的输出引脚
1～0	MODE[1～0]	00	R/W	选择定时器 3 模式。定时器操作模式通过下列方式选择： 00：自由运行，从 0x00～0xFF 反复计数； 01：倒计数，从 T3CC0～0x00 计数； 10：模，从 0x00～T3CC0 反复计数； 11：正计数/倒计数，从 0x00～T3CC0 反复计数且从 T3CC0 倒计数到 0x00

（3）通道 n 捕获/比较控制寄存器 T3CCTLn

定时器 3 有两个通道，n 分别为 0、1。通道 n 捕获/比较控制寄存器 T3CCTLn（主要负责通道的中断设置、通道比较输出模式选择、通道模式选择和捕获模式选择，如表 4-32 所示。

表 4-32　通道 n 捕获/比较控制寄存器 T3CCTLn

位	名称	复位	R/W	描述
7	–	0	R0	未使用
6	IM	1	R/W	通道中断屏蔽。0：中断禁止；1：中断使能
5～3	CMP[2:0]	000	R/W	通道比较输出模式选择。当计数器值与 T3CCn 中的比较值相等时输出特定的操作。 000：在比较设置输出；001：在比较清除输出；010：在比较切换；011：在比较正计数时设置输出，在 0 清除；100：在比较正计数时清除输出，在 0 设置 101：在比较设置输出，在 0xFF 清除；110：在 0x00 设置，在比较清除输出 111：初始化输出引脚，CMP[2:0]不变
2	MODE	0	R/W	通道模式，选择定时器 3 通道 n 捕获或比较模式。 0：捕获模式；1：比较模式
1～0	CAP	00	R/W	捕获模式选择。 00：无捕获；01：在上升沿捕获；10：在下降沿捕获；11：在两个边沿都捕获

寄存器 T3CCTLn 第 6 位设置通道 n 中断。当该位设置为 0 时，禁止通道 n 中断发生；当该位设置为 1 时，使能通道 n 中断，允许通道 n 中断发生。

寄存器 T3CCTLn 第 5～3 位用于选择通道比较输出模式，如表 4-32 所示。

寄存器 T3CCTLn 第 2 位用于选择捕获/比较模式，设置为 0 位捕获模式，设置为 1 为比较模式。

寄存器 T3CCTLn 第 1～0 位用于选择捕获模式，如表 4-32 所示。

（4）通道 n 捕获/比较值寄存器 T3CCn

通道 n 捕获/比较值寄存器 T3CCn 的主要功能是设置定时器捕获/比较数值，以通道 0 为例，通道 0 捕获/比较值寄存器 T3CC0 的具体设置如表 4-33 所示。

表 4-33　通道 0 捕获/比较值寄存器 T3CC0

位	名称	复位	R/W	描述
7～0	VAL[7～0]	0	R/W	存放定时器 3 捕获/比较通道 0 的值。当 T3CCTL0.MODE=1 时，写该寄存器会导致 T3CC0.VAL[7:0]更新，写入值延迟到 T3CNT.CNT[7:0]=0x00，即计数器 T3CNT 的值计为 0 时，该值才起作用

（5）定时器 1/3/4 中断标志寄存器 TIMIF

定时器中断标志寄存器 TIMIF 负责判断定时器 1、定时器 3 和定时器 4 的中断标志，如表 4-34 所示。

表 4-34　定时器 1/3/4 中断标志寄存器 TIMIF

位	名称	复位	R/W	描述
7	–	0	R0	保留
6	T1OVFIM	1	R/W	定时器 1 溢出中断屏蔽
5	T4CH1IF	0	R/W0	定时器 4 通道 1 中断标志。0：无中断发生；1：发生中断
4	T4CH0IF	0	R/W0	定时器 4 通道 0 中断标志。0：无中断发生；1：发生中断
3	T4OVFIF	0	R/W0	定时器 4 溢出中断标志。0：无中断发生；1：发生中断
2	T3CH1IF	0	R/W0	定时器 3 通道 1 中断标志。0：无中断发生；1：发生中断
1	T3CH0IF	0	R/W0	定时器 3 通道 0 中断标志。0：无中断发生；1：发生中断
0	T3OVFIF	0	R/W0	定时器 3 溢出中断标志。0：无中断发生；1：发生中断

（6）中断状态标志寄存器 IRCON

中断状态标志寄存器 IRCON 如表 4-35 所示。

表 4-35 中断状态标志寄存器 IRCON

位	名称	复位	R/W	描述
7	STIF	0	R/W	睡眠定时器中断标志。0：无中断未决；1：中断未决
6	–	0	R/W	必须写为 0，写入 1 总是使能中断源
5	P0IF	0	R/W	端口 0 中断标志。0：无中断未决；1：中断未决
4	T4IF	0	R/WH0	定时器 4 中断标志。当定时器 4 发生中断时设置为 1，当 CPU 指向中断向量服务例程时清除该位，0：无中断未决；1：中断未决
3	T3IF	0	R/W0	定时器 3 中断标志。当定时器 3 发生中断时设置为 1，当 CPU 指向中断向量服务例程时清除该位，0：无中断未决；1：中断未决
2	T2IF	0	R/W0	定时器 2 中断标志。当定时器 1 发生中断时设置为 1，当 CPU 指向中断向量服务例程时清除该位，0：无中断未决；1：中断未决
1	T1IF	0	R/W0	定时器 1 中断标志。当定时器 1 发生中断时设置为 1，当 CPU 指向中断向量服务例程时清除该位，0：无中断未决；1：中断未决
0	DMAIF	0	R/W0	DMA 完成中断标志。0：无中断未决；1：中断未决

6. 案例 1：定时器 3 中断方式控制 LED 周期性闪烁

（1）功能描述

4.3.3　定时器 3 中断方式控制 LED 周期性闪烁

假设系统时钟是 16MHz，定时器分频器 128 分频，定时器 3 工作在自由运行模式，通过中断方式控制 LED1 以 1s 的周期进行周期性地闪烁。

（2）案例分析。

硬件电路如图 4-13 所示。LED1 以 1s 的周期进行周期性地闪烁，即不断闪烁，闪烁一次实质上是亮一段时间，熄灭一段时间，本案例假设闪烁一次亮 0.5s，熄灭 0.5s。设定时器 3 计数频率 f，则

$$f=16M/128$$

因此，定时器 3 计一个数的时间 t 为

$$t=1/f=8\times10^{-6}s$$

已知定时器工作在模模式，每次从 0 开始计数，记到 255 产生中断，因此，中断一次计数个数为 256，设中断 N 次可定时 0.5s，则

$$8\times10^{-6}\times256\times N=0.5\rightarrow N\approx245$$

（3）程序设计。

需设计主函数、定时器 3 初始化函数、LED1 的初始化函数、中断服务程序，并引用头文件、声明变量、函数等。

1）主函数及头文件引用、变量、函数声明。主函数调用定时器 3 初始化函数、LED1 的初始化函数，并等待定时器 3 中断发生。

```
#include <ioCC2530.h>
#define LED1 P1_0
unsigned char count = 0;
void LED1Init();
void T3Init();
void main()
{
```

```
LED1Init();
T3Init();
for (;;);
}
```

2）定时器 3 初始化函数。使能定时器 3 中断、使能溢出中断，设置定时器 3 工作在自由运行模式、128 分频，启动定时器。因此，定时器 3 初始化函数代码如下。

```
void T3Init(void)
{
  EA = 1;
  IEN1 |= 0x08;
  T3CTL |= 0x08;

  T3CTL |= 0xE0;
  T3CTL &= ~0x03;

  T3CTL |= 0x10;
}
```

3）LED1 的初始化函数。设置 LED1 初始状态为熄灭，LED1 的初始化函数代码如下。

```
void LED1Init(void)
{
  P1SEL &= ~0x01;
  P1DIR |= 0x01;
  LED1 = 0;
}
```

4）中断服务程序。CC2530 响应中断，需要执行中断服务程序，对中断次数进行计数，并判断中断次数是否达到 245，达到 245 就切换 LED1 的状态，否则直接返回。中断服务程序代码如下。

```
#pragma vector = T3_VECTOR
__interrupt void T3_ISR(void)
{
  IRCON = 0; //清中断
  if (++count > 245)
  {
    count = 0;
    LED1 = !LED1;
  }
}
```

7. 案例 2：定时器 3 溢出中断控制 LED 闪烁

（1）功能描述

LED1 和 LED2 初始化为点亮状态。假设系统时钟是 16MHz，定时器 3 工作在模模式，分频器 16 分频，设置适当的比较值，当计数器的值达到装载的比较值后溢出，并产生中断。

（2）案例分析

设 LED1 和 LED2 初始化和定时器 3 初始化函数为 Init_T3()，定时器 3 中断服务程序为

T3_ISR()，则本案例程序代码如下。

```c
#include <ioCC2530.h>
#define LED1 P1_0
#define LED2 P1_1
#define uchar unsigned char
int counter = 0;
void Init_T3(void)
{
    P1DIR = 0x03;
    LED1 = 1;
    LED2 = 1;
    T3CTL = 0x06;
    T3CCTL0 = 0x44;
    T3CCTL1 = 0x44;
    T3CTL |= 0x08;
    EA = 1;
    T3IE = 1;
    T3CTL|=0x80;
    T3CC0 = 0xf0;
    T3CTL |= 0x10;
};
void main(void)
{
    Init_T3();
    LED1= 0;
    LED2 = 0;
    while(1);
}
#pragma vector = T3_VECTOR
__interrupt void T3_ISR(void)
{
    IRCON = 0x00;
    if(counter<500)
    {
        counter++;
    }
    else
    {
        counter = 0;
        LED1 = !LED1;
        LED2 = !LED2;
    }
}
```

思考：LED1 和 LED2 闪烁的时间间隔是多少秒？

分析：LED1 和 LED2 闪烁一次的时间间隔包括亮一次的时间和灭一次的时间，即 LED1、LED2 状态切换两次的时间。由 T3_ISR()可知，定时器 3 中断 500 次，LED1 和 LED2 同时进行状态切换，中断 500 次的定时时间 t 为

计一个数的时间×计数个数×500

已知系统时钟是 16MHz，定时器 3 分频器 16 分频，则计一个数的时间为 1μs。由 T3CTL = 0x06；T3CC0 = 0xf0;可知定时器 3 工作在模模式，且设置的比较值为 240，计数个数为 241，即 t=1×241×500×10^{-6}s≈0.12s。因此，LED1 和 LED2 闪烁一次的时间间隔为 0.24s。

4.3.4　睡眠定时器

1. 睡眠定时器介绍

睡眠定时器是一个具有定时、计数功能的 24 位定时器。运行在 32kHz 的时钟频率，主要用于设置系统进入和退出低功耗睡眠模式之间的周期。睡眠定时器还用于当进入低功耗睡眠模式时，维持定时器 2 的定时。

睡眠定时器的功能包括：具有 24 位的定时、计数功能；具有中断和 DMA 触发功能；具有 24 位的比较、捕获功能。睡眠定时器处于定时比较功能时，即定时器的值等于 24 位比较器的值时，就发生一次定时器比较。此时定时比较通过写入寄存器 ST2、ST1 和 ST0 来设置。

2. 寄存器

（1）寄存器 ST2、ST1、ST0

寄存器 ST2、ST1、ST0 主要用来设置睡眠定时器计数比较值，如表 4-36、表 4-37 和表 4-38 所示。

表 4-36　寄存器 ST2

位	名称	复位	R/W	描述
7～0	ST2[7:0]	0x00	R/W	存放休眠定时器计数/比较值。当读取时，该寄存器返回休眠定时器的高位[23:16]。当写该寄存器时，设置比较值的高位[23:16]。在读寄存器 ST0 时该值是锁定的，当写 ST0 时该值是锁定的

表 4-37　寄存器 ST1

位	名称	复位	R/W	描述
7～0	–	0	R0	存放休眠定时器计数/比较值。当读取时，该寄存器返回休眠定时器的中间位[15:8]。当写该寄存器时设置比较值的中间位[15:8]。在读寄存器 ST0 时该值是锁定的，当写 ST0 时该值是锁定的

表 4-38　寄存器 ST0

位	名称	复位	R/W	描述
7～0	–	0	R0	存放休眠定时器计数/比较值。当读取时，该寄存器返回休眠定时器的低位[7:0]。当写该寄存器时，设置比较值的低位[7:0]。写该寄存器被忽略，除非 STLOAD.LDRDY 为 1

（2）睡眠定时器加载状态寄存器 STLOAD

睡眠定时器加载状态寄存器 STLOAD 主要用于写入 ST0 寄存器加载新的比较值，当 STLOAD 寄存器的第 0 位设置为 1 时，表示加载 ST0 寄存器的更新值，如表 4-39 所示。

表 4-39　睡眠定时器加载状态寄存器 STLOAD

位	名称	复位	R/W	描述
7～1	–		R0	保留
0	LDRDY	1	R	加载准备好，当睡眠定时器加载 24 位比较值时，该位的值是 0；当睡眠定时器准备好开始加载一个新的比较值时，该位是 1

4.4 实验 UART 串口通信

1．实验目的

1）掌握串口寄存器的设置方法。

2）掌握使用串口接收 PC 发送过来的数据的方法。

2．实验仪器

1）硬件：PC。

2）软件：IAR for 8051 软件。

3．实验内容

CC2530 接收 PC 从串口发送的命令，控制 LED 的亮灭。

4．实验准备

1）复习本章串口部分。

2）熟悉 IAR for 8051 软件的使用。

5．实验原理

基于 CC2530 最小系统设计实验的硬件电路，CC2530 串口通过 PL2303 芯片与 PC 的 USB 口连接，CC2530 通过 P1_0、P1_1 控制 LED1、LED2，如图 4-15 所示。

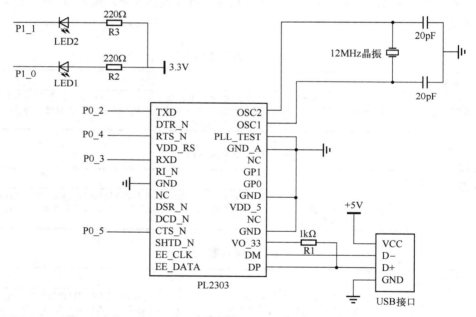

图 4-15　UART 串口通信实验原理

6．实验内容

（1）实验原理分析

如图 4-15 所示，CC2530 使用 P0_2、P0_3、P0_4 充当 UART 功能。发光二极管 LED1 阴极与 CC2530 的 P1_0 连接，发光二极管 LED2 的阴极与 CC2530 的 P1_1 连接。因此，P1_1 和 P1_0 的输出电压为低电平，发光二极管就会点亮，反之则会熄灭。

（2）实验要求

编写程序，使 CC2530 从串口 0 以 115200 波特率接收 PC 发过来的命令，该命令可控制

LED 灯的亮灭，控制数据的格式为"灯编号开｜关#"，灯的编号为 1，2，0 控制关灯，1 控制开灯，如打开 LED1 的命令是"11#"，打开 LED2 的命令是"21#"。

（3）编写、调试程序在 IAR for 8051 环境中编辑、编译、调试程序，最终实现实验要求。

（4）参考程序

```
#include <ioCC2530.h>
#define uint unsigned int
#define uchar unsigned char
#define LED1 P1_0
#define LED2 P1_1
void Delay(uint);
void initUART (void);
void Init_LED_IO(void);
void recUART(void);
/*字符型数组，存放接收的字符*/
uchar Recdata[3]="00";
/*字符型变量，接收数据标志*/
uchar RTflag = 1;
uchar temp;
uint  datanumber = 0,i=1,counter=0,j=0,k=0;
void main(void)
{
  uchar ii;
  Init_LED_IO();
  initUART();
  while(1)
  {
    while (URX0IF==0);
    recUART();
    /*接收数据：第 1 次接收'i'、第 2 次接收'j'、第 3 次接收'#'，接收 3 次称为 1 轮接
收，即"10#"；第 2 轮接收"11#"；第 3 轮接收"21#"，第 4 轮接收"20#"第 5 轮又开始接收
"10#"，以此类推。*/
    if(RTflag == 1)
    {
      if( temp != 0)
      {
        /*'#'被定义为结束字符*/
        if((temp!='#')&&(datanumber<3))
        {
          /*最多能接收 3 个字符 */
          Recdata[datanumber++] = (uchar)temp;
        }
        else
        {
          /*如果字符接收完毕将进入 LED 状态改变程序*/
          RTflag = 3;
        }
        /*接收 3 个字符后进入 LED 灯控制*/
        if(datanumber == 3)
```

```
          {
            RTflag = 3;
            temp  = 0;
          }
        }
      }
      /*LED 控制程序*/
      if(RTflag == 3)
      {
        /*判断接收的第一个字符是否为"2"*/
        if(Recdata[0]=='1')
        {
         /*判断接收的第二个字符是否为"1"*/
          if(Recdata[1]=='1')
          {
          LED1=1;
          }
                /*如果为"0"LED1 关闭*/
          else
          {
            LED1=0;
          }
        }
         /*LED2 控制程序*/
        /*判断接收的第 1 个字符是否为"3"*/
        if(Recdata[0]=='2')
        {
          /*判断接收的第 2 个字符是否为"1"*/
          if(Recdata[1]=='1')
          {
          LED2=1;
          }
                /*如果为"0"则关闭 D3*/
          else
          {
           LED2=0;
          }
        }
      RTflag = 1;
      /*清除接收到的数据*/
      for(ii=0;ii<3;ii++)Recdata[ii]=' ';
      /*指针归位*/
      datanumber = 0;
      }
    URX0IF=1;
    }
}
void initUART(void)
{
```

```
    CLKCONCMD &= ~0x40;
    //while(!(SLEEPSTA & 0x40));
    SLEEPSTA|= 0x40;
    CLKCONCMD|=0x38;
    CLKCONCMD&=~0x07;
    SLEEPCMD |= 0x04;
    PERCFG &= ~0x01;
    P0SEL |= 0x3c;
    P2DIR &= ~0XC0;
    U0CSR |= 0x80;
    U0GCR |= 10;
    U0BAUD |= 216;
    URX0IF = 1;
    U0CSR |= 0X40;
    IEN0 |= 0x84;
}
void Init_LED_IO(void)
{
    P1SEL&=~0x03;
/*P1.0、P1.1 控制 LED*/
    P1DIR |= 0x03;
    /*关 LED2*/
    LED1= 1;
/*关 LED2*/
    LED2 = 1;
}

void recUART(void)
{
  URX0IF = 0;
  counter++;
  switch (counter)
  {
    case 1:
      U0DBUF='0'+i;
      break;
    case 2:
      U0DBUF='0'+j;
      break;
    case 3:
      U0DBUF='#';
      break;
  }
  temp = U0DBUF;
  if (counter==3)
  {
    counter=0;
    k++;
    if (k%2)   j=!j;
```

```
        else
        {
        i++;
        j=!j;
        if (i==3)  i=1;
        }
    }
  }
```

7. 实验报告要求

1）实验目的、要求、内容。

2）使用命令完成实验步骤的要求，并将实验的现象和结果写在实验结果处理的部分。

8. 思考题

CC2530 通过 UART 向 PC 发送 5B 的数据，要如何实现？

4.5 本章小结

CC2530 单片机的主要外设包括串口、定时器，本章介绍了它们的相关知识及应用方法，涉及的主要内容具体如下。

1）CC2530 单片机有两个串行通信接口，分别是 USART0 和 USART1，它们具有相同的功能，可通过设置相应的寄存器决定选用哪一个串口。

2）CC2530 单片机串口通信模式，包括 UART 模式操作和 SPI 模式的特点及使用的引脚。

3）CC2530 单片机串口寄存器 UxCSR、UxUCR、UxDBUF、UxBAUD、UxGCR 的功能、各个位的含义，及寄存器的设置方法。

4）CC2530 单片机串口通过 UxDBUF 发送数据、接收数据的原理。

5）CC2530 单片机和 PC 通过串口传输数据的硬件、软件设计。

6）CC2530 单片机 DMA 控制器的主要功能、特点、DMA 操作流程、DMA 配置、DMA 数据传输程序设计。

7）CC2530 单片机 5 个定时器，分别是定时器 1、定时器 3、定时器 4、定时器 2 和睡眠定时器，其中定时器 1 是 16 位定时器，定时器 3 和定时器 4 是 8 位定时器，定时器 2 和睡眠定时器用于休眠。

8）CC2530 单片机定时器 1 的功能，在自由运行模式、模模式和正计数/倒计数模式下的计数过程和通道模式的特点。

9）CC2530 单片机定时器 1 有 7 个寄存器，即计数高位寄存器 T1CNTH 和计数低位寄存器 T1CNTL、控制寄存器 T1CTL、状态寄存器 T1STAT、通道 n 捕获/比较控制寄存器 T1CCTLn、通道 n 捕获/比较高位寄存器 T1CCnH、通道 n 捕获/比较低位寄存器 T1CCnL，以及各个寄存器的功能和各个位的含义，及寄存器的设置方法。

10）通道 n 捕获/比较控制寄存器 T1CCTLn 第 2 位设置为比较模式，设置通道 n 工作在不同比较模式时，相应的引脚输出的波形。

11）CC2530 单片机定时器 1 精确控制 LED 状态切换的时间间隔的软硬件设计。

12）CC2530 单片机定时器 1 输出 PWM 波形的程序设计。

13）CC2530 单片机定时器 2 的功能及主要特征。

14）定时器 2 复用选择寄存器 T2MSEL、控制寄存器 T2CTRL、中断标志寄存器 T2IRQF 的功能、各个位的含义及设置方法。

15）CC2530 单片机定时器 2 精确控制 LED 状态切换的时间间隔的软件程序设计。

16）CC2530 单片机定时器 3 和定时器 4 的主要特点。

17）CC2530 单片机定时器 3 和定时器有 4 种运行模式，每种运行模式的计数过程。

18）CC2530 单片机定时器 3 和定时器 4 通道模式的特点、中断触发方式。

19）CC2530 单片机定时器 3 和定时器 4 相关寄存器有 6 个，即计数器 T3CNT、定时器控制寄存器 T3CTL、定时器通道捕获/比较控制寄存器 T3CCTLn、定时器通道捕获比较值寄存器 T3CCn、中断标志寄存器 TIMIF、IRCON，以及各个寄存器的功能、各个位的含义及设置方法。

20）CC2530 单片机定时器 3 中断方式控制 LED1 周期性闪烁的程序设计。

21）CC2530 单片机定时器 3 工作在不同模式下，通过中断控制 LED 闪烁的时间间隔的计算方法。

4.6　习题

1. 选择题

（1）如果要设置定时器 3 硬件连接为备用位置 1，需要将（　　）寄存器的值和（　　）进行（　　）运算。

    A. PERCFG，0x10，或　　　　　　　B. PERCFG，～0x10，与

    C. PERCFG，0x20，或　　　　　　　D. PERCFG，～0x20，与

（2）如果要设置串口 0 的优先级别最高，需要将（　　）寄存器的值和（　　）进行（　　）运算。

    A. P2DIR，0xC0，或　　　　　　　B. P2DIR，～0xC0，与

    C. P2DIR，0x18，或　　　　　　　D. P2DIR，～0x18，与

（3）CC2530 串口工作在 UART 模式，最多可使用（　　）个引脚，其中 RX 引脚实现（　　）功能。

    A. 4，发送　　　　B. 2，发送　　　　C. 4，接收　　　　D. 2，接收

（4）CC2530 串口工作在 SPI 模式，最多可使用（　　）个引脚，该模式实现（　　）串行通信。

    A. 4，同步　　　　B. 4，异步　　　　C. 3，同步　　　　D. 3，异步

（5）下列选项中，（　　）可以配置串口 1 工作在 UART 模式。

    A. U0CSR |= 0x80;　　　　　　　B. U1CSR |= 0x80;

    C. U0CSR &= ～0x80;　　　　　　D. U1CSR &= ～0x80;

（6）下列选项中，（　　）可以设置串口 1 对应引脚选择备用位置 2。

    A. PERCFG |= 0x01;　　　　　　　B. PERCFG &= ～0x01;

    C. PERCFG &= ～0x02;　　　　　　D. PERCFG |= 0x02;

（7）如果 CC2530 的串口 0 传输 9 位的数据，需要设置（　　）寄存器。

    A. U0UCR　　　　B. U0CSR　　　　C. U0GCR　　　　D. U0BAUD

（8）CC2530 串口 0 通过中断方式接收数据，当满足（　　）条件时，可以从 U0DBUF 中读取数据。

A. UTX0IF=1   B. URX0IF=1   C. UTX1IF=1   D. URX1IF=1

（9）CC2530 有（   ）个定时器，其中定时器 1 有（   ）种工作模式。

    A. 5，4   B. 3，4   C. 3，3   D. 5，3

（10）CC2530 定时器 1 工作在自由模式，计数范围是（   ），每次溢出计（   ）个数。

    A. 0x0000～T1CC1，T1CC1   B. 0x0000～T1CC0，T1CC0

    C. 0x0000～0xFFFF，65536   D. 0x0000～T1CC2，T1CC2

（11）定时器 1 计数寄存器包括（   ）位，其中 T1CNTH 存放（   ）。

    A. 16，高 8 位   B. 16，低 8 位   C. 32，最高 8 位   D. 32，最低 8 位

（12）如果定时器 1 的通道 2 映射到 P1_0 引脚，并设置该通道为输出比较模式，则下列选项中，（   ）正确设置了 P1_0 的方向。

    A. P0SEL |=0x01;   B. P0DIR |=0x01;

    C. P2DIR |=0x01;   D. P1DIR |=0x01;

（13）设置（   ）寄存器可以实现定时器 1 通道 2 工作在比较模式。

    A. T1CCTL1   B. T1CCTL2   C. T1CCTL3   D. T1CCTL4

（14）已知定时器 1 的计数频率为 4MHz，如果要定时 0.02s，定时器 1 可以工作在（   ）模式。

      A. 自由运行   B. 模   C. 正计数/倒计数   D. 以上都可以

（15）CC2530 定时器 3 有（   ）种运行模式。

      A. 4   B. 3   C   5   D. 2

（16）CC2530 定时器 4 工作在自由模式，计数范围是（   ），每次溢出计（   ）个数。

    A. 0x0000～T4CC1，T4CC1   B. 0x0000～T4CC0，T4CC0

    C. 0x00～0xFF，256   D. 0x0000～0xFFFF，65536

（17）定时器 4 计数器 T4CNT 包括（   ）位。

    A. 8   B. 16   C. 12   D. 14

（18）下列选项中，（   ）可以设置定时器 3 工作在倒计数模式。

    A. T3CTL =0x03;   B. T3CTL =0x02;

    C. T3CTL =0x00;   D. T3CTL =0x01;

（19）如果定时器 3 的通道 0 映射到 P1_6 引脚，并设置该通道为输入捕获模式，则下列选项中，（   ）正确设置了 P1_6 的功能。

    A. P1SEL |=0x40;   B. P0SEL |=0x40;

    C. P1SEL |=0x80;   D. P1SEL |=0x20;

（20）下列选项中，（   ）可以实现定时器 3 通道 1 工作在比较模式。

    A. T3CCTL1 = 0x40;   B. T3CCTL1 = 0x04;

    C. T3CCTL0 = 0x04;   D. T3CCTL0 = 0x40;

（21）下列选项中，（   ）可以设置定时器 3 分频器 16 分频。

    A. T3CTL |=0x20;   B. T3CTL |=0x40;

    C. T3CTL |=0x80;   D. T3CTL |=0x10;

（22）CC2530 串口 0 的控制和状态寄存器是（   ）。

    A. U0CSR   B. U0UCR   C. U0BUF   D. U0GCR

（23）对于定时器 1 说法错误的是（　　　）。

    A．5 个独立的捕获、比较通道

    B．只有上升沿具有输入捕获

    C．可被 1、8、32 或 128 整除的时钟分频器

    D．具有 DMA 触发功能

（24）下列选项中，（　　　）可以设置串口 0 为 SPI 的从模式。

    A．U0CSR |=～0x80　　　　　　B．U0CSR |=0x80

    C．U0GCR |=～0x80　　　　　　D．UGCR |=0x80

（25）CC2530 定时器 2 可以响应（　　　）个中断。

    A．4　　　　　　B．5　　　　　　C．6　　　　　　D．7

2．填空题

（1）CC2530 有两个串行通信接口_____和_____。

（2）定时器 1 支持定时和计数功能，有_____、_____和_____功能。

3．判断题

（1）CC2530 只有一个串口。

（2）U0DBUF 中只能存放 CC2530 要发送的 8 位数据。

（3）波特率的大小反映了串口传输速度。

（4）如果要获得定时器 1 计数寄存器的内容，必须先读取 T1CNTL，再读 T1CNTH。

（5）CC2530 定时器 3 和定时器 4 的寄存器基本相同。

（6）CC2530 的定时器 2 和睡眠定时器都是 16 位的定时器。

（7）CC2530 的定时器 2 不能和睡眠定时器一起使用。

（8）CC2530 的定时器 2 控制寄存器 T2CTRL 可启动或停止定时器。

（9）CC2530 的睡眠定时器主要用于设置系统进入和退出低功耗睡眠模式之间的周期。

（10）CC2530 睡眠定时器是一个具有定时、计数功能的 24 位定时器。

4．简答题

（1）简述 CC2530 单片机串口 UART 模式操作的特点。

（2）简述 CC2530 单片机串口 SPI 模式的特点。

（3）简述 CC2530 的 DMA 控制器的主要功能。

（4）简述 CC2530 的 DMA 操作过程。

第 5 章　CC2530 无线射频模块

CC2530 是兼容 IEEE 802.15.4 标准射频模块的片上系统芯片，集成了增强型 8051 内核和 RF 无线射频模块。射频的英文全称为 Radio Frequency，简称 RF。无线射频模块使用无线电波收发数据，是 CC2530 的核心部分，由 RF 内核控制。本章知识拓扑图如图 5-1 所示。

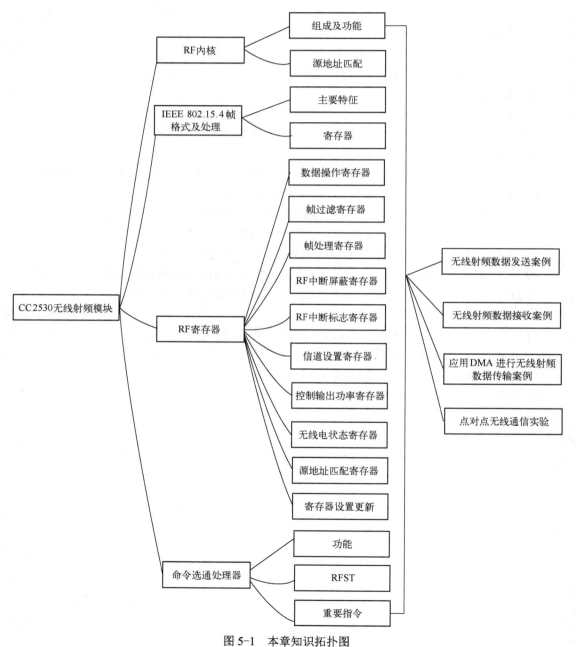

图 5-1　本章知识拓扑图

5.1　RF 内核

RF 内核控制无线射频模块，是 CC2530 的核心部分，本节学习 RF 内核组成及功能、源地址匹配等相关知识。

5.1.1　RF 内核
组成及功能

5.1.1　RF 内核组成及功能

RF 内核组成如图 5-2 所示，它控制模拟无线电模块，在 MCU 和无线电之间提供接口，通过此接口可实现发送命令、读取状态和自动对无线电事件排序的功能。

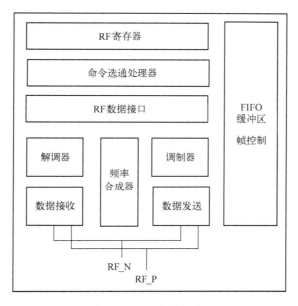

图 5-2　RF 内核组成

CC2530 的 RF 内核包括 FSM 子模块、调制器/解调器、帧过滤和源匹配、频率合成器、命令选通处理器（CSP）、无线电 RAM 和定时器 2（MAC 定时器）。

1．FSM 子模块

FSM 子模块控制 RF 收发器的状态、发送和接收 FIFO、动态受控的模拟信号。FSM 子模块有 3 个基本功能：为事件提供正确的顺序；为解调器的输入帧提供分布的处理，例如，读帧长度、计算收到的字节数、检查 FCS，以及在成功接收帧后，处理自动传输的确认帧；控制在调制器/解调器与 RAM 的 TXFIFO 和 RXFIFO 之间传输数据。

2．调制器/解调器

调制器负责按照 IEEE 802.15.4 标准把原始数据转换为 I/Q 信号发送到发送器 DAC。其中，I 表示同相，Q 表示正交，I/Q 信号指的是具有相同频率且相位相差 90° 的两路数字信号。调制器主要为了提高频谱利用率。

解调器负责从收到的信号中检索无线数据。解调器的振幅信息由 AGC（自动增益控制）控制，AGC 调整模拟 LAN（无线网络设备的天线信号发射功率）的增益，使接收器内的信号幅度维持在一个常量值。

3．帧过滤和源匹配

帧过滤和源匹配通过执行所有操作支持 RF 内核中的 FSM，按照 IEEE 802.15.4 标准执行帧过滤和源地址匹配。

4．频率合成器

频率合成器负责为 RF 信号产生载波。载波是指被调制以传输信号的波形，一般为正弦波。

5．命令选通处理器

命令选通处理器负责处理 CPU 发出的所有命令，且自动执行 CSMA/CA 机制。

6．无线电 RAM

无线电 RAM 负责发送数据的 TXFIFO（发送数据缓冲区）和接收数据的 RXFIFO（接收数据缓冲区），同时也为帧过滤和源地址匹配存储参数。

RF 内核包括 384B 的物理 RAM，位于地址 0x6000～0x617F。其中配置和状态寄存器位于地址 0x6180～0x61EF。

7．定时器 2

用于无线电事件计时，以捕获输入数据包的时间戳。定时器 2 在睡眠模式下也保持计数。

5.1.2 源地址匹配

1．源地址匹配的功能

仅当帧过滤使能且 RF 收到的帧已经被接收时才执行源地址匹配。该功能由以下寄存器控制：SRCMATCH、SRCSHORTENn(n=0,1,2)、SRCEXTENn(n=0,1,2)。源匹配将收到的帧的源地址和存储在无线电 RAM 中的一个源地址表进行匹配，如表 5-1 所示，该表占 96B。

表 5-1　源地址表

地址	寄存器/变量		端模式		描述
0x615E～0x615F	short_23		LE		
0x615C～0x615D	panid_23	ext_11	LE	LE	两个单独的短地址条目（16 位 panid 和 16 位短地址的组合）或 1 个扩展地址条目
0x615A～0x615B	short_22		LE		
0x6158～0x6159	panid_22		LE		
...	...	...	...		...
0x610E～0x610D	short_03		LE		
0x610C～0x610B	panid_03	ext_01	LE	LE	两个单独的短地址条目（16 位 panid 和 16 位短地址的组合）或 1 个扩展地址条目
0x610A～0x610B	short_02		LE		
0x6108～0x6109	panid_02		LE		
0x6106～0x6107	short_01		LE		
0x6104～0x6105	panid_01	ext_00	LE	LE	两个单独的短地址条目（16 位 panid 和 16 位短地址的组合）或 1 个扩展地址条目
0x6102～0x6103	short_00		LE		
0x6100～0x6101	panid_00		LE		

panid 为设备所在区域的网络地址，short 为设备的短地址，ext 为设备的 IEEE 扩展地址。由表 5-1 可知，短地址条目共 24 个，IEEE 扩展地址条目 12 个，其中短地址条目用 panid_00～panid23、short00～short23 表示，扩展地址条目用 ext_00～ext11 表示，因此每个短地址条目包括 2B 的 panid 地址，2B 的 short 地址；每个扩展地址条目占 8B，包括两个单独的短地址条目。

2．源地址匹配的设置方法

SRCMATCH.SRC_MATCH_EN 置 1 使能源地址匹配，通过软件分配源地址表的条目，并使能短地址或扩展地址相应位，短地址在 SRCSHORTEN2、SRCSHORTEN1、SRCSHORTEN0 中使能，寄存器位 n 对应短地址表中的条目 n。扩展地址在 SRCEXTEN2、SRCEXTEN1、SRCEXTEN0 中使能，寄存器位 2n 对应扩展地址表中的条目 n。

3．CC2530 获知源地址匹配的方法

1）SRCRESMASK0、SRCRESMASK1、SRCRESMASK2 组成一个 24 位的向量，如果源地址表第 n 条短条目和收到帧的源地址匹配，则该向量位 n 置 1，否则为 0；如果源地址表第 n 条扩展条目和收到帧的源地址匹配，则该向量位 2n 和位 2n+1 置 1，否则为 0。

2）寄存器 SRCRESINDEX。当收到的帧中没有给出源地址，或收到的源地址没有匹配，位 6:0 为 0x3F。

如果收到的源地址产生了匹配，则相应位的说明如下。

● 位 4:0 为具有最小索引号条目，短地址的索引号范围为 0～23，扩展地址的索引号范围 0～11。

● 位 5：如果是短地址匹配为 0，如果是扩展地址匹配为 1。

● 位 6：SRCMATCH.AUTOPEND 功能的结果。

4．源地址匹配主要应用

（1）帧未决位正确设置的自动确认传输

终端设备向协调器发起数据请求命令，协调器不管有没有该设备的数据，一般都是设置帧未决位并发送确认帧，终端设备收到此包含帧未决位的协调器确认帧后，会认为协调器中缓存了本地设备的数据，会一直等待数据下发。所以，即使没有帧使用，该设备必须保持它的接收器使能相当长的一段时间。

如果协调器存储了多个要转发的帧，假设这些帧的目的地址是各个终端设备，那么将这些目的地址加载到源地址表中，只有地址匹配的终端设备地址请求，才会给予自动应答。如果协调器中未存储某个设备地址的帧，那么，协调器不会就此设备的轮询请求给予应答，节省了功耗。

（2）安全材料查询

为了减少处理安全帧所需的时间，可以配置源地址表，使得条目匹配 CPU 的安全密钥表。

（3）其他应用

只允许一组规定的节点访问，用来创建防火墙功能。

5.2　IEEE 802.15.4 标准帧格式及处理

CC2530 支持 ZigBee 协议栈，物理层和 MAC 层遵循 IEEE 802.15.4 标准，本节学习基于该标准的数据帧发送的基本知识，包括帧格式和帧的处理过程。

5.2.1　帧格式

CC2530 的帧格式包括数据帧格式、确认帧格式，下面分别介绍。

5.2　帧格式、帧处理过程

1．数据帧格式

数据帧格式如图 5-3 所示，发送数据帧由同步头、帧负载、帧尾 3 部分组成。

图 5-3　数据帧格式

（1）同步头

同步头也称物理同步，由帧引导序列、帧开始界定符组成。帧引导序列由 4B 的"0"组成；帧开始界定符由 RF 自动发送，且固定不变（0x7A），即使软件也不能改变此项内容。

说明：同步头由硬件自动产生。

（2）帧负载

帧负载来自物理层数据，也称为物理协议数据单元（PPDU），它由帧长度、MAC 数据帧头、MAC 帧负载 3 部分组成。其中帧长度决定需要发送的字节数；MAC 数据帧头用于判别数据帧的帧类型，格式如图 5-4 所示；MAC 帧负载为 MAC 层发送的具体数据，由软件配置完成。MAC 数据帧头和 MAC 帧负载是来自 MAC 层的数据，也称为 MAC 协议数据单元（MPDU）。

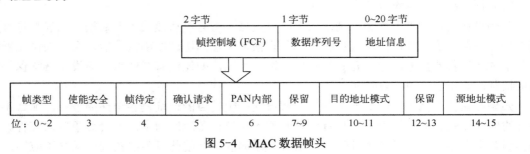

图 5-4　MAC 数据帧头

（3）帧尾

帧尾主要负责帧校验序列，如果用户设置了相应的寄存器，帧尾域存储在一个单独的 16 位寄存器中。帧尾域可通过软件产生，也可通过硬件部分产生。如果在寄存器中设置了位 AUTOCRC，帧尾域由硬件自动产生；如果没有设置位 AUTOCRC，帧尾域由软件产生。

2．确认帧格式

确认帧格式如图 5-5 所示，确认帧由 5 部分组成，即帧引导序列、帧开始界定符、帧长度、MAC 数据帧头和帧尾，每部分各占一个字节。确认帧和数据帧相比，少了 MAC 帧负载。

帧引导序列	帧开始界定符 (SFD)	帧长度 (LEN)	MAC 数据帧头 (MHR)	帧尾 (FCS)

图 5-5　确认帧格式

5.2.2　帧处理

1．数据帧的产生过程

1）产生并自动传输帧引导序列和帧开始界定符。

2）传输帧长度指定的字节数。

3）计算并自动传输帧尾。

2. 数据帧的接收过程

接收方在接收到数据之后需要做以下处理。

1）由硬件自动移除同步头，包括帧引导序列和帧开始界定符。

2）通过软件读取寄存器获得传输数据的长度。

3）通过软件过滤 MAC 数据帧头和 MAC 帧负载获得用户发送的数据。

4）硬件自动检查帧尾，并把结果存放到接收的数组中。

5）如果接收数据无误，发送确认帧。

因此，接收方在接收到数据后，除了对接收的数据帧进行处理外，还发送一个确认帧给发送方。

5.3　FIFO 访问

FIFO 访问主要用于缓存发送和接收的数据，FIFO 访问包括 TXFIFO 访问和 RXFIFO 访问。TXFIFO 可保存 128B，一次只能存一个帧，帧可以在不产生 TX 下溢的情况下且在执行发送命令之前或之后进行缓冲。RXFIFO 可保存一个或多个收到的帧，但总的字节数不能多于 128B。如果要读取 RXFIFO 中的数据则要通过读取 RFD 寄存器来获得。从 RFD 获得的数据第一个字节为读取的数据的长度。

5.3.1　TXFIFO 访问

有两种方式将数据帧写入到 TXFIFO 中，一种是通过写 RFD 寄存器的方式将数据帧写入到 TXFIFO 中；另一种是通过使能 FRMCTRL1.IGNORE_TX_UNDERF 位，直接将数据写入到无线存储器的 RAM 区域，保存到 TXFIFO。建议使用第一种方式，通过写 RFD 寄存器的方式将数据帧写入到 TXFIFO 中。

5.3.2　RXFIFO 访问

在对 RXFIFO 进行访问的过程中，可能会发生上溢或下溢的情况，具体描述如下。

1）当 RXFIFO 接收到的数据超过 128B 时，RXFIFO 将产生溢出，此种溢出被称为上溢。

2）当 RXFIFO 为空，且软件从 RXFIFO 中读取数据时，会产生溢出，此种溢出被称为下溢。

接收端的溢出可通过设置寄存器标志来判定，且溢出还可产生错误中断。

5.3.3　RF 中断

RF 中断包括两种：RF 数据发送/接收完成中断和 RF 错误中断，都由相应的中断寄存器来设置。

1. RF 数据发送/接收完成中断

发送数据时，当数据帧的帧开始界定符 SFD 成功发送一个完整的数据帧后，将产生一个发送中断；接收数据时，当数据帧的帧开始界定符 SFD 成功接收一个完整的数据帧时，将产生一个接收中断。

2. RF 错误中断

只要发生溢出便会产生一个 RF 错误中断。溢出中断又分为上溢和下溢，如 5.3.2 节所述。

5.4 RF 寄存器

RF 寄存器共 69 个，寄存器名称及地址如表 5-2 所示。

表 5-2　RF 寄存器

地址	+0x000	+0x001	+0x002	+0x003
0x6180	FRMFILT0	FRMFILT1	SRCMATCH	SRCSHORTEN0
0x6184	SRCSHORTEN1	SRCSHORTEN2	SRCEXTEN0	SRCEXTEN1
0x6188	SRCEXTEN2	FRMCTRL0	FRMCTRL1	RXENABLE
0x618C	RXMASKSET	RXMASKCLR	FREQTUNE	FREQCTRL
0x6190	TXPOWER	TXCTRL	FSMSTAT0	FSMSTAT1
0x6194	FIFOPCTRL	FSMCTRL	CCACTRL0	CCACTRL1
0x6198	RSSI	RSSISTAT	RXFIRST	RXFIFOCNT
0x619C	TXFIFOCNT	RXFIRST_PTR	RXLAST_PTR	RXP1_PTR
0x61A0		TXFIRST_PTR	TXLAST_PTR	RFIRQM0
0x61A4	RFIRQM1	RFERRM	RESERVED	RFRND
0x61A8	MDMCTRL0	MDMCTRL1	RFEQEST	RXCTRL
0x61AC	FSCTRL	FSCAL0	FSCAL1	FSCAL2
0x61B0	FSCAL3	AGCCTRL0	AGCCTRL1	AGCCTRL2
0x61B4	AGCCTRL3	ADCTEST0	ADCTEST1	ADCTEST2
0x61B8	MDMTEST0	MDMTEST1	DACTEST0	DACTEST1
0x61DC				
0x61E0	CSPCTRL	CSPSTAT	CSPX	CSPY
0x61E4	CSPZ	CSPT		
0x61E8				RFC_OBS_CTRL0
0x61EC	RFC_OBS_CTRL1	RFC_OBS_CTRL2		
0x61F0				
0x61F4				
0x61F8			TXFILTCFG	

本节学习主要的 RF 寄存器，包括 RF 数据操作寄存器、帧过滤寄存器、帧处理寄存器、RF 中断屏蔽寄存器、RF 中断标志寄存器、信道设置寄存器、控制输出功率寄存器、无线电状态寄存器、源地址匹配寄存器。

5.4.1　RF 数据操作寄存器

RF 数据操作寄存器（RFD）是 8 位的，格式如表 5-3 所示。RFD 用于数据发送或接收过程中缓存数据，把要发送的数据写入到此寄存器中，即将数据写入到 TXFIFO 中；当接收到数据后，从该寄存器中读取数据时，即将数据从 RXFIFO 中读取出来。

表 5-3　RF 数据操作寄存器（RFD）

位	名称	复位	R/W	描述
7～0	RFD[7～0]	0x00	R/W	发送的数据写入此寄存器即写入到 TXFIFO 中，当读取该寄存器时，即从 RXFIFO 中读取数据

（1）发送数据过程

使用 RFD 发送数据的过程如图 5-6 所示，因此，设计发送程序代码时，首先需要确定需要发送的数据，然后将数据以字节为单位依次写入 RFD 中即可。发送程序代码如下。

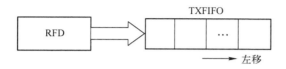

图 5-6　使用 RFD 发送数据的过程

```
unsigned char i;
signed char tx[ ]={"QST"};
for(i=0;i<4;i++)
{
    RFD = tx[i];
}
```

（2）接收数据过程

使用 RFD 接收数据的过程如图 5-7 所示。因此，设计接收端从 RXFIFO 中读取数据的程序代码时，首先要获得接收数据的长度，接收数据的长度是 RFD 的第一个字节，获得数据长度后将数据以字节为单位依次从 RFD 中取出。程序代码如下。

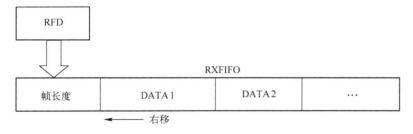

图 5-7　使用 RFD 接收数据的过程

```
len=RFD;
Len&=0x7f;
for(i=0;i<len;i++)
{
    buf[i]=RFD;
    Delay(200);
}
```

5.4.2　帧过滤寄存器

帧过滤寄存器的主要功能是帧过滤功能的使能或禁止，并接收或过滤各种类型的数据帧。帧过滤寄存器有两个，即 FRMFILT0 和 FRMFILT1。

1. FRMFILT0

FRMFILT0 主要用于帧过滤功能的开启或禁止，过滤帧控制域、设置节点为 PAN 协调器等。FRMFILT0 各个位的含义如表 5-4 所示。

表 5-4　帧过滤寄存器 FRMFILT0

位	名称	复位	R/W	描述
7	-	0	R/W	保留，总是写 0
6~4	FCF_RESERVED_MASK[2~0]	000	R/W	用于过滤帧控制域(FCF)的保留部分。FCF_RESERVED_MASK[2~0]与 FCF[9~7]。如果结果非零，且帧过滤使能，该帧被拒绝
3~2	MAX_FRAME_VERSION[1~0]	11	R/W	用于帧过滤控制域（FCF）的帧版本域。如果 FCF[13~12]高于 MAX_FRAME_VERSION 且帧过滤使能，该帧被拒绝
1	PAN_COORDINATOR		R/W	当设备是一个 PAN 协调器，必须设置为高，以接收没有目标地址的帧。0: 设备不是 PAN 协调器；1: 设备是 PAN 协调器
0	FRAME_FILTER_EN	1	R/W	使能帧过滤。0: 禁止帧过滤；1: 使能帧过滤

FRMFILT0 的第 0 位用于控制帧过滤使能，该位设置为 0，禁止帧过滤，CC2530 可以接收任意无线数据帧；该位设置为 1，使能帧过滤，CC2530 可以自动过滤不需要接收的无线数据帧，过滤规则如下。

1）帧长度大于等于最小帧长度。

2）FCF 位 13~12 的值不能大于 MAX_FRAME_VERSION[1~0]。

3）FCF 中的源地址和目的地址不能是保留值 0xb01。

4）FCF_RESERVED_MASK[2~0]&FCF 的位 9~7 必须为 0。

5）必须匹配源地址、目的地址。

2. FRMFILT1

FRMFILT1 主要负责 MAC 数据帧类型接收控制功能，通过不同的设置可选择接收或拒绝各种类型的数据帧，这些数据帧包括信标帧、数据帧、确认帧、MAC 命令帧。协调器使用信标帧来发送信标，信标用来同步同一个网络内所有设备的时钟，还可以让网络中的特定设备知道在协调器中有数据在等待这个设备；数据帧用来发送数据，确认帧是在成功接收到一个帧后进行相应的应答，MAC 命令帧用来发送 MAC 命令。FRMFILT1 各个位的含义如表 5-5 所示。

表 5-5　帧过滤寄存器 FRMFILT1

位	名称	复位	R/W	描述
7	ACCEPT_FT_4TO7_RESERVED	0	R/W	定义是否接收保留帧。保留帧的帧类型为命令帧、确认帧、数据帧或信标帧。0: 拒绝；1: 接收
6	ACCEPT_FT_3_MAC_CMD	1	R/W	定义是否接收 MAC 命令帧。0: 拒绝；1: 接收
5	ACCEPT_FT_2_ACK	1	R/W	定义是否接收确认帧。0: 拒绝；1: 接收
4	ACCEPT_FT_1_DATA	1	R/W	定义是否接收数据帧。0: 拒绝；1: 接收
3	ACCEPT_FT_0_BEACON	1	R/W	定义是否接收信标帧。0: 拒绝；1: 接收
2~1	MODIFY_FT_FILTER	00	R/W	在执行帧类型过滤前，此位用于修改一个收到的帧类型域，修改不影响写到 RXFIFO 中的帧。00: 不变；01: 颠倒 MSB；10: 设置 MSB 为 0；11: 设置 MSB 为 1
0	-	0	R/W	保留，总是写 0

5.4.3　帧处理寄存器

帧处理寄存器主要负责帧校验序列、确认帧的传输。帧处理寄存器有两个，即帧处理寄存器 FRMCTRL0 和 FRMCTRL1。

5.4.3　帧处理寄存器

1. FRMCTRL0

FRMCTRL0 控制 CRC 校验设置、确认帧回复、信号强度设置和接收/发送模式选择。FRMFILT1 各个位的含义如表 5-6 所示。

表 5-6　帧处理寄存器 FRMCTRL0

位	名称	复位	R/W	描述
7	APPEND_DATA_MODE	0	R/W	当 AUTOCRC=1 时，该位设置如下： 0：RSSI+CRC_OK 位和 7 位相关值附加到每个收到帧的末尾。 1：RSSI+CRC_OK 位和 7 位 SRCRESINDEX 附加到每个收到帧的末尾
6	AUTOCRC	1	R/W	1）在发送时，1：硬件检查一个 CRC-16，并添加到发送帧，不需要写最后 2B 到 TXFIFO；0：没有 CRC-16 附加到帧，帧的最后 2B 必须手动产生并写到 TXFIFO（如果没有发生 TX 下溢） 2）在接收时，1：硬件检查一个 CRC-16，并以一个 16 位状态字寄存器代替 FCS，包括一个 CRC_OK 位，状态字通过 APPEND_DATA_MODE 控制；0：帧的最后 2B（CRC-16 域）存储在 RXFIFO.CRC（如果有必须手动完成）
5	AUTOACK	0	R/W	定义无线电是否自动发送确认帧。0：AUTOACK 禁用；1：AUTOACK 使能
4	ENERGY_SCAN	0	R/W	定义 RSSI 寄存器是否包括自能量扫描使能以来最新的信号强度或峰值信号强度。 0：最新的信号强度；1：峰值信号强度
3~2	RX_MODE[1~0]	00	R/W	设置 RX 模式。 00：一般模式，使用 RXFIFO；01：保留；10：RXFIFO 循环忽略 RXFIFO 的溢出，无限接收；11：和一般模式一样，除了禁用符号搜索，当不用于找到符号时，可用于测量 RSSI 或 CCA
1~0	TX_MODE[1~0]	00	R/W	设置 TX 的测试模式。 00：一般操作，发送 TXFIFO；01：保留；10：TXFIFO 循环忽略 TXFIFO 的溢出和读循环，无限发送；11：发送来自 CRC 的伪随机数，无限发送

FRMCTRL0 的第 7 位负责在 AUTOCRC=1 时，设置 RSSI（值为 0~255，表示链路质量指示，它表示收到数据包的信号强度或质量），如果该位设置为 0，RSSI+CRC_OK 位和 7 位相关值附加到每个收到帧的末尾，填充 FCS 域；如果该位设置为 1，RSSI+CRC_OK 位和 7 位 SRCRESINDEX 附加到每个收到帧的末尾，填充 FCS 域。

FRMCTRL0 的第 6 位负责 AUTOCRC 的设置，在发送和接收时设置不同。在发送时，如果该位设置为 1，硬件检查一个 CRC-16，并添加到发送帧；如果该位设置为 0，则没有 CRC-16 附加到帧，帧的最后两个字节必须手动产生并写到 TXFIFO，如图 5-8 所示。在接收时，如果该位设置为 1，硬件检查一个 CRC-16，并以一个 16 位状态字寄存器代替 FCS，包括一个 CRC_OK 位，状态字可通过 APPEND_DATA_MODE 控制；如果该位设置为 0，帧的最后两个字节（CRC-16 域）存储在 RXFIFO 帧尾部分，必须手动完成 CRC 校验，如图 5-9 所示。

说明：

1）峰值信号强度是指执行一个峰值搜索，RSSI 寄存器包括自能量扫描使能以来最大的值。

2）CCA 即空闲信道评估，它判断信道是否空闲，IEEE 802.15.4 定义了 3 种评估方法。

① 判断信道的信号能量，当其低于某一门限制时认为信道空闲。

② 判断无线信号的特征，包括扩频信号特征和载波频率。

③ ①和②的综合。

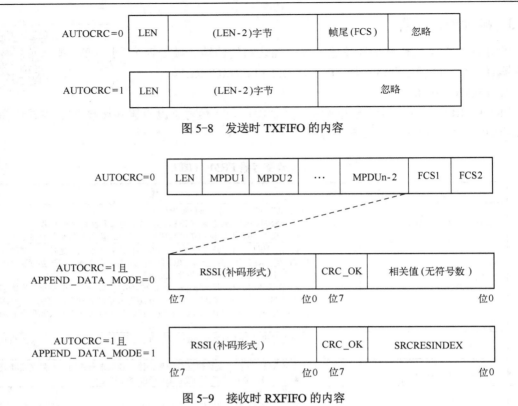

图 5-8 发送时 TXFIFO 的内容

图 5-9 接收时 RXFIFO 的内容

2. FRMCTRL1

帧处理寄存器 FRMCTRL1 主要负责 TX 溢出设置。FRMCTRL1 各个位的含义如表 5-7 所示。RXENABLE 寄存器是 RX 使能寄存器，它为非零值时，FSM 在传输之后且确认传输之后，空闲时使能接收器。

表 5-7 帧处理寄存器 FRMCTRL1

位	名称	复位	R/W	描述
7~3	-	00000	R0	保留
2	PENDING_OR	0	R/W	定义输出确认帧的未决数据位总是设置为 1，或由 FSM 和地址过滤控制。0：未决数据位由 FSM 和地址过滤控制；1：未决数据位总是 1
1	IGNORE_TX_UNDERF	0	R/W	TX 溢出设置。0：一般 TX 操作，若检测 TX 溢出，将终止 TX；1：忽略 TX 溢出，发送长度域给定的字节数
0	SET_RXENMASK_ON_TX	1	R/W	定义 STXON 设置 RXENABLE 寄存器的第 14 位。0：不影响 RXENABLE；1：设置 RXENABLE 的第 14 位，用于向后兼容 CC2420

5.4.4 RF 中断屏蔽寄存器

5.4.4 RF 中断屏蔽寄存器

RF 有 20 个中断源，对应 3 个中断屏蔽寄存器，分别是 RF 中断屏蔽寄存器 RFIRQM0、中断屏蔽寄存器 RFIRQM1、RF 错误中断屏蔽寄存器 RFERRM，它们可使能或屏蔽这些中断，使能中断是通过 I/O 操作设置外部的中断控制器，决定当某一个中断请求发生时，中断控制器是否向处理器发送中断信号。可允许一部分中断请求，而屏蔽另一部分中断请求。

1. RFIRQM0

RF 中断屏蔽寄存器 RFIRQM0 负责开启和禁止 RX 中断、接收到完整的帧中断、帧过滤中断、匹配中断。RFIRQM0 各个位的含义如表 5-8 所示，RFIRQM0 某位设置为 1，即可使能相应中断。

表 5-8　RF 中断屏蔽寄存器 RFIRQM0

位	名称	复位	R/W	描述
7	RXMASKZERO	0	R/W	RXENABLE 寄存器从一个非零状态到全零状态。0：中断禁用；1：中断使能
6	RXPKTDONE	0	R/W	接收到一个完整的帧。0：中断禁用；1：中断使能
5	FRAME_ACCEPTED	0	R/W	数据帧经过帧过滤。0：中断禁用；1：中断使能
4	SRC_MATCH_FOUND	0	R/W	源匹配被发现。0：中断禁用；1：中断使能
3	SRC_MATCH_DONE	0	R/W	源匹配完成中断。0：中断禁用；1：中断使能
2	FIFOP	0	R/W	RXFIFO 中的字节数超过设置的阈值。当收到一个完整的帧也激发中断，0：中断禁用；1：中断使能
1	SFD	0	R/W	收到或发送 SFD。0：中断禁用；1：中断使能
0	ACT_UNUSED	0	R/W	保留

【例 5-1】　使能接收到一个完整的帧中断。

分析：如果要使能接收到一个完整的帧中断，第 6 位设置为 1 即可，下面的程序代码之一即可实现。

```
RFIRQM0 |=0x40;
```

```
RFIRQM0 |=(1<<6);
```

2. RFIRQM1

中断屏蔽寄存器 RFIRQM1 主要负责 CSP 指令执行中断、无线电空闲状态、发送数据帧及确认帧中断的禁止或启用。RFIRQM1 各个位的含义如表 5-9 所示，RFIRQM1 某位设置为 1，即可使能相应中断。

表 5-9　中断屏蔽寄存器 RFIRQM1

位	名称	复位	R/W	描述
7~6	–	00	R0	保留
5	CSP_WAIT	0	R/W	CSP 的一条等待指令后继续执行。0：中断禁用；1：中断使能
4	CSP_STOP	0	R/W	CSP 停止程序执行。0：中断禁用；1：中断使能
3	CSP_MANINT	0	R/W	来自 CSP 的手动中断产生。0：中断禁用；1：中断使能
2	RF_IDLE	0	R/W	无线电状态机进入空闲状态。0：中断禁用；1：中断使能
1	TXDONE	0	R/W	发送一个完整的帧。0：中断禁用；1：中断使能
0	TXACKDONE	0	R/W	完整地发送了一个确认帧。0：中断禁用；1：中断使能

【例 5-2】　使能发送一个完整的帧中断。

分析：如果要使能发送一个完整的帧中断，第 1 位设置为 1 即可，下面的程序代码之一即可实现。

```
RFIRQM1 |=0x01;
```

```
RFIRQM1 |=(1<<1);
```

3. RFERRM

RF 错误中断屏蔽寄存器 RFERRM 主要确定在 RF 产生错误时是否产生中断。RFERRM 各个位的含义如表 5-10 所示，RFERRM 某位设置为 1，即可使能相应中断。

表 5-10　中断屏蔽寄存器 RFERRM

位	名称	复位	R/W	描述
7	–	0	R0	保留
6	STROBEERR	0	R/W	命令选通在它无法被处理时产生中断。0：中断禁用；1：中断使能
5	TXUNDERF	0	R/W	TXFIFO 下溢。0：中断禁用；1：中断使能
4	TXOVERF	0	R/W	TXFIFO 上溢。0：中断禁用；1：中断使能
3	RXUNDERF	0	R/W	RXFIFO 下溢。0：中断禁用；1：中断使能
2	RXOVERF	0	R/W	RXFIFO 上溢。0：中断禁用；1：中断使能
1	RXABO	0	R/W	接收一个帧被停止。0：中断禁用；1：中断使能
0	NLOCK	0	R/W	频率合成器在接收期间超时或锁丢失后，完成锁失败。0：中断禁用；1：中断禁止

RFERRM 第 5 位是设置 TXFIFO 下溢中断使能的，TXFIFO 下溢是指 TXFIFO 为空时，无线电尝试读取 1 个字节传输。TXFIFO 上溢是指 TXFIFO 中的数据还没有发送完，CC2530 又传输数据到 TXFIO。

5.4.5　RF 中断标志寄存器

RF 有 20 个中断源，每个中断源都对应一个中断标志位，这些标志位分别存放在 RF 中断标志寄存器 RFIRQF0、RFIRQF1、RFIERRF 中，此外还有一个 RF 一般中断标志寄存器 S1CON。

1. RF 中断标志寄存器 RFIRQF0

中断标志寄存器 RFIRQF0 负责判断中断屏蔽寄存器 RFIRQM0 中相应的中断位有无发生中断。RFIRQF0 各个位的含义如表 5-11 所示，RFIRQF0 某位为 1，表示发生了相应中断。对中断标志寄存器 RFIRQF0 只能写 0，因此，一般仅对其进行读操作。

表 5-11　中断标志寄存器 RFIRQF0

位	名称	复位	R/W	描述
7	RXMASKZERO	0	R/W0	RXENABLE 寄存器从一个非零状态到全零状态。0：没有发生中断；1：发生中断
6	RXPKTDONE	0	R/W0	接收到一个完整的帧。0：没有发生中断；1：发生中断
5	FRAME_ACCEPTED	0	R/W0	数据帧经过帧过滤。0：没有发生中断；1：发生中断
4	SRC_MATCH_FOUND	0	R/W0	源匹配被发现。0：没有发生中断；1：发生中断
3	SRC_MATCH_DONE	0	R/W0	源匹配完成中断。0：没有发生中断；1：发生中断
2	FIFOP	0	R/W0	RXFIFO 中的字节数超过设置的阈值，当收到一个完整的帧也激发。0：没有发生中断；1：发生中断
1	SFD	0	R/W0	收到或发送 SFD。0：没有发生中断；1：发生中断
0	ACT_UNUSED	0	R/W0	保留

【例 5-3】　判断接收到一个完整的帧后，中断是否发生。

分析：中断标志寄存器 RFIRQF0 的第 6 位为 1，表示接收到一个完整的帧后，发生了中断，由于任何数和 0 按位与都是 0，则语句(RFIRQF0 & 0x40)的结果不为 0，即表示 RFIRQF0 的第 6 位为 1，表明接收到一个完整的帧后发生了中断；如果语句(RFIRQF0 & 0x40)的结果为 0，则表明接收到一个完整的帧后没有发生中断。

2. 中断标志寄存器 RFIRQF1

中断标志寄存器 RFIRQF1 主要判断中断屏蔽寄存器 RFIRQM1 的相应位是否发生中断，RFIRQF0 各个位的含义如表 5-12 所示，RFIRQF1 某位为 1，表示发生了相应中断。对中断标志寄存器 RFIRQF1 的第 7～6 位只能读 0，第 5～0 位只能写 0，因此，一般仅对其进行读操作。

表 5-12　中断标志寄存器 RFIRQF1

位	名称	复位	R/W	描述
7～6	–	00	R0	保留
5	CSP_WAIT	0	R/W0	CSP 的一条等待指令后继续执行。0：没有发生中断；1：发生中断
4	CSP_STOP	0	R/W0	CSP 停止程序执行。0：没有发生中断；1：发生中断
3	CSP_MANINT	0	R/W0	来自 CSP 的手动中断产生。0：没有发生中断；1：发生中断
2	RF_IDLE	0	R/W0	无线电状态机制进入空闲状态。0：没有发生中断；1：发生中断
1	TXDONE	0	R/W0	发送一个完整的帧。0：没有发生中断；1：发生中断
0	TXACKDONE	0	R/W0	完整地发送了一个确认帧。0：没有发生中断；1：发生中断

3. RF 错误中断标志寄存器 RFIERRF

RF 错误中断标志寄存器 RFIERRF 主要用于判断 RF 错误中断屏蔽寄存器 RFERRM 的相应位是否产生中断。RFIERRF 各个位的含义如表 5-13 所示，RFIRQF1 某位为 1，表示发生了相应中断。对 RF 错误中断标志寄存器 RFIERRF 第 7 位只能读 0，第 6～0 位只能写 0，因此，一般仅对其进行读操作。

表 5-13　RF 错误中断标志寄存器 RFIERRF

位	名称	复位	R/W	描述
7	–	0	R0	保留，只能读 0
6	STROBEERR	0	R/W0	命令选通无法被处理时产生中断。0：没有发生中断；1：发生中断
5	TXUNDERF	0	R/W0	TXFIFO 下溢。0：没有发生中断；1：发生中断
4	TXOVERF	0	R/W0	TXFIFO 上溢。0：没有发生中断；1：发生中断
3	RXUNDERF	0	R/W0	RXFIFO 下溢。0：没有发生中断；1：发生中断
2	RXOVERF	0	R/W0	RXFIFO 上溢。0：没有发生中断；1：发生中断
1	RXABO	0	R/W0	接收一个帧被停止。0：没有发生中断；1：发生中断
0	NLOCK	0	R/W0	频率合成器在接收期间超时或锁丢失后，完成锁失败。0：没有发生中断；1：发生中断

4．RF 一般中断标志寄存器 S1CON

中断标志寄存器 S1CON 存放了 RF 一般中断标志，如表 5-14 所示，当无线设备请求中断时，S1CON 寄存器第 1～0 位为 11。

表 5-14　中断标志寄存器 S1CON

位	名称	复位	R/W	描述
7：2	–	000000	R/W	保留
1	RFIF_1	0	R/W	RF 一般中断，当无线设备请求中断时，该位为 1，否则为 0，即：0：无中断未决；1：中断未决
0	RFIF_0	0	R/W	RF 一般中断，当无线设备请求中断时，该位为 1，否则为 0，即：0：无中断未决；1：中断未决

5.4.6　信道设置寄存器

CC2530 无线发送和接收必须在一个信道上进行。信道的设置通过频率载波实现。频率载波可以通过寄存器 FREQCTRL 编程来实现，以控制 RF 频率。FREQCTRL 各个位的含义如表 5-15 所示。

5.4.6　信道设置寄存器

表 5-15　信道设置寄存器 FREQCTRL

位	名称	复位	R/W	描述
7	–	0	R0	保留
6～0	FREQ[6～0]	0x0B (2405MHz)	R/W	信道频率控制。　FREQ 中的频率字是 2394 的一个偏移量。设备支持的频率范围为 2394～2507MHz。FREQ 可用的设置范围为 0～113。　IEEE 802.15.4 指定的频率范围为 2405～2480MHz，有 16 个通道，5MHz 步长。通道编号为 11～26。对于符合 IEEE 802.15.4 的系统，唯一有效设置为 FREQ=11+5（通道编号-11）。

由表 5-15 可知，通过信道设置寄存器 FREQCTRL 设置后，RF 频率为（2405+5）MHz（通道编号-11）。

5.4.7　控制输出功率寄存器

寄存器 TXPOWER 格式如表 5-16 所示，它是 8 位的，用于存放输出功率值，该寄存器的设置可参考表 5-17 的推荐值。如表 5-17 所示，dBm 指分贝毫瓦，表示功率大小的绝对值，计算公式为：$10 \cdot \lg \cdot$（功率值/1mw）。

表 5-16　控制输出功率寄存器 TXPOWER

位	名称	复位	R/W	描述
7～0	PA_POWER[7～0]	0xF5	R/W	PA 功率控制。注意：转到 TX 前，必须更新该值。推荐的设置值如表 5-17 所示。说明：表中值的计算条件是温度为 25℃，VDD 为 3V，f 为 2440MHz

表 5-17　TXPOWER 推荐值

TXPOWER	典型输出功率/dBm	典型电流/mA
0xF5	4.5	34
0xE5	2.5	31
0xD5	1	29
0xC5	−0.5	28
0xB5	−1.5	27
0xA5	−3	27
0x95	−4	26
0x85	−6	26
0x75	−8	25
0x65	−10	25
0x55	−12	25
0x45	−14	25
0x35	−16	25
0x25	−18	24
0x15	−20	24
0x05	−22	23
0x05 且 TXCRT=0x09	−28	23

5.4.8　无线电状态寄存器

无线电状态寄存器 FSMSTAT1 存放无线电的工作状态，各个位含义如表 5-18 所示，只能对该寄存器进行读操作。

表 5-18　无线电状态寄存器 FSMSTAT1

位	名称	复位	R/W	描述
7	FIFO	0	R	只要 RXFIFO 中有数据，该位就为 1，RXFIFO 溢出期间该位为 0
6	FIFOP	0	R	以下情况下该位为 1：RXFIFO 中经过帧过滤的数据多于 FIFOP_THR 个字节；RXFIFO 中至少有一个完整的帧；RXFIFO 溢出期间。 当从 RXFIFO 读一个字节，该位设置为 0，这使得 RXFIFO 中有 FIFOP_THR 个字节
5	SFD	0	R	在发送时：0：已发送一个带有 SFD 的完整帧，或没有发送 SFD；1：已发送 SFD。 在接收时：0：已接收一个完整帧，或没有接收 SFD；1：已接收 SFD
4	CCA	0	R	空闲信道评估，取决于寄存器 CCACTRL1 的 CCA_MODE 的设置
3	SAMPLED_CCA	0	R	包括 CCA 的一个采样值。只要发出一个 SSAMPLECCA 或 STXONCCA 选通就更新该值
2	LOCK_STATUS	0	R	当 PL 处于锁状态时为 1，否则为 0
1	TX_ACTIVE	0	R	状态信号，当帧控制有限状态机（FFCTRL）处于发送状态之一时活跃，该位为 1
0	RX_ACTIVE	0	R	状态信号，当 FFCTRL 处于发送或接收状态之一时活跃，该位为 1

5.4.9 源地址匹配寄存器

5.4.9 源地址
匹配寄存器

本节学习源地址匹配的主要寄存器，包括源地址匹配和未决
位寄存器 SRCMATCH，短地址匹配寄存器 SRCSHORTEN0、
SRCSHORTEN1、SRCSHORTEN2，扩展地址匹配寄存器 SRCEXTEN0、SRCEXTEN1、
SRCEXTEN2。

1．源地址匹配和未决位寄存器 SRCMATCH

源地址匹配和未决位寄存器 SRCMATCH 进行源地址匹配的设置，该寄存器各个位的含
义如表 5-19 所示。

表 5-19　源地址匹配和未决位寄存器 SRCMATCH

位	名称	复位	R/W	描述
7～3	–	00000	R/W	保留，总是写 0
2	PEND_DATAREQ_ONLY	1	R/W	该位设置为 1，可以使用第 1 位的 AUTOPEND 功能（即源地址匹配和未决位寄存器 SRCMATCH 第 1 位描述的功能）
1	AUTOPEND	1	R/W	该位设置为 1，使能自动确认未决标志。即接收到一个帧时，如果同时满足以下要求，则返回确认的未决位自动设置。 1）FRMFILT0.FRAM_FILTER_EN 为 1； 2）SRCMATCH.SRC_MATCH_EN 为 1； 3）SRCMATCH.AUTOPEND 为 1； 4）收到的帧匹配当前的 SRCMATCH.PEND_DATAREQ_ONLY 设置； 5）收到的源地址至少匹配一个源匹配表条目，且短地址匹配或扩展地址匹配都使能
0	SRC_MATCH_EN	1	R/W	该位设置为 1，使能源地址匹配，仅当帧过滤寄存器的帧过滤使能，该位设置才有效

2．短地址匹配寄存器 SRCSHORTEN0、SRCSHORTEN1、SRCSHORTEN2

短地址匹配寄存器 SRCSHORTEN0、SRCSHORTEN1、SRCSHORTEN2 为 24 个短地址
条目使能/禁用源地址匹配，分别使能第 0～23 短地址条目，如表 5-20、表 5-21、表 5-22
所示。

表 5-20　短地址匹配寄存器 SRCSHORTEN0

位	名称	复位	R/W	描述
7～0	SHORT_ADDR[7～0]	0x00	R/W	24 位字 SHORT_ADDR 的第 7～0 位，某位设置为 1，使能源地址表中的第 7～0 短地址条目；否则禁用

表 5-21　短地址匹配寄存器 SRCSHORTEN1

位	名称	复位	R/W	描述
7～0	SHORT_ADDR[15～8]	0x00	R/W	24 位字 SHORT_ADDR 的第 15～8 位，某位设置为 1，使能源地址表中的第 15～8 短地址条目；否则禁用

表 5-22　短地址匹配寄存器 SRCSHORTEN2

位	名称	复位	R/W	描述
7～0	SHORT_ADDR[23～16]	0x00	R/W	24 位字 SHORT_ADDR 的第 23～16 位，某位设置为 1，使能源地址表中的第 23～16 短地址条目；否则禁用

【例 5-4】 如果要使用源地址表中短地址条目 2 和条目 23，如何设置短地址匹配寄存器？

分析：如果要使用源地址表中短地址条目 2 和条目 23，需要将 24 位字 SHORT_ADDR 的第 2 位和第 23 位设置为 1，即设置短地址匹配寄存器 SRCSHORTEN0 的第 2 位为 1，设置短地址匹配寄存器 SRCSHORTEN2 的最高位为 1。程序代码如下。

```
SRCSHORTEN0 |=0x04;
SRCSHORTEN2 |=0x80;
```

3. 扩展地址匹配寄存器 SRCEXTEN0

扩展地址匹配寄存器 SRCEXTEN0、SRCEXTEN1、SRCEXTEN2 为 12 个扩展地址条目使能/禁用源地址匹配，分别使能第 0～11 扩展地址条目，如表 5-23、表 5-24、表 5-25 所示。

表 5-23　扩展地址匹配寄存器 SRCEXTEN0

位	名称	复位	R/W	描述
7～0	EX_ADDR_EN[7～0]	0x00	R/W	24 位字 EX_ADDR_EN 的第 7～0 位，设置第 0、2、4、6 位，使能源地址表中的第 3～0 扩展地址条目，否则禁用。 说明：要确保源匹配表的一个条目在更新时未使用，更新时设置对应的 EX_ADDR_EN 位为 0

表 5-24　扩展地址匹配寄存器 SRCEXTEN1

位	名称	复位	R/W	描述
7～0	EX_ADDR_EN[15～8]	0x00	R/W	24 位字 EX_ADDR_EN 的第 15～8 位，设置第 8、10、12、14 位，使能源地址表中的第 7～4 扩展地址条目，否则禁用。 说明：要确保源匹配表的一个条目在更新时未使用，更新时设置对应的 EX_ADDR_EN 位为 0

表 5-25　扩展地址匹配寄存器 SRCEXTEN2

位	名称	复位	R/W	描述
7～0	EX_ADDR_EN[23～16]	0x00	R/W	24 位字 EX_ADDR_EN 的第 23～16 位，设置第 16、18、20、22 位，使能源地址表中的第 11～8 扩展地址条目，否则禁用。 说明：要确保源匹配表的一个条目在更新时未使用，更新时设置对应的 EX_ADDR_EN 位为 0

【例 5-5】　如果要使用源地址表中扩展地址条目 2 和条目 7，如何设置扩展地址匹配寄存器？

分析：如果要使用源地址表中扩展地址条目 2 和条目 7，需要将 24 位字 EX_ADDR_EN 的第 4 位和第 14 位设置为 1，即设置扩展地址匹配寄存器 SRCEXTEN0 的第 4 位为 1，设置短地址匹配寄存器 SRCSHORTEN1 的第 6 位为 1。程序代码如下。

```
SRCEXTEN0  |=0x10;
SRCSHORTEN1 |=0x40;
```

5.4.10　寄存器的设置更新

寄存器的设置更新主要是设置默认值，获得最佳性能，在发送和接收时都必须设置。需要设置更新的寄存器名称及数值如表 5-26 所示。

5.4.10　寄存器的设置更新

表 5-26 寄存器的设置更新

寄存器名称	新的值（十六进制）	描述
AGCCTRL1	0x15	调整 AGC 目标值
TXFILTCFG	0x09	设置 TX 抗混叠过滤器以获得合适的带宽
FSCAL1	0x00	与默认值比较，降低 VCO 泄露大约 3dB。推荐默认设置以获得最佳 EVM

AGCCTRL1 设置更新值为 0x15，用于调整 AGC 目标值。AGC 是指自动增益控制，它的作用是当信号源较强时，使其增益自动降低；当信号较弱时，又使其增益自动增高，从而保证了强弱信号的均匀性。

FSCAL1 设置更新值为 0x00，与默认值比较，降低 VCO 泄露大约 3dB，并推荐默认设置以获得最佳 EVM。其中 VCO 指压控振荡器，EVM 指误差矢量幅度，用于描述信号误差大小。发射系统 EVM 过大，接收系统解调时误码率会提高。

5.5　命令选通处理器

1. 命令选通处理器的功能

命令选通处理器即 CSMA-CA 处理器（CSP），控制 CPU 和无线电之间的通信。CSP 的具体功能如下所述。

1）CSP 通过 RFST 及 XREG 寄存器与 CPU 进行通信。

2）CSP 产生中断请求到 CPU。

3）CSP 观测 MAC 定时器事件，与 MAC 定时器进行通信。

4）CSP 允许 CPU 发出命令选通到无线电，从而控制无线电操作。

2. 命令选通处理器的操作模式

命令选通处理器有两种操作模式，一种是立即执行选通命令，另一种是执行程序。两种工作方式的特点如下。

（1）立即执行命令选通

命令选通指令送到 CSP，立即发给无线电模块。该方式只能用于控制 CSP。

（2）执行程序

CSP 从程序存储器或指令存储器执行一系列指令，包括用户定义程序。该方式与 MAC 定时器配合，允许 CSP 自动执行 CSMA-CA 算法，充当 CPU 的协处理器。

3. RFST 寄存器

RFST 寄存器的设置如表 5-27 所示。

表 5-27 RFST 寄存器

位	名称	复位	R/W	描述
7~0	INSTR[7~0]	0XD0	R/W	写入该寄存器的数据被写到 CSP 指令存储器；读该寄存器返回当前执行的 CSP 指令

RFST 寄存器的设置通过指令集的操作码实现。与 RFST 寄存器相关的指令集基本类型有 20 类，每条选通命令和立即选通指令可分为 16 类子指令，这些指令给出有效的 42 类不同指令。下面学习比较重要的 5 条指令，即 ISTXON、ISRXON、SRFOFF、ISFLUSHTX 和 ISFLUSHRX。

（1）ISTXON

功能：校准后使能 TX。

描述：校准后 ISTXON 指令立即使能 TX。在执行下一条指令前，指令等待无线电确认命令。

操作码：0xE9。

用法：RFST=0xE9。

（2）ISRXON

功能：为 RX 使能并校准频率合成器。

描述：ISRXON 指令立即为 RX 使能并校准频率合成器。

操作码：0xE3。

用法：RFST=0xE3。

（3）SRFOFF

功能：禁用 RX/TX 和频率合成器。

描述：SRFOFF 指令声明禁用 RX/TX 和频率合成器。

操作码：0xDF。

用法：RFST=0xDF。

（4）ISFLUSHTX

功能：清除 TXFIFO 缓冲区。

描述：ISFLUSHTX 指令立即清除 TXFIFO 缓冲区。

操作码：0xEE。

用法：RFST=0xEE。

（5）ISFLUSHRX

功能：清除 RXFIFO 缓冲区并复位解调器。

描述：ISFLUSHRX 指令立即清除 RXFIFO 缓冲区并复位解调器。

操作码：0xED。

用法：RFST=0xED。

5.6　案例：无线射频数据发送

CC2530 无线射频模块的主要功能是实现数据的发送和接收，本节学习无线射频数据发送的案例。

1. 情景导入

在智能家居系统中，如果室内面积较大，环境信息采集的节点需要将采集的信息通过无线射频模块传输给协调器，由协调器再传输给中心服务器，与中心服务器发给节点的命令传输方向相反。本案例使用 CC2530 的无线射频模块，将字符串"Hello world"发送出去，发送完成后改变 LED1、LED2 的状态。主要涉及硬件电路的设计和程序的设计。

2. 硬件电路设计

本案例的硬件电路基于 CC2530 最小系统电路进行设计，如图 5-10 所示。基于此电路设计程序即可。

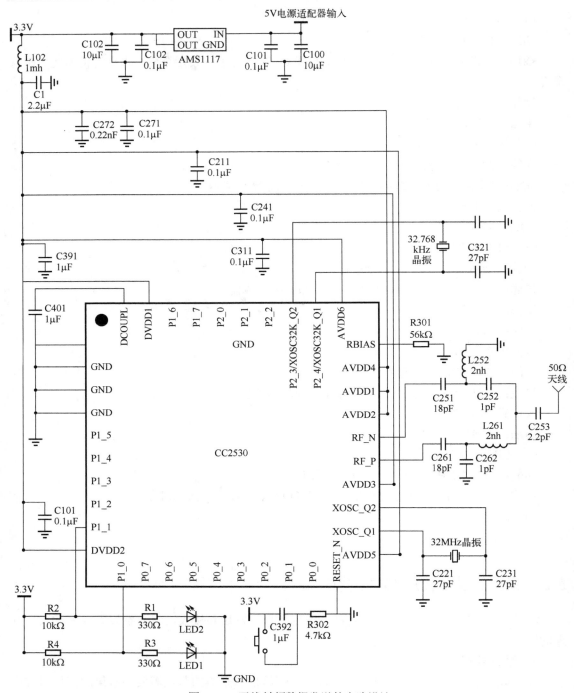

图 5-10　无线射频数据发送的电路设计

3．程序设计

需要设计主程序、初始化程序和发送程序。

（1）主程序设计

```
#define LED1 P1_0
#define LED2 P1_1
void main(void)
```

```
    {
        P1SEL&=~ 0x03;
        P1DIR |=0x03;
        LED1=0;
        LED2=0;
        EA=0;
        CLKCONCMD&=~0x40;
        while(!(SLEEPSTA&0x40));
        while (CLKCONSTA & 0x40);
        SLEEPCMD |= 0x04;
        CLKCONCMD &= ~0x07;
        rfs_init();
        EA=1;
        while(1)
        {
            tx();
            Delay(200);
        }
    }
```

（2）初始化程序设计

无线射频模块初始化过程如下。

● 使能 AUTOCRC 和 AUTOACK。

● 寄存器更新设置。

● 设置数据传输信道，已知使用编号 11 的通道。

RF 模块初始化程序代码如下。

```
    void rfs_init()
    {
        FRMCTRL0 |=(0x20|0x40);
        TXFILTCFG=0x09;
        AGCCTRL1=0x15;
        FSCAL1=0x00;
        FREQCTRL=0x0b;
    }
```

（3）发送程序设计

CC2530 将需要发送的数据送到 RFD 寄存器，由它送到 TXFIFO 缓冲区中，注意，RFD 只能存放一个字节，所以如果要发送一串字符，需要按顺序依次送入到 RFD 中，代码如下。

```
    void tx()
    {
        unsigned char i;
        unsigned char mac[ ]="Hello world";
        RFST=0xe3;
        while(FSMSTAT1&((1<<1)|(1<<5)));
        RFIRQM0&=~(1<<6);
        IEN2&=~(1<<0);
        RFST=0xee;
```

```
    RFIRQF1=~(1<<1);
    RFD=6;
    for(i=0;i<4;i++)
    {
        RFD=mac[i];
    }
    RFIRQM0 |=(1<<6);
    IEN2 |=(1<<0);
    RFST=0xe9;
    while(!(RFIRQF1&(1<<1)));
    RFIRQF1=~(1<<1);
    LED1=~LED1;
    LED2=~LED2;
    Delay(200);
}
```

5.7 案例：无线射频数据接收

1. 情景导入

如何使用无线射频模块接收数据呢？本案例使用 CC2530 的无线射频模块，采用中断方式接收协调器发过来的指令字符串，接收完毕，切换 LED 的状态。主要涉及硬件电路的设计和程序的设计。

2. 硬件电路设计

本案例采用 5.6 节案例的电路设计，基于此电路设计程序即可。

3. 软件设计

需要设计主程序、初始化程序和接收程序。

（1）主程序设计

```
#define LED1 P1_0
#define LED2 P1_1
void main(void)
{
    P1SEL&=~ 0x03;
    P1DIR |=0x03;
    LED1=0;
    LED2=0;
    EA=0;
    CLKCONCMD&=~0x40;
    while(!(SLEEPSTA&0x40));
    while (CLKCONSTA & 0x40);
    SLEEPCMD |= 0x04;
    CLKCONCMD &= ~0x07;
    rfr_init();
    EA=1;
    while(1)
    {
        ;
```

```
        }
    }
```

（2）初始化程序设计

无线射频模块初始化过程如下。

● 使能帧过滤。
● 使能 AUTOCRC 和 AUTOACK。
● 寄存器更新设置。
● 中断使能，允许接收方以中断的方式接收数据。
● 设置接收数据节点的地址。
● CSMA-CA 选通器设置：清除 RXFIFO 缓冲区并复位解调器，为 RX 使能并校准频率
　合成器。

RF 模块初始化程序代码如下。

```
void rfr_init()
{
    FRMFILT0  = 0x0d;
    FRMCTRL0  |=(0x20|0x40);
    TXFILTCFG=0x09;
    AGCCTRL1=0x15;
    FSCAL1=0x00;
    RFIRQM0 |=(1<<6);
    IEN2  |=(1<<0);
    EA=1;
    FREQCTRL=0x0b;
    PAN_ID0=0x22;
    PAN_ID1=0x00;
    RFST=0xed;
    RFST=0xe3;
}
```

（3）接收程序设计

RXFIFO 接收缓冲区接收了若干字节的数据（一帧数据），CC2530 首次读 RFD 寄存器，读出的是这帧数据的长度（帧长度），然后整帧数据左移一个字节，此时，CC2530 再次读 RFD，读出的是 DATA1，以此类推，读出整帧数据。

使能 RF 接收中断，当 RXFIFO 中接收到一个完整的帧时，置标志位 RFIRQF0 为 1，此时，表示可以从 RFD 寄存器读数据。接收程序代码如下。

```
#pragma vector=RF_VECTOR
__interrupt void rf_isr(void)
{
    unsigned char i;
    EA=0;
    if (RFIRQF0&(1<<6))
    {
        len=RFD-2;
        len&=0x7f;
        for(i=0;i<len;i++)
```

```
        {
            buf[i]=RFD;
            Delay(200);
        }
        S1CON=0;
        RFIRQF0&=~(1<<6);
        LED1=~LED1;
        LED2=~LED2;
    }
    EA=1;
}
```

5.8 案例：应用 DMA 进行无线射频数据传输

1．情景导入

在 RF 模块接收数据转发时，实时性要求较高，可以应用 DMA 来实现，即在 RF 模块接收缓冲区接收到数据后，应用 DMA 传输存放在内存中。

2．硬件设计

硬件电路采用图 5-10 所示的设计方案，即 CC2530 的 RF 模块接收到数据后启动 DMA 通道 0 将数据传输到内存，并切换 LED1 和 LED2 的状态。

3．程序设计

采用 RADIO 触发，使 RF 模块接收到一个字节立即通过 DMA 将其传输至内存，从而保证 RF 模块接收到的数据被完整无错地存到内存中。因此，设计的程序包括主函数、RF 模块初始化、DMA 初始化和 LED 初始化等。

（1）主函数设计

主函数中首先进行初始化，包括 DMA 初始化、RF 模块初始化、LED 初始化，然后判读 RF 模块是否接收到数据，如果接收到则启动 DMA 通道 0，将数据传输到内存，传输完成进行 LED 的状态切换。且在主函数前需完成头文件引用、函数、变量声明等。主函数程序如下。

```
#include "ioCC2530.h"
#define P1_0 LED1
#define P1_0 LED2
typedef unsigned char       BYTE;
/*DMA 配置结构体-设置 IAR 编译环境中位域字段默认取向采用大端模式*/
#pragma bitfields=reversed
typedef struct {
    BYTE SRCADDRH;
    BYTE SRCADDRL;
    BYTE DESTADDRH;
    BYTE DESTADDRL;
    BYTE VLEN       : 3;
    BYTE LENH       : 5;
    BYTE LENL       : 8;
    BYTE WORDSIZE   : 1;
    BYTE TMODE      : 2;
```

```
    BYTE TRIG      : 5;
    BYTE SRCINC    : 2;
    BYTE DESTINC   : 2;
    BYTE IRQMASK   : 1;
    BYTE M8        : 1;
    BYTE PRIORITY  : 2;
} DMA_DESC;
#pragma bitfields=default
DMA_DESC dmaConfig;
#define DMATRIG_RADIO    19        /*RADIO 触发，使 RF 模块收到一个字节触发 DMA*/
unsigned char buf[ ] = { "" };     /*存放 RF 模块接收的字符串，DMA 配置目标地址*/
unsigned char flag=0,rfr_len=0;
/*函数声明*/
void delay();
void DMA_Init();
void rfr_init();
void LED_init();
void main( void )
{
  LED_init();                    /*LED 初始化*/
  DMA_Init();                    /*DMA 初始化*/
  rfr_init();                    /*RF 模块初始化*/
  while(1)
  {
    if (flag==1)
    {
      flag=0;
      DMAARM=0x80;              /*停止 DMA 所有通道进行传输*/
      DMAARM=0x01;              /*启用 DMA 通道 0 进行传输*/
      DMAIRQ=0x00;              /*清中断标志*/
      DMAREQ=0x01;             /*DMA 通道 0 传送请求*/
    }
    while(!(DMAIRQ&0x01));       /*等待 DMA 传送完成*/
    LED1 = ~LED1;               /*LED1 和 LED2 状态改变*/
    delay();
    LED2 = ~LED2;
    delay();
  }
}
```

（2）DMA 初始化程序设计

按照 DMA 配置安装结构体的结构对 DMA 进行初始化，即进行源地址配置，将源地址配置为 RF 发送缓冲区的首地址，传输的目标地址设置为 buf 数组的首地址；采用 LEN 作为传输长度；将需要传输的字符串长度的高位设置为 LENH，低位设置为 LENL；选择字节传送；DMA 通道传送模式选用单一传送模式；DMA 触发方式设置为 RADIO 触发方式；设置源地址增量为 0，目的地址增量为 1；选择 8 位字节传送，并将 DMA 的优先级设置为高级；最后将 DMA 配置结构体的地址赋予寄存器。程序如下。

```
    void DMA_Init()
```

```
{
    dmaConfig.SRCADDRH=(unsigned char)((unsigned int) & X_RFD >> 8);
/*配置源地址*/
    dmaConfig.SRCADDRL=(unsigned char)((unsigned int) & X_RFD );
    dmaConfig.DESTADDRH=(unsigned char)((unsigned int)&buf >> 8);   /*配
置目的地址*/
    dmaConfig.DESTADDRL=(unsigned char)((unsigned int)&buf);
    dmaConfig.VLEN = 0x00;                      /*选择 LEN 作为传送长度*/
    dmaConfig.LENH =0x00;                       /*设置传输长度*/
    dmaConfig.LENL = rfr_len;
    dmaConfig.WORDSIZE = 0x00;                  /*选择字节 byte 传送*/
    dmaConfig.TMODE = 0x00;                     /*选择单一传送模式*/
    dmaConfig.TRIG = 19;                        /*RADIO 触发*/
    dmaConfig.SRCINC = 0x00;                    /*源地址增量为 0*/
    dmaConfig.DESTINC =0x01;                    /*目的地址增量为 0*/
    dmaConfig.IRQMASK = 0x00;                   /*清除 DMA 中断标志*/
    dmaConfig.M8 = 0x00;                        /*选择 8 位长的字节来传送数据*/
    dmaConfig.PRIORITY = 0x02;                  /*传送优先级为高*/
    /*将配置结构体的首地址赋予相关 SFR*/
    DMA0CFGH = (unsigned char)((unsigned int)&dmaConfig >>8);
    DMA0CFGL = (unsigned char)((unsigned int)&dmaConfig);
    asm("nop");
}
```

（3）RF 模块初始化程序设计

该程序采用 5.7 节案例的初始化程序。

（4）RF 接收程序设计

使能 RF 接收中断，当 RXFIFO 中接收到一个完整的帧时，置标志位 RFIRQF0 为 1，此时可以从 RFD 寄存器读数据，代码如下。

```
#pragma vector=RF_VECTOR
__interrupt void rf_isr(void)
{
    unsigned char i;
    EA=0;
    if (RFIRQF0&(1<<6))
    {
        rfr_len=RFD-2;
        rfr&=0x7f;
        flag=1
        S1CON=0;
        RFIRQF0&=~(1<<6);
    }
    EA=1;
}
```

（5）LED 初始化

LED1、LED2 分别由 P1_0、P1_1 控制，设置这两个引脚为通用输出功能，LED1、LED2 初始状态为熄灭，程序代码如下。

```
void LED_init();
{
  P1SEL&=~0x03
  P1DIR|=0x03;
  LED1=0;
  delay();
  LED2=0;
  delay();
}
```

5.9　实验　点对点无线通信

1．实验目的

1）掌握 CC2530 无线射频 RF 内核的组成及功能。

2）掌握 RF 帧处理原理、RF 寄存器的操作方法。

3）熟悉 CC2530 的 RF 模块发送和接收数据的编程方法。

2．实验仪器

1）硬件：PC。

2）软件：IAR for 8051 软件。

3．实验原理

两个基于 CC2530 设计的节点，一个称为发送节点，另一个称为接收节点。发送节点的电路设计采用 CC2530 最小系统，接收节点的电路设计是图 5-10 和图 5-11 的组合。发送节点通过 RF 模块向接收节点发送数据，接收节点接收数据，然后通过串口发送给 PC，PC 上可显示接收的数据。

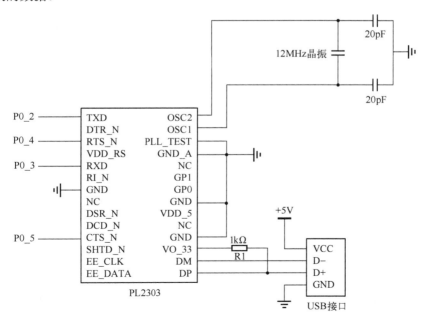

图 5-11　CC2530 与 PC 的连接电路

4. 实验准备

1）复习 CC2530 无线射频 RF 内核的组成及功能。

2）复习 RF 帧处理原理、RF 寄存器的操作方法。

3）熟悉 CC2530 的 RF 模块发送和接收数据的编程方法。

4）复习 CC2530 通过串口向 PC 发送数据的工作原理。

5. 实验步骤

（1）实验要求

编写程序，通过 CC2530（发送）的 RF 模块将字符串"Hello!QST"发送出去，再通过 CC2530（接收）的 RF 模块接收字符串，且接收后可自动确认，然后将收到的字符串通过串口 1 发送到 PC，串口的发送原理和要求参考 4.4 节 UART 实验的实验原理发送要求。

（2）编写、调试程序

在 IAR 环境中编辑、编译、调试程序，最终实现实验要求。

（3）参考程序

```c
#include"iocc2530.h"
#include"string.h"
#define uint unsigned int
#define LED1 P1_0
#define LED2 P1_1
uint RX=0;
unsigned char buf[10];
unsigned char mac[]="Hello!QST";
uint len=0;
void rf_init(void);
void tx(void);
void UartTx_Send_String(unsigned char *Data,uint len1);
void initUART(void);
void Delay(uint);
void main(void)
{
    initUART();
    P1SEL&=~(1<<0);
    P1DIR|=0x03;
    LED1=0;
    LED2=0;
    EA=0;
    SLEEPCMD&=~0x04;
    while(!(SLEEPSTA&0x40));
    CLKCONCMD =CLKCONCMD |0x38;
    CLKCONCMD =CLKCONCMD&(~0x07);
    SLEEPCMD|=0x04;
    rf_init();
    EA=1;
    while(1)
    {
        tx();
        Delay(200);
```

```
        }
    }
    void rf_init()
    {
        FRMCTRL0|=(0x20|0x40);
        TXFILTCFG=0x09;
        AGCCTRL1=0x15;
        FSCAL1=0x00;
        RFIRQM0|=(1<<6);
        IEN2|=(1<<0);
        EA=1;
        FREQCTRL=0x0b;
        SHORT_ADDR0=0x05;
        SHORT_ADDR1=0x00;
        PAN_ID0=0x22;
        PAN_ID1=0x00;
        RFST=0xed;
        RFST=0xe3;
        FRMFILT0=~(1<<0);
    }
    void tx()
    {
        unsigned char i;
        RFST=0xe3;
        while (FSMSTAT1&((1<<1)|(1<<5)));
        RFIRQM0&=~(1<<6);
        IEN2&=~(1<<0);
        RFST=0xee;
        RFIRQF1=~(1<<1);
        RFD=12;
        for(i=0;i<4;i++)
        {
            RFD=mac[i];
        }
        RFIRQM0|=(1<<6);
        IEN2&=(1<<0);
        RFST=0xe9;
        RFIRQF1|=0x01;
        while (!(RFIRQF1&(1<<1)));
        RFIRQF1=~(1<<1);
        LED1=~LED1;
        Delay(200);
    }
    #pragma vector=RF_VECTOR
    __interrupt void rf_isr(void)
    {
        unsigned char i;
        EA=0;
        RFIRQF0|=(1<<6);
```

```
        if (RFIRQF0&(1<<6))
        {
            len=RFD-2;
            len&=0x7f;
            for(i=0;i<len;i++)
            {
                    RFD=mac[i];
                    buf[i]=RFD;
                    Delay(200);
            }
            S1CON=0;
            RFIRQF0&=~(1<<6);
            LED2=~LED2;
            UartTx_Send_String(buf,len);
            memset(buf,0,sizeof(buf));
            len=0;
        }
        EA=1;
}
void UartTx_Send_String(unsigned char *Data,uint len1)
{
    int j;
    for(j=0;j<len1;j++)
    {
        U1DBUF = *Data++;
        UTX1IF =1;
        while(UTX1IF == 0);
        UTX1IF = 0;
    }
}
void Delay(uint n)
{
    uint i;
    for(i=0;i<n;i++);
    for(i=0;i<n;i++);
    for(i=0;i<n;i++);
    for(i=0;i<n;i++);
    for(i=0;i<n;i++);
}
void initUART(void)
{
    CLKCONCMD &= ~0x40;
    while(!(SLEEPSTA & 0x40));
    SLEEPSTA|= 0x40;
    CLKCONCMD|=0x38;
    CLKCONCMD&=~0x07;
    SLEEPCMD |= 0x04;
    PERCFG &= ~0x02;
    P0SEL |= 0x3c;
```

```
        P2DIR &=0x7f;
        P2DIR |=0x40;
        U1CSR |= 0x80;
        U1GCR |= 10;
        U1BAUD |= 216;
        URX1IF = 1;
        U1CSR |= 0X40;
        IEN0 |= 0x88;
    }
```

6．实验报告要求

1）实验目的、要求和内容。

2）完成实验步骤的要求，并将实验现象和结果写在实验结果处理的部分。

7．思考题

CC2530 的 RF 模块处理数据帧的原理是什么？

5.10　本章小结

本章学习了 CC2530 的无线射频模块，无线射频模块是 CC2530 的核心部分，是 CC2530 实现无线数据传输的主要模块，该模块涉及的主要内容如下。

1）RF 内核组成及功能。

2）源地址匹配的功能、设置方法、主要应用领域。

3）CC2530 数据帧格式、确认帧格式、数据帧的处理过程。

4）FIFO 访问的作用、TXFIFO 访问方法、RXFIFO 访问方法。

5）RF 中断的类型及其含义。

6）主要 RF 寄存器的功能及设置方法，包括 RF 数据操作寄存器、帧过滤寄存器、地址匹配寄存器、帧处理寄存器、RF 中断寄存器、信道设置寄存器、控制输出功率寄存器、无线电状态寄存器、源地址匹配寄存器。

7）命令选通处理器的功能、操作模式、RFST 寄存器的设置方法。

8）ISTXON、ISRXON、SRFOFF、ISFLUSHTX、ISFLUSHRX 等重要选通命令的功能、用法。

9）无线射频数据发送程序设计方法。

10）无线射频数据接收程序设计方法。

11）应用 DMA 进行无线射频数据传输程序设计方法。

5.11　习题

1．选择题

（1）CC2530 的 RF 无线射频模块使用的传输介质是（　　　）。

　　A．无线电波　　　　　B．红外线　　　　　　C．微波　　　　　　D．网线

（2）FSM 子模块是 CC2530 的 RF 内核的组成部分，FSM 的全称是（　　　）。

　　A．频率状态机　　　　B．频率控制器　　　　C．有限状态机　　　D．微处理器

（3）如果使用了无线电 RAM 中源地址表的短地址条目 1，则需要使能 SRCSHORTEN0

的第（　　）位。

  A．3　　　　　　B．2　　　　　　C．1　　　　　　D．0

  （4）在进行 RF 数据传输时，接收方发现，收到帧的源地址和源地址表短地址条目 3 的地址一致，则将（　　）寄存器的第（　　）位置 1。

  A．SRCRESMASK0,2　　　　　　　　B．SRCRESMASK0,3

  C．SRCRESMASK1,3　　　　　　　　D．SRCRESMASK2,3

  （5）FCS 是发送数据帧的组成部分，它的全称是（　　）。

  A．帧尾　　　　　B．帧校验序列　　C．同步头　　　　D．帧负载

  （6）下列选项中，（　　）不是源地址匹配的应用。

  A．计算 CRC　　　　　　　　　　B．安全材料查询

  C．创建防火墙　　　　　　　　　　D．帧未决位正确设置的自动确认传输

  （7）当 RXFIFO 发生上溢时，表示它接收的数据（　　）128B。

  A．等于　　　　　B．小于等于　　　C．大于　　　　　D．小于

  （8）如果希望 CC2530 可以自动过滤不需要接收的无线数据帧，则需要设置（　　）寄存器。

  A．FRMFILT0　　B．FRMFILT1　　C．FRMCTRL0　　D．FRMCTRL1

  （9）如果要使 CC2530 完成源地址匹配时产生中断，下列设置中，（　　）是正确的。

  A．RFIRQM1 |=0x80;　　　　　　　B．RFIRQM0 |=0x08;

  C．RFIRQM1 |=0x40;　　　　　　　D．RFIRQM0 |=0x40;

  （10）如果使能了接收到一个完整的帧产生中断，则下列选项中，（　　）表示接收到了一个完整的帧。

  A．(RFIRQF0 & x80)==0　　　　　B．(RFIRQF0 & x40)==0

  C．(RFIRQF0 & 40)!=0　　　　　　D．(RFIRQF0 & 80)!=0

  （11）CC2530 无线发送和接收时，使用 IEEE 802.15.4 指定的频率，且使用编号为 12 的通道，则 FREQCTRL 寄存器的值设置为（　　）。

  A．0x10　　　　　B．0x11　　　　　C．0x12　　　　　D．0x13

  （12）下列选项中，（　　）实现了清除 TXFIFO 缓冲区的功能。

  A．RFST=0xE9;　B．RFST=0xE3;　C．RFST=0xED;　D．RFST=0xEE;

  （13）下列选项中，（　　）实现了校准之后使能 TX 功能。

  A．RFST=0xE9;　B．RFST=0xE3;　C．RFST=0xDF;　D．RFST=0xEE;

  （14）下列选项中，（　　）可以设置由硬件计算 CRC，且定义无线电自动发送确认帧。

  A．FRMCTRL0 |=0x60;　　　　　　B．FRMCTRL1 |=0x60;

  C．FRMCTRL0 |=0x40;　　　　　　D．FRMCTRL0 |=0x20;

 2．填空题

  （1）CC2530 的发送数据帧格式由 3 部分组成：＿＿＿＿＿、＿＿＿＿＿、＿＿＿＿＿。

  （2）CC2530 确认帧帧结构由 5 部分组成，即＿＿＿＿＿、＿＿＿＿＿、＿＿＿＿＿、＿＿＿＿＿、＿＿＿＿＿。

  （3）CC2530 的 RXFIFO 可以保存一个或多个收到的帧，但总的字节数不能多于＿＿＿＿＿B。

3．判断题

（1）CC2530 的 RF 内核的 FSM 可以为事件提供正确的顺序。

（2）CC2530 的 RF 内核的解调器负责按照 IEEE 802.15.4 标准把原始数据转换为 I/Q 信号发送到发送器 DAC。

（3）CC2530 的数据帧符合 IEEE 802.15.4 标准，其中发送数据帧同步头由硬件自动产生，设置为 0x07。

（4）如果将 FRMCTRL0 寄存器的 AUTOCRC 位设置为 1，则 CC2530 在向 TXFIFO 写数据帧时，需要手动计算 FCS。

（5）如果将 FRMCTRL0 寄存器的 AUTOCRC 位设置为 0，则 CC2530 在从 RXFIFO 接收一帧数据时，该帧的最后两个字节是 FCS。

（6）CC2530 的 RF 模块通过执行 ISTXON 指令发送数据，且在发送前需要将数据先写到 TXFIFO。

（7）CC2530 无线发送和接收必须在一个信道上进行。

（8）CC2530 的 RF 模块发送数据帧时，不需要进行寄存器的设置更新。

（9）CSP 控制 CPU 和无线电之间的通信，即处理 CPU 发出的所有命令，并自动执行 CSMA/CA 机制。

（10）CC2530 发送数据帧的同步头由 1B 的 0 组成。

第6章　智能家居系统设计

基于无线组网的智能家居系统，便于安装、扩展，使人们生活更加便利和智能。大容量、低功耗、低成本是智能家居的重要需求，ZigBee 技术最多可组成 65000 个节点的网络，使用两节干电池可支持一个节点工作 6～24 个月，ZigBee 免协议专利费且芯片价格较低，因此，ZigBee 技术能很好地满足智能家居的应用场景，已经成为很多智能家居方案的首选。此外，MQTT（Message Queuing Telemetry Transport，消息队列遥测传输）协议作为一种低开销、低带宽的即时通信协议，可以为远程设备提供实时可靠的消息服务，为实现智能家居设备的远程控制提供了方便。因此，本章在前面知识的基础上，采用 ZigBee 与 MQTT 设计智能家居系统，从而学习系统的设计方法。首先学习 ZigBee 网络拓扑结构、MQTT，然后分析智能家居系统的设计方案，最后介绍系统的硬件设计、软件设计。本章的知识拓扑图如图 6-1 所示。

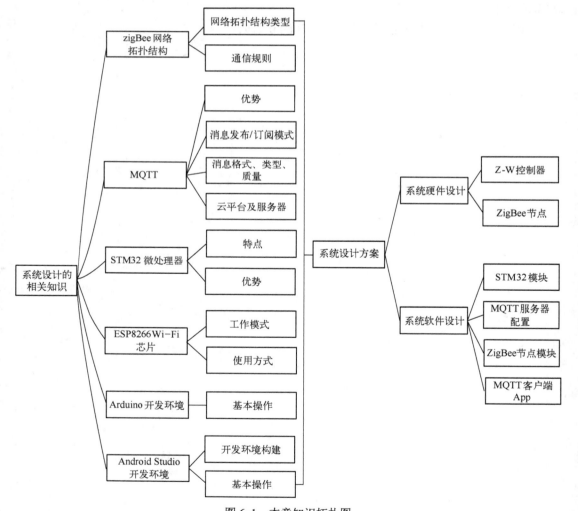

图 6-1　本章知识拓扑图

6.1　ZigBee 网络拓扑结构

ZigBee 技术具有强大的组网能力，网络拓扑结构包括星形、树形和网状，下面分别介绍。

6.1.1　星形拓扑结构

星形拓扑结构是最简单的一种拓扑形式，包含一个协调器节点、若干路由器节点和终端节点，每一个终端节点只能和协调器节点进行通信，即如果需要在两个终端节点之间进行通信必须通过协调器节点进行信息的转发，如图 6-2 所示。

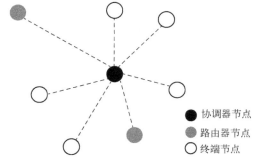

图 6-2　星形拓扑结构

星形拓扑结构的缺点是节点之间的数据路由只有唯一的一个路径，协调器有可能成为整个网络的瓶颈。实现星形拓扑结构不需要使用 ZigBee 的网络层协议，因为 IEEE 802.15.4 的协议层就可实现，但这需要开发者在应用层做更多的工作，包括自己处理信息的转发。

6.1.2　树形拓扑结构

树形拓扑结构包括一个协调器、若干个路由器和终端节点。协调器连接一系列的路由器和终端节点，它子节点的路由器也可以连接一系列的路由器和终端节点，这样可以重复多个层级，如图 6-3 所示。协调器和路由器节点可以包含自己的子节点，终端节点不能有自己的子节点。同一个父节点的节点之间称为兄弟节点，有同一个祖父节点的节点之间称为堂兄弟节点。树形拓扑结构中节点的通信规则如下。

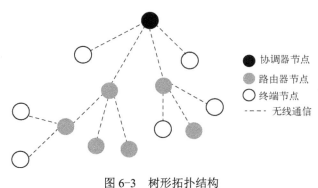

图 6-3　树形拓扑结构

1）每一个节点都只能和它的父节点和子节点之间通信。

2）如果需要从一个节点向另一个节点发送数据，那么信息将沿着树的路径向上传递到最近的祖父节点再向下传递到目标节点。

树形拓扑结构的缺点是信息只有唯一的路由，且路由由协议栈层处理，整个路由过程对于应用层完全透明。

6.1.3 网状拓扑结构

网状拓扑结构，也称 Mesh 拓扑结构，包含一个协调器和若干个路由器和终端节点。和树形拓扑结构相比，网状拓扑结构具有更加灵活的信息路由规则，在可能的情况下，路由器节点之间可以直接通信，这种路由机制使得信息的通信变得更有效率，且一旦一个路由路径出现了问题，信息可自动沿其他路由路径进行传输。网状拓扑结构如图 6-4 所示。

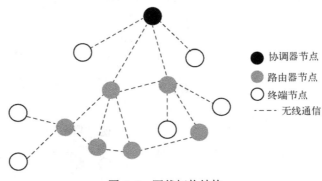

图 6-4　网状拓扑结构

一般情况下，在实现网状拓扑时，网络层会提供相应的路由探索功能，这一特性使得网络层可以找到信息传输的最优化路径，应用层不需要参与。

网状拓扑结构的网络具有强大的功能，可通过"多级跳"的方式通信，可组成极为复杂的网络；网络还具备自组织、自愈功能。星形和树形拓扑结构适合点对多点、距离相对较近的应用。因此，可根据实际应用需求选择合适的网络结构。

6.2　MQTT 介绍

MQTT 最早由 IBM 在 1999 年发布，是一种基于客户端—服务器的消息发布/订阅（Publish/Subscribe）模式的轻量级通信协议，是面向物联网和 2MB 的连接协议，它构建于 TCP/IP 协议栈的应用层协议，只要支持 TCP/IP 协议栈，都可使用 MQTT，目前已经广泛应用到物联网、小型设备、移动应用等领域。本节主要介绍 MQTT 的优势、MQTT 消息发布/订阅（Publish/Subscribe）模式、MQTT 消息格式、MQTT 的主要特性、MQTT 服务器及云平台。

6.2.1 MQTT 的优势

MQTT 协议针对硬件性能低下的远程设备及网络状况较差的应用而设计，与 HTTP 相比，MQTT 具有以下优势。

1）MQTT 每个消息的标题最短是两个字节，HTTP 为每个新请求消息重新建立 HTTP 连接，会导致大量的开销，MQTT 使用永久连接，显著减少了这一开销。

2）MQTT 能够从断开等故障中恢复，且没有进一步的代码需求，而 HTTP 需要客户端重试编码，这会增加幂等性问题。

3）MQTT 专门针对低功耗目标而设置，HTTP 的设计没有考虑此因素，功耗较高。

4）HTTP 堆栈维护数百万个并发连接，需要做大量工作来提供支持，大多数商业产品都需要为处理这一数量级的永久连接而进行优化，而 IBM 提供了 IBM MessageSight 单机架载服务器，经过测试能处理多达 100 万个 MQTT 并发连接的设备。

5）完全开源，成本低。

由于 MQTT 具有以上优势，国内外的云供应商，如腾讯、阿里、百度、Azure、AWS、Bluemix 均支持 MQTT，已经形成了较好的发展环境，非常适合智能家居的应用。

6.2.2　MQTT 消息发布/订阅模式

如图 6-5 所示，MQTT 包括三种身份，即发布者、MQTT 代理、订阅者，其中发布者和订阅者是客户端，MQTT 代理是服务器，任何路由器客户端（client）都可以订阅或发布某个主题的消息，订阅了该主题的客户端则会收到该消息。发布/订阅模式不需要发布者和订阅者直接建立联系。因此，MQTT 的优点包括：发布者与订阅者不必彼此了解，只要认识同一个 MQTT 代理即可；发布者和订阅者不需要交互，发布者无须等待订阅者确认而产生锁定；发布者和订阅者不需要同时在线，可以自由选择时间来消费消息。

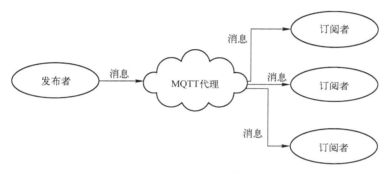

图 6-5　发布/订阅模式

6.2.3　MQTT 消息格式

每条 MQTT 消息的消息头都包含一个固定的报文头（Fixed Header），有些消息会携带一个可变报文头和一个消息负载（Payload）。

1．固定报文头

MQTT 固定报文头最少有两个字节，第 1 个字节包含消息类型（Message Type）和 QoS 级别等标志位。第二个字节开始是剩余长度字段，该长度是后面的可变报文头加消息负载的总长度，该字段最多允许 4B。

剩余长度字段单个字节最大值为二进制 0111 1111，即单个字节可描述的最大长度是 127B。MQTT 协议规定，单个字节最高位若为 1，则表示后续还有字节存在，即起"延续位"的作用。例如，数字 66，编码为一个字节，可以表示为 66（0x42）。数字 321（65+2×128）编码为两个字节，重要性最低的放在前面，第一个字节为 65+128=193（0xC1），第二个字节 0x02，表示 2×128。

因此，由于 MQTT 协议最多只允许使用 4B 表示剩余长度，且每个字节的最高位不表示长度、最后一个字节最大值只能是 0x7F，所以能发送的最大消息长度是 2^{20}，即 256MB。

2．可变报文头

可变报文头主要包含协议名、协议版本、连接标志（Connect Flags）、心跳间隔时间（Keep Alive timer）、连接返回码（Connect Return Code）、主题名（Topic Name）等，后面章节会针对其主要部分进行讲解。

3. 消息负载

即消息主体，当 MQTT 发送的消息类型是 CONNECT（连接）、PUBLISH（发布）、SUBSCRIBE（订阅）、SUBACK（订阅确认）、UNSUBSCRIBE（取消订阅）时，则会带有负载。

6.2.4 MQTT 的主要特性

1. MQTT 的消息类型

固定报文头中的第一个字节包含连接标志（Connect Flags），连接标志用来区分 MQTT 的消息类型。MQTT 协议拥有 14 种不同的消息类型，如表 6-1 所示，可简单分为连接及终止、发布和订阅、QoS 2 消息的机制及各种确认 ACK。

表 6-1 MQTT 消息类型

类型名称	类型值	流动方向	报文说明
Reserved	0	禁止	保留
CONNECT	1	客户端到服务器	发起连接
CONNACK	2	两个方向都允许	确认
PUBLISH	3	两个方向都允许	发布消息
PUBACK	4	两个方向都允许	QoS1 消息确认
PUBREC	5	两个方向都允许	QoS2 消息回执
PUBREL	6	两个方向都允许	QoS2 消息释放
PUBCOMP	7	两个方向都允许	QoS2 消息完成
SUBSCRIBE	8	客户端到服务器	订阅请求
SUBACK	9	服务器到客户端	订阅确认
UNSUBSCRIBE	10	客户端到服务器	取消订阅
UNSUBACK	11	服务器到客户端	取消订阅确认
PINGREQ	12	客户端到服务器	心跳请求
PINGRESP	13	服务器到客户端	心跳响应
DISCONNECT	14	客户端到服务器	断开连接
Reserved	15	禁止	保留

2. 消息质量

MQTT 消息质量有 3 个级别，即 QoS0、QoS1 和 QoS2。

QoS0：最多分发一次。消息的传递完全依赖底层的 TCP/IP 网络，协议里没有定义应答和重试，消息要么只会到达服务端一次，要么根本没有到达。

QoS1：至少分发一次。服务器的消息接收由 PUBACK 消息进行确认，如果通信链路或发送设备异常，或指定时间内没有收到确认消息，发送端会重发这条在消息头中设置了 DUP 位的消息。

QoS2：只分发一次。这是最高级别的消息传递，消息丢失和重复都是不可接受的，使用这个服务质量等级会有额外的开销。

例如，共享单车智能锁可定时使用 QoS0 质量消息请求服务器，发送单车的当前位置，如果服务器没收到也没关系，反正过一段时间又会再发送一次。用户可以通过 App 查询周围单车位置，找到单车后需要进行解锁，这时候可使用 QoS 1 质量消息，手机 App 不断地发送解锁消息给单车锁，确保有一次消息能达到以解锁单车。最后用户用完单车后，需要提交付款表单，可使用 QoS2 质量消息，确保只传递一次数据，否则用户就会多付钱了。

3．连接保活心跳机制

MQTT 客户端可以设置一个心跳间隔时间，表示在每个心跳间隔时间内发送一条消息。如果在这个时间周期内，没有业务数据相关的消息，客户端会发一个 PINGREQ 消息，相应的，服务器会返回一个 PINGRESP 消息进行确认。如果服务器在一个半心跳间隔时间周期内没有收到来自客户端的消息，就会断开与客户端的连接。心跳间隔时间最大值大约可以设置为 18 个小时，0 值意味着客户端不断开。

4．遗愿标志

在可变报文头的连接标志位字段里有 3 个遗愿标志位：Will Flag、Will QoS 和 Will Retain Flag，这些标志位用于监控客户端与服务器之间的连接状况。如果设置了 Will Flag，就必须设置 Will QoS Flag 和 Will Retain Flag，消息主体中也必须有 Will Topic 和 Will Message 等字段。服务器与客户端通信时，当遇到异常或客户端心跳超时的情况，MQTT 服务器会替客户端发布一个 Will 消息。因此，Will 字段可以应用于设备掉线后需要通知用户的场景。

6.2.5　MQTT 云平台及服务器

1．支持 MQTT 的云平台

目前，百度、阿里、腾讯都研发了物联网云平台。在腾讯 QQ 物联平台内测和阿里云物联网套件公测中，都需要进行申请试用。百度云物联网套件已经支持 MQTT，且可以免费试用一段时间。除此之外，还有一些其他支持 MQTT 的物联网云平台，如 OneNET 云平台、云巴等。

（1）OneNET 云平台

OneNET 是由中国移动打造的 PaaS 物联网开放平台，能够帮助开发者轻松实现设备接入与设备连接，快速完成产品开发部署，为智能硬件、智能家居产品提供完善的物联网解决方案。OneNET 云平台已于 2014 年 10 月正式上线。

（2）云巴

云巴（Cloud Bus）是一个跨平台的双向实时通信系统，为物联网、App 和 Web 提供实时通信服务。云巴基于 MQTT，支持 Socket.IO 协议，支持 RESTful API。

2．MQTT 服务器

如果不想使用云平台，只是使用 MQTT，或只实现内网中设备的监控，那么可本地部署一个 MQTT 服务器。常用的 MQTT 服务器有 Apache-Apollo、EMQ、HiveMQ、Mosquitto。

（1）Apache-Apollo

一个代理服务器，在 ActiveMQ 基础上发展而来，可支持 STOMP、AMQP、MQTT、Openwire、SSL 和 WebSockets 等多种协议，且 Apollo 提供后台管理页面，方便开发者管理和调试。

（2）EMQ

EMQ 2.0 被称为百万级开源 MQTT 消息服务器，基于 Erlang/OTP 语言平台开发，支持大规模连接和分布式集群、发布/订阅模式的 MQTT 消息服务器。

（3）HiveMQ

一个企业级的 MQTT 代理，主要用于企业和新兴的机器到机器 M2M 通信和内部传输，最大限度地满足可伸缩性、易管理和安全特性，提供免费的个人版。HiveMQ 提供了开源的插件开发包。

（4）Mosquitto

一款开源消息代理软件，实现了消息推送协议 MQTT v3.1，提供轻量级、支持可发布/可订阅的消息推送模式。Mosquitto 是目前广泛使用的 MQTT 服务器软件。

6.3 系统设计方案

智能家居系统设计的网络结构如图 6-6 所示，包括内部网络和外部互联网，内部网络便于用户在家控制家居设备，外部网络用于实现远程控制。ZigBee 终端节点采集室内的温度、光照、烟雾浓度、非法入侵等信息，并通过 ZigBee 网络发送给 Z-W 控制器，Z-W 控制器再通过 Wi-Fi 发送给 MQTT 服务器。Android 手机是控制端，可通过手机端 App 发送控制信息给 MQTT 服务器，MQTT 服务器再发送给 Z-W 控制器，Z-W 依据接收的控制信息，在 Android 手机端 App 实时显示数据，或控制家居设备进行相应动作，如开启或关闭窗帘、开/关电灯等。

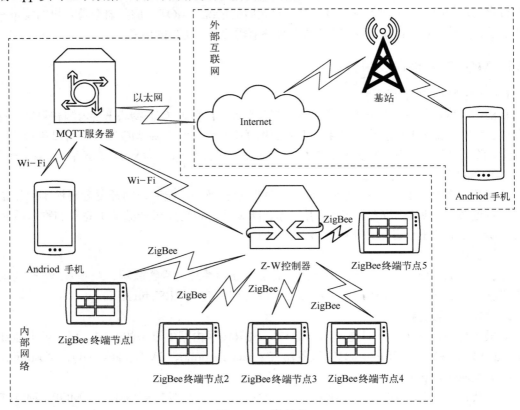

图 6-6　网络结构

Z-W 控制器基于 stm32F103C8 和 CC2530 进行设计，并采用了 ESP8266 无线 Wi-Fi 模块，它一方面通过 Wi-Fi 与 MQTT 服务器进行通信，另一方面通过 ZigBee 技术与各 ZigBee 终端节点通信，stm32F103C8 和 CC2530 通过串口通信。考虑到成本和能耗，MQTT 服务器使用无线路由器，并下载了 MQTT 服务器 Mosquitto。Andriod 手机端则需要开发 MQTT 客户端 App。

6.4 系统硬件设计

系统硬件主要包括两部分：Z-W 控制器、ZigBee 终端节点。其中，Z-W 控制器采用

STM32F103 系列芯片和 CC2530 芯片作为微控制器，并包含无线 Wi-Fi 芯片 ESP8266，Z-W 控制器使用 STM32F103C8 控制 ESP8266 实现网关功能，使用 CC2530 实现 ZigBee 协调器功能，STM32F103C8 和 CC2530 通过串口连接。5 个 ZigBee 终端节点放置在卧室、客厅、厨房、入室大门、阳台窗户等位置采集信息，使用 CC2530 芯片作为控制器，并包含温度传感器、光敏传感器、继电器、步进电机、气体传感器、门磁检测等模块。系统硬件设计总体结构如图 6-7 所示。

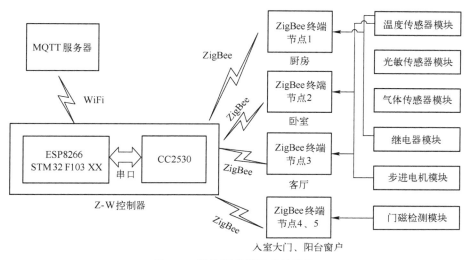

图 6-7　系统硬件设计总体结构

6.4.1　Z-W 控制器设计

综合考虑性能和成本，选用意法半导体公司生产的 STM32F103C8 作为 Z-W 控制器的核心处理器，用它来控制 Wi-Fi 等模块，同时和 ZigBee 协调器连接。

1. STM32F103C8 简介

STM32F103C8 是一款基于 Cortex-M3 内核的 32 位增强型 ARM 微处理器（单片机），该款微处理器芯片主频频率 72MHz，具有 48KB SRAM 空间和 256KB FLASH 存储，2 个基本定时器、4 个通用定时器、2 个高级定时器，通用 IO 口 51 个，通信接口丰富，包括 3 个 SPI、2 个 I²C、1 个 SDIO 接口、5 个串口、1 个 USB 和 1 个 CAN，其他资源还包括 2 个 DMA 控制器、3 个 12 位 ADC、1 个 12 位 DAC。该微处理器功能强大、价格低廉，工作电压为 2～3.6V，具有多种省电模式，这保证了低功耗应用，工作环境温度为-40℃～+80℃/-40℃～+105℃，从而可以在寒冬酷暑的季节稳定运行。采用 STM32F103C8 芯片作为核心处理器，主要具有以下优势。

（1）成本低

目前市场价位非常低，比很多同类的 ARM、DSP 等更便宜，且功能非常强大，完全可以满足智能家居价格低廉、简单实用的需求。

（2）功能强大

拥有丰富的外设接口、大型存储空间，使得该款单片机具有强大扩展和存储功能，采用的 Thumb-2 指令集，避免了 ARM 代码和 Thumb 代码相互转换，使得指令的效率更高、性能更强。

（3）技术成熟

该款单片机是意法半导体的主流产品，目前市场上已经有很多开发者在使用这款单片机，故有丰富的资料可以查阅，大大节约了开发的成本。

（4）功耗较低

由于采用了 Cortex-M3 内核，而 Cortex-M3 内核优化了功耗设计，使得该款单片机功耗相对较低。

2. STM32F103C8 最小系统设计

如图 6-8 所示，晶振电路、按键复位电路是最小系统必备的电路，晶振电路用于产生时钟信号，复位电路实现系统上电自动复位。

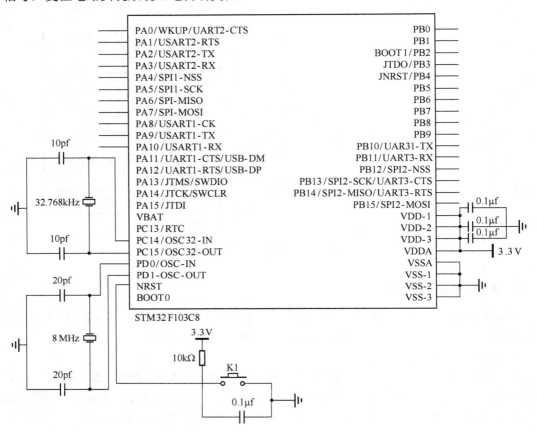

图 6-8　STM32F103C8 最小系统设计

3. 供电电路设计

STM32 使用 3.3V 的电源，系统的供电电路设计如图 6-9 所示，系统通过外部变压器得到 5V 直流电压，作为电压转换芯片 ASM1117 的输入，在输出口都加有滤波电容，防止电流产生毛刺对系统造成影响。在 PCB 布线时，为增强系统的抗干扰能力，应尽可能加粗电源线和地线。

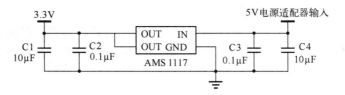

图 6-9　供电电路设计

4．串口通信及下载电路设计

该电路的设计主要是完成 PC 端 STM32 程序下载和串口通信，无须额外的下载器。STM32 的启动模式如表 6-2 所示。

表 6-2　STM32 启动模式

BOOT0	BOOT1	启动模式	描述
0	×	用户闪存存储器	FLASH 启动
1	0	系统存储器	系统存储器启动
1	1	SRAM	SRAM 启动

（1）STM32 启动过程分析

当系统工作时，BOOT0 引脚通常连接到低电平，如表 6-2 所示，此时系统从用户闪存存储器启动，运行用户程序；当需要下载程序时，BOOT0 引脚连接到高电平，并依据 BOOT1 引脚的电平，选择启动模式，然后开始下载程序。程序下载成功后，需要切换系统从用户闪存存储器启动。

（2）电路设计

采用 CH340T 进行电路设计，CH340T 的发送引脚 TXD、接收引脚 RXD 分别连接 STM32F103C8 的串口 1 接收引脚 PA10、发送引脚 PA9，USB 接口用来连接 PC，如图 6-10 所示。当 CH340T 没有数据传输时，RTS 和 DTR 都为高电平，当有数据传输时，RTS 变低，此时 PNP 晶体管 Q2 基极为低，与集电极有电压差，Q2 导通，BOOT0 引脚为 1，从系统存储器启动，此时可以下载程序。DTR 为高电平时，NPN 晶体管 Q1 的基极和发射极之间有电压差，Q1 导通，RESET 为低电平，系统复位。当 DTR 变为低电平时，Q1 不导通，复位完成。程序下载时，DTR 和 RT 同时拉高，Q2 不导通，系统从用户闪存存储器启动，程序下载完毕。

5．Wi-Fi 模块设计

（1）ESP8266 简介

ESP8266 是一款低功耗、高集成度的 Wi-Fi 芯片，其工作温度范围为-40℃～125℃，性能稳定价格低廉，可用来做串口透传、PWM 调控、远程控制开关（如控制插座、开关、电器等）。本设计通过配置该芯片，实现和 STM32F103C8 的串口进行通信，利用 Wi-Fi 传输数据。

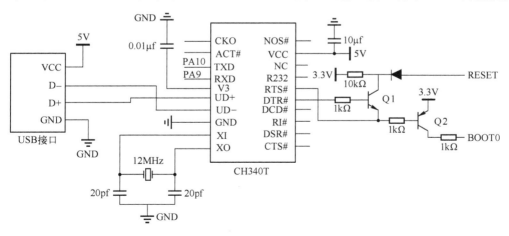

图 6-10　串口通信及下载电路设计

ESP8266 可工作于 3 种模式，即 AP 模式、station 模式及混合模式。AP 模式下，

ESP8266 作为热点，手机或计算机直接与其连接，实现局域网无线控制。station 模式下，ESP8266 通过路由器连接互联网，手机或计算机通过互联网实现对设备的远程控制。混合模式是 AP 模式和 station 模式的共存模式，两者可实现无缝切换，方便操作。通常 ESP8266 有 3 种的使用方式，适用于不同水平的开发工作者，具体如下。

1）LUA 语言编程。LUA 语言编程是一种单独 8266 编程的方式，可以不依靠微控制器和串口调试软件，直接把程序编写到 ESP8266 内部。

2）Arduino 开发环境编程。可直接在 Arduino IDE 的环境下，使用 Arduino 的开发方式进行开发，图形用户界面比较容易接受与理解，本章采用 Arduino 开发环境编程，下面介绍 Arduino 相关的知识。

① Arduino 特点。Arduino 是一款便捷灵活、易于学习的开源电子原型平台，支持多种型号的 Arduino 板（如 STM32、ESP8266 等芯片）和软件，包含硬件（各种型号的 Arduino 板）和软件（Arduino IDE)，适用于艺术家、设计师和对于"互动"有兴趣的爱好者，被越来越多的开发者使用。

Arduino 能通过各种各样的传感器来感知环境，通过控制灯光、电动机和其他的装置来反馈、影响环境。可以通过 Arduino 的编程语言来编写程序，编译成二进制文件，烧录进微控制器。

对 Arduino 的编程是利用 Arduino 编程语言和 Arduino 开发环境来实现的，基于 Arduino 的项目，可以只包含 Arduino，也可以包含 Arduino 和其他一些在 PC 上运行的软件及它们之间的通信。可以自己动手制作，也可以购买成品套装。Arduino 所使用到的软件都可以免费下载。硬件参考设计（CAD 文件）是遵循开源协议，用户可以自由地根据需求去修改。

目前市场上还有很多其他的单片机平台，但对于普通开发者来说门槛相对较高，需要有一定编程和硬件相关基础，内部寄存器较为繁杂。如主流开发环境 Keil 配置相对复杂，特别是对于 STM32 的开发，即使使用官方库也少不了环境配置，且开发环境不是免费的。

② Arduino 的优势。Arduino 不但简化了使用单片机工作的流程，同时还为开发者提供了一些其他系统不具备的优势。

● 便宜。相比于其他单片机平台而言，Arduino 生态的各种开发板性价比相对较高。

● 跨平台。Arduino 软件（IDE）能在 Windows、macOS X 和 Linux 操作系统中运行，而大多数其他单片机系统仅限于在 Windows 操作系统中运行。

● 开发环境简单。Arduino 的编程环境易于初学者使用，同时对高级用户来说也足够灵活，其安装和操作都非常简单。

● 开源可扩展。Arduino 软件硬件都是开源的，开发者可以对软件库进行扩展，也可以下载大量软件库来实现功能。Arduino 允许开发者对硬件电路进行修改和扩展以满足不同的需求。

③ Arduino 开发板类型。Arduino 包括多种开发板、模块、扩展板、工具和配件。官方将其大致分为 5 类：入门级、网络板、物联网板、教育板和可穿戴板，这些类型可以通过访问官网来查看。其中，入门级开发板易于使用，可供初学者使用。本系统在设计过程中使用的是 WeMosD1(Retired)开发板。

④ Arduino 的编程语言。Arduino 使用 C/C++编写程序。早期的 Arduino 核心库使用 C 语言编写，后来引进了面向对象的思想，目前的 Arduino 核心库采用 C 与 C++混合编写而成。

一般而言，Arduino 语言是指 Arduino 核心库文件提供的各种应用程序编程接口
（Application Programming Interface，API）的集合，这些 API 是对更底层的单片机支持库进
行二次封装所形成的，避免配置繁杂的寄存器来实现相应功能，可以进行直观控制，增强程
序可读性的同时也提高了开发效率。

⑤ Arduino 开发环境。Arduino 开发环境 IDE 可从官网进行下载，本书使用的 Arduino
版本为 1.8.7。

3）使用 AT 指令进行操作。这是最简单的一种方式，无须编程，使用 PC 端的串口助手
配合简单的 AT 指令就可以实现，也可以配合微控制器发送指令使用。常用的 AT 指令集如
表 6-3 所示。

表 6-3　常用的 AT 指令集

AT 指令	描述
AT	测试 AT 启动
AT+RST	重启模块
AT+GMR	查看版本信息
AT+GSLP	启动 deep sleep 功能
ATE	开关回显功能
AT+RESTORE	恢复出厂设置
AT+UART	设置串口配置
AT+CWMODE=1/2/3	选择工作模式

（2）电路设计

ESP8266 包含 ESP-01、ESP-03、ESP-07、ESP-12 等系列。本书使用 ESP-12 系列，设计的
Wi-Fi 模块电路如图 6-11 所示，ESP-12 的发送引脚 TXD、接收引脚 RXD 分别连接
STM32F103C8 的串口 2 接收引脚 PA3、发送引脚 PA2。ESP-12 的复位引脚 RESET 连接按键复
位电路，当 K1 按下时复位。ESP-12 的引脚 CH_PD、VCC 连接 3.3V 电源，引脚 GND 接地。

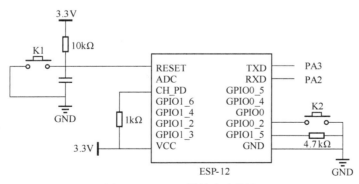

图 6-11　Wi-Fi 模块电路设计

（3）ZigBee 协调器设计

ZigBee 协调器基于 CC2530 最小系统设计，最小系统包括供电电路、晶振电路、复位电
路、天线电路。在此基础上设计电路使 STM32F103C8 通过串口 3（接收引脚 PB10、发送引
脚 PB11）与 CC2530 的串口 1（接收引脚 P1_6、发送引脚 P1_7）进行通信，CC2530 的串口
0 通过 CH340T 与 PC 端连接，用于程序下载，CC2530 的 P0_7 连接了蜂鸣器，用于报警，
如图 6-12 所示。

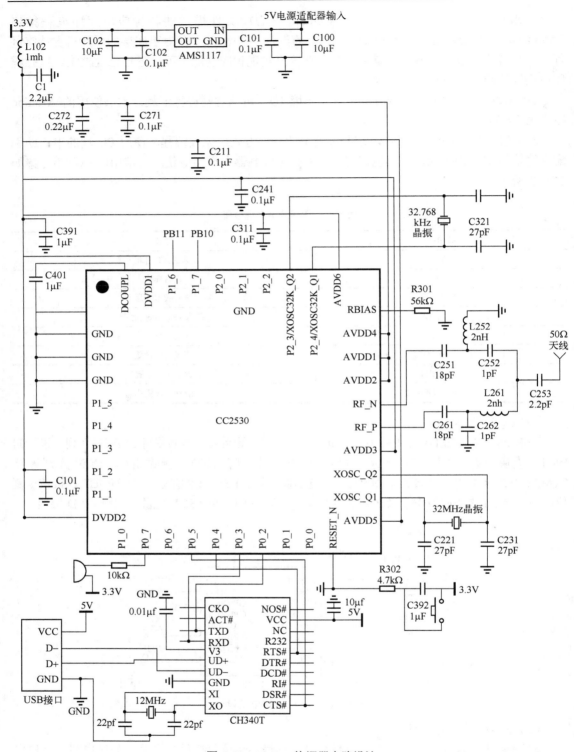

图 6-12　ZigBee 协调器电路设计

6.4.2　ZigBee 终端节点设计

系统共设计了 5 个 ZigBee 终端节点，每个 ZigBee 终端节点设计了 CC2530 最小系统，并分别连接了若干集成好的外围电路模块。其中，ZigBee 终端节点 2、3 连接了相同的外围传感器模块，包括温度传感器模块、光敏传感器模块、气体传感器模块、红外传感器模块、继电器模块、步进电机模块。ZigBee 终端节点 1 和其他节点不同，它不包含步进电机模块。ZigBee 终端节点 4、5 用来检测非法入侵，连接了门磁检测模块。下面介绍各 ZigBee 终端节点连接的外围电路模块的硬件设计。

1．温度传感器模块

采用 DS18B20 设计温度传感器模块，DS18B20 共有 3 个引脚，分别是 VCC、DQ 和 GND。其中，DQ 引脚为采集到的温度数字量输出引脚，与 ZigBee 终端节点 1～3 的 CC2530 芯片的 P0_0 引脚相连，如图 6-13 所示。

2．光敏传感器模块

光敏电阻的阻值随光照强度变化而变化，当光照度增强时，光敏电阻的阻值会减小，反之会增大。因此，采用光敏电阻作为光敏传感器，可以设计光敏传感器模块电路，将阻值变化转换为电压变化，然后将电压变化转换为数字量来反映光照度的改变。设计的电路如图 6-14 所示，光敏电阻信号线与 ZigBee 终端节点 1～3 的 CC2530 的 P0_1 引脚相连，通过设置 P0_1 可以作为 ADC 的输入，200kΩ 电阻为分压电阻。

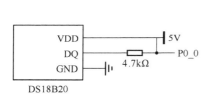

图 6-13　温度传感器模块电路

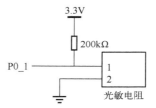

图 6-14　光敏传感器模块电路

3．气体传感器模块

为保证家居的安全，系统中对可燃气体的检测至关重要。MQ-5 气体传感器采用 SnO2 气敏材料，可检测空气中的液化气、煤气、甲烷等可燃气体，被广泛应用到家庭或工业生产中对可燃气体和烟雾进行检测。使用 MQ-5 气体传感器设计的硬件电路如图 6-15 所示，当空气中有可燃气体时，就可以将电导率转换成相应的电压输出，可燃气体浓度越大输出的模拟电压就越高，模拟电压经过 LM393 电压比较器比较后，将输出高低电平，接入 ZigBee 终端节点 1～3 的 CC2530 的 P0_2 引脚，方便处理器进行处理。当煤气等可燃气体浓度超过设定的阈值时，LM393 比较器会输出高电平。

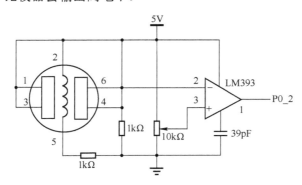

图 6-15　气体传感器模块电路

4．步进电机模块

步进电机采用的型号为 24BYJ48，用来模拟对窗帘的控制。步进电机由电动机驱动，通过电动机与 CC2530 芯片相连，CC2530 芯片使用四相八拍的方式为电动机发送电平信号，驱动步进电机转动。设计的步进电机模块电路如图 6-16 所示，步进电机模块对外提供 6 个引脚，分别是 VDD、GND、IN1、IN2、IN3 和 IN4 引脚。其中，IN1、IN2、IN3 和 IN4 引脚对应接在 ZigBee 终端节点 2、3 的 CC2530 芯片的 P1_0、P1_1、P1_2、P1_3 引脚上。

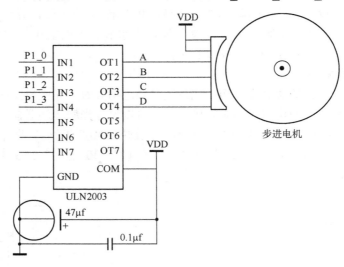

图 6-16　步进电机模块电路

5．继电器模块

使用继电器模块作为电源开关，使用 5V 电压供电，继电器由晶体管 Q1 驱动，Q1 的基极和 ZigBee 终端节点 1～3 的 P0_4 引脚连接，引脚输入高/低电平来控制继电器的开/关，以此来控制接在继电器模块上的 L1 灯的亮/灭。设计的继电器模块电路如图 6-17 所示，P0_4 输入高电平，Q1 导通，继电器吸合，L1 灯点亮，J1 是继电器节点的引出端子，用于控制 220V 交流电源的通断。

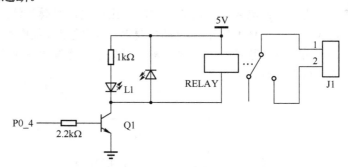

图 6-17　继电器模块电路

6．门磁检测模块

门磁检测模块在系统中具有防入侵的功能，当忘关房门，或房门被人撬开时，产生电位变化，能够向用户报警，及时制止。门磁检测模块采用 MC-18 型号门磁开关设计，它是常闭型的，即合并时是导通状态，主要由开关和磁铁两部分组成，通过磁铁产生的磁场来控制开关的通断。当房门打开时，磁铁远离磁场，开关断开，输出低电平；当房门关闭时，磁铁靠近磁场，开关闭合导通，输出高电平。设计的门磁检测模块电路如图 6-18 所示，将门磁输出接在 ZigBee 终端节点 4、5 的 CC2530 芯片的 P0_6 引脚上。

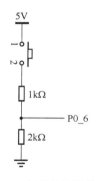

图 6-18　门磁检测模块电路

6.5　系统软件设计

温度传感器、光敏传感器、气体传感器、继电器模块、步进电机模块与 ZigBee 协调器组成 ZigBee 网络。STM32 模块与 ZigBee 协调器通过串口进行通信，采集传感器信息，并对控制的模块下发指令。STM32 模块使用 ESP8266 将采集的数据通过 MQTT 协议方式发布到 MQTT 服务器。手机端 App 订阅传感器数据的消息，当接收到消息后将传感器数据显示在界面上，手机端 App 也可以发送打开或关闭灯、打开或关闭窗帘等控制指令到 MQTT 服务器，MQTT 服务器将其转发给 STM32 模块，由 STM32 模块解析指令，然后送给 ZigBee 协调器，由其传输给 ZigBee 终端节点，完成相应动作。因此，系统软件设计的主要内容包括 STM32 模块、MQTT 服务器配置、ZigBee 节点模块和 MQTT 客户端 App 等。

6.5.1　STM32 模块软件设计

STM32 模块是 Z-W 控制器的核心部分，也是智能家居系统的主要控制模块，它实现了家居个域网与外部互联网的通信，即可以通过 ESP8266 与 MQTT 服务器进行通信，也可以通过 ZigBee 协调器与各 ZigBee 终端节点通信，从而实现数据的转发。本节介绍 STM32 模块软件处理流程、MQTT 客户端程序设计。

1．STM32 模块软件处理流程

如图 6-19 所示，当 Z-W 控制器上电后，STM32 模块软件程序进行初始化，初始化成功后，进入监听状态，等待数据的输入。当接收到数据时，进行判断。若该数据为 ZigBee 数据，说明是由家居个域网传过来的家居环境参数和安防监测数据，需要将该数据上传到 MQTT 服务器；若该数据为 TCP/IP 数据，说明是由 MQTT 服务器传过来的家电控制指令，需要将该数据传给 ZigBee 协调器；若该数据既不是 ZigBee 数据，也不是 TCP/IP 数据，说明是非法数据，直接丢弃，重新进入监听状态。

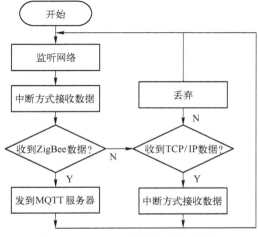

图 6-19　STM32 模块软件处理流程

2. MQTT 客户端程序设计

使用 Arduino IDE 设计基于 ESP8266 的 MQTT 客户端程序。下面介绍使用 Arduino 设计 MQTT 客户端程序的过程。

（1）相关库文件加载

首先确保安装了 Arduino IDE 1.8.13，并运行它。然后加载 STM32 和 ESP8266 相关的库文件。

1）加载 Arduino_STM32。下载 Arduino_STM32 库文件，然后解压到 Arduino 安装文件夹下的 hardware 文件夹下。

2）加载 pubsubclient。下载在 Arduino IDE 中设计 ESP8266 的 MQTT 客户端程序，需要使用 MQTT 客户端第三方类库 pubsubclient，下载后将其复制到 Arduino 安装目录的 libraries 文件夹下。

（2）程序设计

ESP8266 本身包含 TCP/IP 协议栈，由于 MQTT 协议基于 TCP，因此设计程序时，先进行相关设置，连接 MQTT 服务器，然后将 MQTT 协议格式的数据封装在 STM32F103C8 上，最后实现 ESP8266 和 MQTT 服务器之间的交互通信。本程序主要包括两个文件，即 MQTT_ESP8266.ino 和 MQTT.ino。

1）MQTT_ESP8266.ino。在文件 MQTT_ESP8266.ino 中，定义 MQTT 服务器 IP 地址、端口、MQTT ID、主题等，源程序如下。

```
const char* mqtt_server = "tzlhome.inowork.net";
uint16_t mqtt_port = 1883;
const char* mqtt_user="admin";
const char* mqtt_password="password";
#define LMQTT 0
#define MQTT 1
const char* mqtt_ID = "ESP8266_Led1";
const char* mqtt_SubTopic = "tzlhome/room1/lighting/Led1";
const char* mqtt_SyncTopic = "tzlhome/room1/lighting/state1";
unsigned long updateTime = 60000UL;
void setup()
{
    initMqttClient(MQTT);
}
void loop()
{
    runMqttClient();
}
```

2）MQTT.ino。在文件 MQTT.ino 中主要实现 Wi-Fi 的连接和 MQTT 相关的操作，源程序如下。

```
#include <ESP8266WiFi.h>
#include <PubSubClient.h>
uint8_t mqttApp;
unsigned long lastTime =0UL;
unsigned long maxtTime =0UL;
uint8_t syncChan=0;
```

```
String strTopic;
String strPlayload;
WiFiClient espClient;
PubSubClient client(espClient);
bool autoConfig()
{
  for (int i=0;i<20;i++)
  {
    int wstatus = WiFi.status();
    if (wstatus == WL_CONNECTED)
    {
      Serial.println("AutoConfig Success");
      Serial.printf("SSID:%s\r\n",WiFi.SSID().c_str());
      Serial.printf("PSW:%s\r\n",WiFi.psk().c_str());
      WiFi.printDiag(serial);
      return ture;
    }
    else
    {
      Serial.printf("AutoConfig Waiting...");
      Serial.println("wstatus");
    }
  }
  Serial.println("AutoConfig Faild")
  return false;
}
void smartConfig()
{
  WiFi.mode(WIFI_STA);
  Serial.println("\r\nWait for Smartconfig");
  WiFi.beginSmartConfig();
  While (1)
  {
    Serial.print(".");
    if (WiFi.smartconfigDon())
    {
      Serial.println("SmartConfig Success");
      Serial.printf("SSID: %s\r\n",WiFi.SSID().c_str());
      Serial.printf("PSW: %s\r\n",WiFi.psk().c_str());
      break;
    }
  }
}
void initMqttClient(uint8_t app)
{
  mqttApp = app;
  Serial.begin(115200);
  delay(100);
  WiFi.begin();
```

```
          if (!autoConfig()) smartConfig();
          Serial.print("IP address: ");
          Serial.println(WiFi.localIP());
          client.setServer(mqtt_server, mqtt_port);
          client.setCallback(callback);
    }
   // MQTT 通信核心代码
  void publishDeviceSync(uint8_t chan)
  {
      String s;
      char c;
      strTopic =String((char*)mqtt_SyncTopic);
      if (strTopic.indexOf("/+")!=-1
      {
        strTopic.replace("/+",s);
      }
      char topic[strTopic.length()+1]];
      strTopic.toCharArray(topic,strTopic.length()+1);
      char msg[6];
      void publishData(const char* topic, float val)
      {
          client.publish(topic, String(val).c_str(),true);
      }
      void publisData(const char* topic,int val)
      {
          client.publish(topic, String(val).c_str(),true);
      }
      void callback(char* topic, byte* payload, unsigned int length)
      uint8_t chan, state;
      Serial.print("Message arrived[");
      Serial.print("]");
      payload[length]='\0';
      strPayload=String((char*)payload);
      Serial.pintln("Payload:"+ strPayload);
      Serial.println();
      if (strPayload.indexOf("off") !=-1) state =0;
      else return;
      strTopic =String((char*)topic);
      if (mqttApp ==LMQTT)
      {
          if (strTopic ==mqttSubTopic)
          {
              chan=0;
          }
      }
  }
  void reconnect()
  {
```

```
        while (! client.connected()
        {
            Serial.print(""Attempting MQTT connection…);
            String ClientID=mqtt_ID;
            if (client.connect(clientId.c_str(),mqtt_user,mqtt_password))
            {
                Serial.println("connected");
                client.subscribe(mqtt_SubTopic);
            }
            else
            {
                Serial.print("failed,rc=");
                Serial.print(client.state());
                Serial.println("try again in 5 seconds");
                for (int i=0;i<5;i++)
                {
                        Delay(10);
                }
            }
        }
    }
```

6.5.2　MQTT 服务器配置

无线路由器是家庭的必备设备，所以，在本系统设计过程中，将 Mosquitto 服务器安装在无线路由器上，作为 MQTT 服务器，可大大节省能耗和成本。下面介绍 MQTT 服务器的配置过程。

1. OpenWrt 固件的刷写

OpenWrt 是一个高度模块化、高度自动化的嵌入式 Linux 系统，拥有强大的网络组件和扩展性，常常用于工控设备、电话、小型机器人、智能家居、路由器及 VOIP 设备中。同时还提供了 100 多个已编译好的软件，且数量还在不断增加，而 OpenWrt SDK 更简化了开发软件的工序。OpenWrt 的 14.07、15.05 版本源代码中都提供 Mosquitto 程序，选择一个版本的 OpenWrt 刷写到无线路由器即可，本系统采用 15.05 版本的 OpenWrt。

无线路由器的型号不同，适用的 OpenWrt 版本也不同，本系统使用的无线路由器是网件（NETGEAR）的 wnr2000v4，如图 6-20 所示，具体刷写过程如下。

图 6-20　网件 wnr2000v4 外观

（1）准备工作

1）下载路由固件 WNR2000v4-Stock-Firmware version 1.0.0.58，将固件更新到版本 1.0.0.58。

2）下载修改好的 uboot。

3）下载针对 wnr2000v4 路由器的版本 15.05 的 OpenWrt，并将其更名为 sysupgrade.bin。

4）使用网线连接路由器和计算机，并设置计算机的 IP4 地址为 192.168.1.10/24。

（2）路由器 telnet 端口解锁

本节使用 telnet 对路由器执行刷机指令，虽然 Netgear 的路由器默认打开 telnet:23 端口，但无法直接访问，需要解锁。使用 Github 提供的 Python 程序 telnetenable.py（该程序的链接地址为：https://github.com/insanid/netgear-telenetenable）发送 UDP 解锁，即在计算机的命令行窗口中执行 telnetenable.py，具体命令如下。

```
python telnetenable.py 192.168.1.1 28C88E1DDEAE admin password
```

其中，192.168.1.1 为路由器的 IP 地址，28C88E1DDEAE 为路由器的 MAC 地址，admin 为路由器的用户名，password 为路由器的密码。解锁成功会出现如图 6-21 所示的信息。

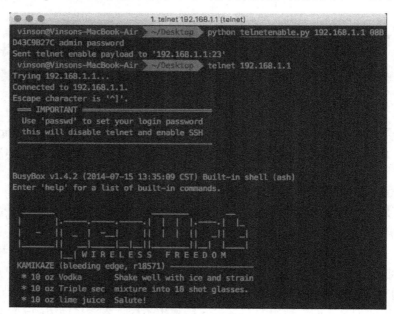

图 6-21　路由器 Telnet 端口解锁成功

（3）计算机上搭建 TFTP 服务器

路由器 telnet 端口解锁成功后，计算机就可以 telnet 到路由器，为获取计算机中下载好的 Uboot 和 OpenWrt 固件，计算机需搭建 TFTP 服务器，即安装 TFTP 服务器软件，并设置 TFTP 服务器 IP 地址和文件夹，然后将 Uboot 和 OpenWrt 固件放在该文件夹下，启动 TFTP 服务。

（4）路由器获取 Uboot 和 OpenWrt 固件并刷写

1）获取 Uboot 并刷写。在计算机命令行中输入如下命令。

```
tftp -gr uboot_env_bootcmd_nocrc.backup 192.168.1.10 69
mtd -f write uboot_env_bootcmd_nocrc.backup u-boot-env
```

2）获取 Openwrt 固件并刷写。在计算机命令行中输入如下命令。

```
tftp -gr sysfsupgrade.bin 192.168.1.10 69
mtd -f -r write sysfsupgrade.bin firmware
```

刷写完成后，路由器会自动重启。

（5）进入 OpenWrt

在计算机中打开浏览器，地址栏输入：192.168.1.1，能够访问路由器，并进入 OpenWrt 系统，表示 OpenWrt 固件刷写成功。

2．安装 Mosquitto 服务器

将路由器连到 Internet，在计算机的命令行窗口输入 telnet 命令，telnet 到路由器，然后输入命令：opkg install mosquito，安装 Mosquitto 服务器，安装完成后，在/etc 目录下生产 /mosquitto 文件夹和相应的 mosquitto.conf 配置文件，同时添加用户名为 mosquittto 的用户。以后每次重启路由器后，Mosquitto 服务器将自动启动。

3．设置动态 DNS

目前家庭上网，一般是每次拨号时，运营商随机分配 IP 地址，即公网的 IP 地址不是固定的。因此，为了能够远程访问路由器，需要一个域名来动态绑定这个 IP 地址，访问路由器时，使用该域名。

（1）注册域名并绑定

使用百度免费的动态域名服务，注册一个免费的域名，然后绑定路由器的公网 IP 地址，并配置密码。

（2）登录路由器进行设置

进入图 6-22 所示的界面，选择 Network，在路由器上进行设置，设置完成后，在计算机的命令行窗口 ping 域名，如果 ping 通，说明已经设置好动态 DNS，远程手机端就可以通过 "http://域名:端口号" 的形式访问路由器了。

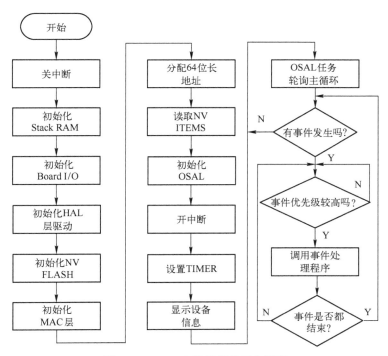

图 6-22　Z-Stack 协议栈的工作流程

6.5.3 ZigBee 节点模块软件设计

ZigBee 节点包括 ZigBee 协调器和 ZigBee 终端节点，这些 ZigBee 节点采用星形拓扑，以 ZigBee 协调器为核心，各模块软件设计基于 Z-Stack 协议栈开发，开发工具为 IAR Embedded Workbench。Z-Stack 协议栈底层封装了若干内置函数，基于 Z-Stack 协议栈开发 ZigBee 程序实际上就是调用这些内置函数或基于 Z-Stack 协议栈提供的框架函数编写程序代码。

1. Z-Stack 协议栈

Z-Stack 协议栈基于 IEEE 802.15.4 协议的物理层（PHY）和媒体访问控制层（MAC），在此基础上扩展了网络层（NWK）和应用层（APL）。其中应用层包括应用支持子层（APS）、ZigBee 设备对象（ZDO）、应用框架（AF）。Z-Stack 协议栈的分层结构使各层相对独立，每一层都提供一些服务，服务由协议定义，程序员只需关心与工作直接相关的层的协议，它们向高层提供服务，并由低层提供服务。

在 Z-Stack 协议栈中，PHY 层位于最低层，且与硬件相关；NWK、APS、APL 层及安全层建立在 PHY 和 MAC 层之上，且完全与硬件无关。分层的结构脉络清晰、一目了然，给设计和调试带来极大的方便。如图 6-22 显示了 Z-Stack 协议栈的工作流程。

Z-Stack 采用分层的软件结构，硬件抽象层（HAL）提供各种硬件模块的驱动，包括定时器 Timer、通用 I/O 口 GPIO、通用异步收发传输器 UART、模数转换 ADC 的应用程序接口 API，提供各种服务的扩展集。操作系统抽象层（OSAL）实现了一个易用的操作系统平台，通过时间片轮转函数实现任务调度，提供多任务处理机制。用户可以调用 OSAL 提供的相关 API 进行多任务编程，将自己的应用程序作为一个独立的任务来实现。

2. ZigBee 个域网构建

各种类型的 ZigBee 节点组成了 ZigBee 个域网，其中，协调器节点只有一个，负责网络的创建，路由器节点和终端节点可以有多个，路由器节点要通过协调器节点才能加入 ZigBee 网络，终端节点可以通过协调器或路由器节点加入 ZigBee 网络。下面介绍各类型节点加入 ZigBee 网络的过程。

协调器节点负责创建 ZigBee 个域网，在上电后，会向周围网络发送一个帧信标请求帧，根据收到的回复来判断周围的环境情况，为创建 ZigBee 网络做准备。当协调器节点创建网络成功之后，会不停地向外发送网络连接状态帧，在该数据帧中，包含协调器节点所创建网络的网络标识 PAN ID 及协调器节点在该网络中的唯一网络源地址（Source Address）等信息。

终端节点上电后，会不停地发送信标请求帧请求加入网络，若此时协调器节点并没有创建网络成功，则终端节点不会收到任何回复；若此时协调器节点已经创建网络成功，则终端节点与协调器节点之间会进行一系列的信息交互，直到终端节点入网成功。终端节点入网过程中传输的数据帧如下。

1）终端节点发出信标请求帧，用于发现周围的网络，请求加入。

2）协调器节点发出信标请求帧，终端节点接收到此数据帧后，得到该协调器节点相对于自身的信号强度，由此判断该协调器节点是否为最佳入网介绍人。

3）终端节点发给协调器节点的数据帧，帧请求协调器节点作为自己的入网介绍人，它携带了终端节点的 MAC 地址，此 MAC 地址为介绍人给被介绍人分配网络地址的依据。

4）终端节点发给协调器节点的数据帧，请求协调器节点根据之前所发的 MAC 地址将给自己分配的网络地址发给自己。

5）协调器节点将给终端节点分配好的网络地址发给终端节点。因为此时协调器节点并不知道终端节点的网络地址是多少，所以按照 MAC 地址的方式进行发送。

6）终端节点向整个网络中的节点发送的数据帧，用来宣告入网成功。

3. ZigBee 协调器节点模块软件设计

ZigBee 协调器节点软件设计基于 Z-Stack 协议栈开发，它通过串口与 STM32 模块相连，通过无线通信与 ZigBee 终端节点相连，家居内部对数据处理的工作都在协调器节点处进行，其程序流程如图 6-23 所示。

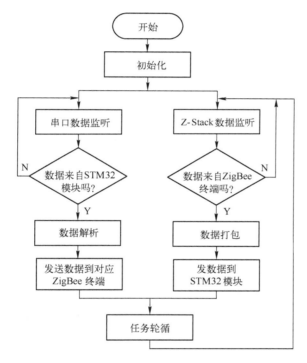

图 6-23 ZigBee 协调器节点模块软件处理流程

ZigBee 协调器节点程序初始化后，组建 ZigBee 网络，等待 ZigBee 终端节点入网。终端节点入网成功后，协调器节点将处于监听状态，一方面监听终端节点传过来的传感器数据；另一方面监听 STM32 模块传过来的家电控制指令。若判断为 ZigBee 终端数据，则将数据进行打包，并发送给 STM32 模块；若判断为 STM32 数据，则将数据进行解析，并发送给 ZigBee 终端节点。最后进行任务轮循，定时重复上述操作。ZigBee 终端节点数据属于上行数据，Z-W 控制器数据属于下行数据。ZigBee 终端节点 1～3 上分别接有温度传感器、光敏传感器、气体传感器、继电器和步进电机等模块，ZigBee 终端节点 4、5 连接了门磁传感器，可采集家居内部温度、光照强度，进行有害气体、非法入侵的实时监测，并完成灯、窗帘的自动控制。协调器节点对上行数据处理的程序流程如图 6-24 所示。

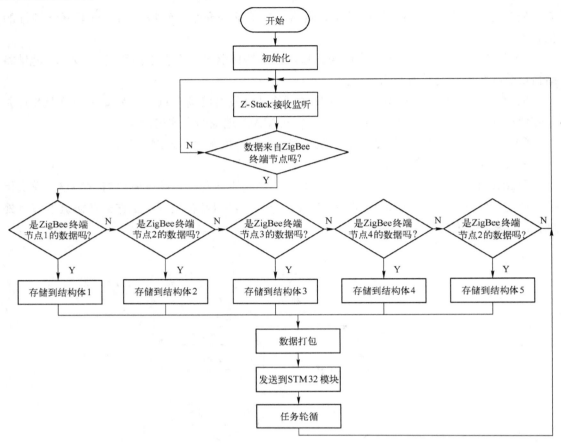

图 6-24 ZigBee 协调器节点对上行数据处理的流程

ZigBee 协调器节点监听到 ZigBee 终端数据之后，会根据终端标识号来判断具体是哪一个 ZigBee 终端节点传过来的数据。ZigBee 终端节点 1～5 的终端标识号分别定义为 0x01、0x02、0x03、0x04、0x05。ZigBee 协调器节点根据终端标识号将终端节点传过来的数据存储到本地定义的结构体中，并对数据进行打包，最后通过串口转发给 STM32 模块。ZigBee 协调器节点上接有蜂鸣器，当检测到有害气体或非法入侵时，气体传感器和门磁传感器均输出高电平，电平状态值为 1。ZigBee 协调器接收到 ZigBee 终端数据后，对其中的气体传感器和门磁传感器的数据值进行提取，并判断。若检测到有为 1 的状态值，蜂鸣器报警，蜂鸣器状态值设为 1，反之设为 0。协调器节点对上行数据进行打包，打包后的数据包大小为 35B。其中，每个 ZigBee 终端节点传过来的数据大小为 6B，ZigBee 终端节点共 5 个，所以终端数据总大小为 30B。蜂鸣器数据大小为 1B，30 加 1 等于 31B，因此上行数据包的大小为 31B。为使得通信更加安全，减少对无效数据包的接收处理，打包过程要为每个数据包添加 1B 的起始位、1B 的校验位和 2B 的结束位。其中，起始位为整个数据包的长度，校验位为数据包中数据位的长度，结束位为数据包结束标志 "\r\n"。

ZigBee 终端节点 1～3 上分别连接一个继电器模块，每个继电器模块上接一个 USB 电灯，通过控制继电器的开和关来控制 USB 电灯的开和关；ZigBee 终端节点 2～3 分别连接一个步进电机模块，用来模拟对窗帘的控制。对电灯和窗帘的控制指令属于下行数据，是由 STM32 模块传给 ZigBee 协调器节点，再由 ZigBee 协调器节点转传给 ZigBee 终端节点。协调器节点监听到 STM32 模块数据之后，首先对该数据进行解析，判断该控制指令具体是控制哪一个 ZigBee 终端节点的，发送给对应 ZigBee 终端节点，最后进行任务轮循，定时重复上述操作。协调器节点对下行数据处理的程序流程如图 6-25 所示。

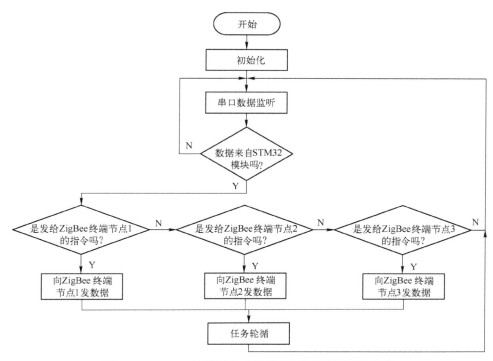

图 6-25　ZigBee 协调器节点对下行数据处理的程序流程

ZigBee 协调器节点接收到 STM32 模块传过来的下行数据包共包含 7B，由 1B 的起始位、1B 的校验位、3B 的数据位和 2B 的结束位组成。数据位中的第一个字节表示控制 USB 电灯或窗帘；第二个字节表示控制的 ZigBee 终端节点；第三个字节表示控制 USB 电灯或窗帘的状态。

4. ZigBee 终端节点模块软件设计

ZigBee 终端节点基于 Z-Stack 协议栈开发。ZigBee 终端节点与 ZigBee 协调器节点之间的通信可分为两方面。一方面将传感器模块采集到的数据无线发送给 ZigBee 协调器节点；另一方面接收 ZigBee 协调器节点发送过来的控制指令。ZigBee 终端节点的程序处理流程如图 6-26 所示。

终端节点上电之后，首先进行程序初始化，然后向 ZigBee 网络发送入网请求，入网成功后处于监听状态，一方面监听 ZigBee 协调器节点发送过来的控制指令，另一方面监听自身的定时采样事件。如果接收到 ZigBee 协调器节点发送过来的控制指令，要对控制指令进行解析，然后依据要求执行相应的操作，如控制电灯的亮/灭、窗帘的开/关等。如果到了定时采样时间，会驱动传感器模块进行数据采集，然后将采集到的数据打包后发送给 ZigBee 协调器节点。最后进行任务轮循，定时重复上述操作。

系统共设计了 5 个 ZigBee 终端节点，其中 ZigBee 终端节点 2、3 连接完全相同的传感器模块，分别是温度传感器、光敏传感器、气体传感器、继电器、步进电机等模块。将这 3 个终端节点分别放置于客厅、卧室中，用来采集这两个房间内的温度、光照强度、有害气体等信息，并实现对电灯、窗帘的远程控制。ZigBee 节点 1 放置在厨房中，除了没有步进电机模块外，其他模块和 ZigBee 终端节点 2、3 相同。ZigBee 终端节点 4、5 连接门磁传感器，分别放置在入室大门及阳台，用来监测非法入侵。因此，ZigBee 终端节点对数据的处理可分为对上行数据的处理和对下行数据的处理。对上行数据的处理指的是 ZigBee 终端节点 1～5

对室内温度、湿度、光照强度、有害气体、非法入侵等信息进行周期采集，并将采集到的信息打包后发送给协调器节点，其程序流程如图 6-27 所示。

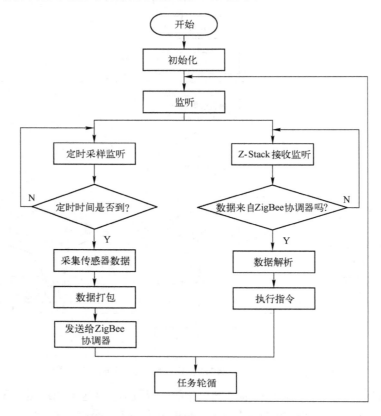

图 6-26　ZigBee 终端节点的程序处理流程

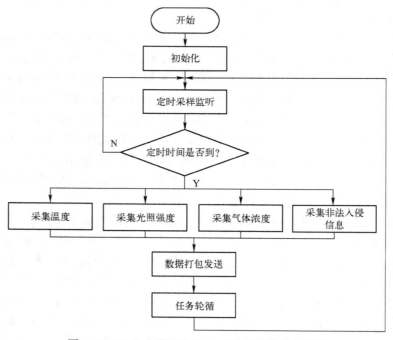

图 6-27　ZigBee 终端节点 1～5 上行数据处理流程

对下行数据的处理指的是 ZigBee 终端节点 2、3 接收 ZigBee 协调器节点发送的控制指令，然后对控制指令进行解析，并执行相应的操作，即可以通过控制继电器的开/关来间接控制 USB 电灯的亮/灭，通过控制步进电机来间接控制窗帘打开/关闭/停止等状态，ZigBee 终端节点 1～3 的下行数据处理流程如图 6-28 所示。

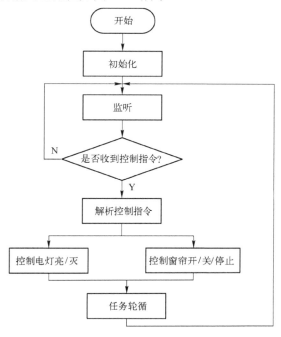

图 6-28　ZigBee 终端节点 1～3 处理下行数据流程

6.5.4　MQTT 客户端 App 设计

MQTT 客户端 App 采用 Android Studio 设计，本节先学习 Android Studio 相关知识，然后分析 App 的设计过程。

1. Android Studio 介绍

Google 公司专门为开发 Android 应用程序提供了集成开发环境 Android Studio，涵盖了所有 Android 应用开发相关的功能。Android 应用程序主要使用 Java 语言编写，要用到开发工具集 SDK（Software Development Kit），其提供 Java 编译工具、Android 系统 API 等，可直接在 Android Studio 中下载。当应用程序中要直接访问硬件，或需要提高运行效率时，需要将访问硬件、复杂逻辑部分使用 C/C++实现。要在 Android Studio 中开发编译 C/C++代码，需要用到工具集 NDK（Native Development Kit），其提供 C/C++编译工具、API、打包工具等，可直接在 Android Studio 中下载。使用 NDK 可以将 C/C++源码编译成动态链接库，供 Java 调用。由于 Java 语言要调用 C/C++函数需要用到 JNI（Java Native Interface）技术，这就要求使用 NDK 开发 C/C++时，C/C++源码要符合 JNI 规范要求。

2. Android Studio 优点

（1）Google 推出

Android Studio 是 Google 推出，专门为 Android "量身定做" 的，是 Google 大力支持的一款基于 IntelliJ IDEA 改造的 IDE，它很可能代表了 Android 的未来。

（2）速度更快

Eclipse 的启动速度、响应速度、内存占用一直被诟病，且经常遇到卡死状态，Android Studio 不管哪一个方面都全面领先 Eclipse。

（3）UI 更漂亮

Android Studio 自带 Darcula 主题的炫酷黑界面很高大上，相比 Eclipse 下的黑色主题，比较枯燥乏味。

（4）更加智能

提示补全对于开发来说意义重大，Android Studio 则更加智能，保存不需要每次都按〈Ctrl + S〉键。熟悉 Android Studio 后，工作效率会大大提升。

（5）整合 Gradle 构建工具

Gradle 是一个新的构建工具，自 Android Studio 亮相之初就支持 Gradle，可以说 Gradle 集合了 Ant 和 Maven 的优点，不管是配置、编译、打包都非常出色。

（6）强大的 UI 编辑器

Android Studio 的编辑器非常智能，除吸收 Eclipse+ADT 的优点外，还自带了多设备的实时预览，对 Android 开发者来说非常方便。

（7）内置终端

Android Studio 内置终端，对于习惯命令行操作的人来说非常方便，无须来回切换。

（8）更完善的插件系统

Android Studio 支持各种插件，如 Git、Markdown、Gradle 等，用户需要的插件，直接搜索下载即可。

（9）完美整合版本控制系统

安装时就自带了如 GitHub、Git、SVN 等流行的版本控制系统，可直接检查开发的项目。

2. 环境构建

在 Windows 环境下构建 Android Studio 软件开发环境，具体步骤如下。

1）安装 Java 开发工具包 JDK1.8。

2）配置 JDK 环境变量。

3）安装 Java 集成开发环境 Eclipse。

4）安装 Android SDK。

5）为 Eclipse 安装 ADT 插件。

3. App 设计

采用 Android Studio 设计 App，该 App 主要包括登录模块和主界面模块。

（1）登录模块

登录模块的功能是进行用户身份验证，验证成功后，可查看家居系统中的环境参数信息和非法入侵监测信息，还可以向家居系统发送控制指令。双击客户端 App 的桌面图标，首先打开的是用户的登录模块界面，需要输入用户名和密码。当键盘输入用户名和密码成功后，单击"登录"按钮，客户端向 MQTT 服务器端发送登录请求。若用户名和密码均正确，则登录成功，MQTT 服务器端向客户端返回登录成功信息，并跳转到客户端主界面；若用户名或密码错误，则登录失败，MQTT 服务器端向客户端返回登录失败信息。

（2）主界面模块

当登录验证成功后，便会结束登录进程直接跳转到客户端主界面，如图 6-29 所示。

图 6-29　手机 App 界面

MQTT 客户端主界面主要分为首页、消息、设置和我家 4 部分。"我家"部分显示家居内的所有设备信息。"首页"部分显示卧室、客厅、厨房 3 个房间内的温度、光照强度、有害气体、非法入侵的信息，3 个房间的电灯控制按钮，及卧室、客厅窗帘控制按钮，当单击对应的控制按钮时，会发送对应的控制指令到 Z-W 控制器，以实现对电灯、窗帘的控制。

"设置"部分用来建立或断开与 MQTT 服务器端的通信。单击网络设置按钮，显示网络设置界面，输入要连接的服务器 IP 地址和端口号，通过 TCP 三次握手，与 MQTT 服务器端建立 Socket 连接，连接成功后，将会获取到家居的环境参数信息及安防监测信息，解析后显示在界面相应位置。

当气体传感器模块和红外传感器模块监测到有害气体或非法入侵时，而此时用户又不在家，如何能够第一时间通知用户知晓危险情况的发生是一个非常关键的问题。为此，在主界面设计了消息部分，基于 Android 系统的消息推送功能来实现其软件设计，即通过调用 Android 库中类 Notification 提供的 set Latest Event Info()函数来实现，本设计将这一功能的实现封装在函数 push Msg()中，主要的实现代码如下。

```
void push Msg()
{
Notification Manager manager = (Notification Manager) this.get System
Service(Context.NOTIFICATION_SERVICE);
Notification notification = new Notification();
```

```
        notification.icon=R.drawable.ic_launcher;
notification.defaults=Notification.DEFAULT_SOUND;
        notification.audio Stream Type= android.media.Audio Manager.ADJUST_LOWER;
        notification.set Latest Event Info(this, "内容提示: ", "家中很可能有陌生人
闯入或发生了火灾,请尽快核查!!!",pending Intent);
        manager.notify(1, notification);
        }
```

通过系统硬件、软件及其各个模块的设计,完成了智能家居系统的设计方案。

6.6 本章小结

本章学习了无线组网的智能家居系统设计,在系统设计过程中,涉及的主要内容如下。

1)ZigBee 网络拓扑结构的类型、通信规则。

2)MQTT 的应用领域及优势,MQTT 消息发布/订阅(Publish/Subscribe)模式、消息格式,MQTT 的主要特性,MQTT 服务器及云平台。

3)智能家居的系统设计方案、系统硬件总体结构。

4)STM32F103C8 的特点及优势。

5)STM32F103C8 最小系统设计、供电电路设计、串口通信及下载电路设计。

6)ESP8266 的工作模式、使用方式、与 STM32F103C8 的连接电路设计。

7)Arduino 的特点、优势、编程语言及 Arduino IDE 开发环境。

8)ZigBee 协调器的电路设计。

9)以 CC2530 为核心的温度传感器模块、光敏传感器模块、气体传感器模块、步进电机模块、继电器模块、门磁检测模块的电路设计。

10)Arduino IDE 开发环境中,以 STM32F103C 为核心,采用 ESP8266 芯片的 MQTT 客户端程序设计方法。

11)智能家居系统 MQTT 服务器的配置。

12)基于 Z-Stack 协议栈,设计 ZigBee 协调器软件、ZigBee 终端节点软件。

13)Android Studio 的优点及开发环境构建方法。

14)在 Android Studio 开发环境下,Android 手机 MQTT 客户端 App 的设计方法。

6.7 习题

1. 选择题

(1)MQTT 是一种低开销、低带宽的即时通信协议,它属于 TCP/IP 协议栈的(   )。

   A. 网络接口层   B. 网络层   C. 应用层   D. 传输层

(2)ZigBee 技术具有强大的组网能力,网络拓扑结构包括星形、树形和网状,其中在(   )网络拓扑结构中,节点之间的数据路由是唯一的。

   A. 星形   B. 树形   C. 网状   D. 星形和树形

(3)MQTT 是一种基于(   )的消息发布/订阅(Publish/Subscribe)模式的轻量级通信协议。

   A. 客户端—服务器   B. 浏览器—服务器

   C. 客户端   D. 服务器

（4）每条 MQTT 命令消息的消息头都包含一个固定的报头，该报头最少占（　　）字节。

  A．1   B．2   C．3   D．4

（5）MQTT 命令消息的消息头都包含一个固定的报头，该报头的第（　　）字节开始表示剩余长度字段。

  A．1   B．2   C．3   D．4

（6）下列 MQTT 消息中，（　　）没有负载。

  A．CONNECT   B．PUBLISH   C．SUBACK   D．SUBACK

（7）MQTT 消息质量有 3 个级别，即 QoS0、QoS1 和 QoS2，其中（　　）是最高级别的消息传递，只分发一次。

  A．QoS0   B．QoS1   C．QoS2   D．QoS0 和 Qos1

（8）下列 MQTT 服务器软件中，（　　）是目前广泛使用的。

  A．Apache-Apollo B．EMQ   C．HiveMQ   D．Mosquitto

（9）智能家居系统中 Z-W 控制器的核心处理器是（　　）。

  A．STM32F103VC   B．STM32F103VB

  C．STM32F103C8   D．STM32F103RC

（10）下列选项中，（　　）是 STM32F103C8 最小系统设计的。

  A．供电电路   B．复位电路

  C．串口通信电路   D．Wi-Fi 模块电路

（11）STM32F103C8 使用（　　）连接 PC。

  A．串口 1   B．串口 2   C．串口 3   D．串口 3

（12）ESP8266 可工作于 3 种模式，即 AP 模式、station 模式及混合模式，在（　　）模式下，ESP8266 作为热点，手机或计算机直接与其连接。

  A．AP   B．station   C．混合模式 D．AC 都可以

（13）Arduino 是一款便捷灵活、易于学习的开源电子原型平台，它采用（　　）编写程序。

  A．C/C++   B．C   C．Java   D．C++

（14）下列选项中，（　　）是 Arduino 开发环境 IDE 支持的平台。

  A．Windows B．Mac OS X   C．Linux   D．以上都是

（15）在进行 WiFi 模块电路设计 ESP8266 连接到 STM32F103C8 的（　　）。

  A．串口 1   B．串口 2   C．串口 3   D．串口 4

（16）ZigBee 协调器连接到 STM32F103C8 的（　　）。

  A．串口 1   B．串口 2   C．串口 3   D．串口 4

（17）在设计光敏传感器模块时，使用（　　）来采集光照的强度。

  A．DS18B20 B．光敏电阻   C．MQ-2   D．ADC

（18）在设计气体传感器模块时，使用（　　）来检测可燃气。

  A．MQ-5   B．光敏电阻   C．MQ-2   D．ADC

（19）步进电机模块用来控制（　　）。

  A．空调   B．窗帘   C．电灯   D．报警器

（20）继电器模块用来控制（　　）。

  A．空调   B．窗帘   C．电灯   D．报警器

（21）门磁检测模块用于检测（　　　）。

    A．可燃气体　　　B．温度　　　　　C．光照强度　　　　　D．非法入侵

（22）Android Studio 由（　　　）公司开发。

    A．Google　　　　B．阿里　　　　　C．腾讯　　　　　　　D．百度

（23）Android Studio 中开发编译 C/C++代码，需要使用（　　　）工具集。

    A．SDK　　　　　B．NDK　　　　　C．IAR　　　　　　　D．IDE

（24）Android Studio 中使用 Java 语言编程，需要使用（　　　）工具集。

    A．SDK　　　　　B．NDK　　　　　C．IAR　　　　　　　D．IDE

2．判断题

（1）MQTT 协议采用消息发布/订阅模式，其中发布者和订阅者不需要同时在线。

（2）MQTT 命令消息的固定报头最多占 5B。

（3）STM32F103C8 是一款 16 位的增强型 ARM 微处理器。

（4）STM32F103C8 是采用 ARM7TDMI 内核。

（5）ESP8266 是一款低功耗、高集成度的 Wi-Fi 芯片。

（6）系统中设计的 ZigBee 节点采用树形网络拓扑。

（7）系统中 ZigBee 节点软件基于 Z-Stack 协议栈设计。

（8）Android Studio 涵盖了所有 Android 应用开发相关的功能。

3．简答题

（1）简述 ZigBee 终端节点的入网过程。

（2）简述 ZigBee 协调器节点模块软件处理流程。

参 考 文 献

[1] QST 青软实训. ZigBee 技术开发：CC2530 单片机原理及应用[M]. 北京：清华大学出版社，2015.

[2] 姜仲，刘丹. ZigBee 技术与实训教程——基于 CC2530 的无线传感网技术 [M]. 2 版. 北京：清华大学出版社，2018.

[3] 杨瑞，董昌春. CC2530 单片机技术与应用[M]. 北京：机械工业出版社，2017.

[4] 刘雪花. CC2530 单片机项目式教程[M]. 广州：华南理工大学出版社，2020.

[5] 谢金龙，黄权，彭红建. CC2530 单片机技术与应用[M]. 北京：人民邮电出版社，2018.

[6] 杨玥. 单片机与接口技术——基于 CC2530 的单片应用（项目教学版）[M]. 北京：清华大学出版社，2017.

[7] 申嘉旭. 智能家居多协议网关的设计与实现[D]. 北京：北京交通大学，2018.

[8] 梁业彬. 基于 OpenWrt 的智能家居通用网关的设计与实现[D]. 济南：山东大学，2018.

[9] 红卫，任沙浦，朱敏杰，等. STM32 单片机应用与全案例实践[M]. 北京：电子工业出版社，2017.

[10] 刘黎明. 嵌入式系统基础与实践：基于 ARM Cortex-M3 内核的 STM32 微控制器[M]. 北京：电子工业出版社，2020.

[11] 明伟，陈立万，李洪兵，等. 基于 ZigBee 协议 WSN 在智能家居中的控制实现[J]. 电子科技，2016，23(3)：114-117.

[12] 张伟. 基于 Zig Bee 协议的物联网智能家居技术的探讨[J]. 电子测试，2016，23(1)：80-84.

[13] 卢于辉，秦会斌. 基于 MQTT 的智能家居系统的设计与实现[J]. 智能物联技术，2019，51(2)：41-47.

[14] 沈晨航，周俊. 基于 ESP8266WiFi 模块和 MQTT 协议的游泳馆水质监测系统设计[J]. 数字技术与应用，2020，(5)：148-151.

[15] 严谦，泳. 网络编程 tcp/ip 协议与 socket 论述[J]. 电子世界，2016，23(8)：68-70.

[16] 黄玮. 基于 Android 手机的智能灌溉控制系统的设计与实现[J]. 现代信息科技，2020,4(9)：167-170+174.